GLOBAL CLIMATOLOGY

Variability, Change and Evolution of Climate System

地球気候学

システムとしての気候の変動・変化・進化

YASUNARI Tetsuzo

安成哲三

「かぐや」ハイビジョンカメラ（望遠）による
「満地球の出」の撮影画像
©JAXA／NHK

東京大学出版会

Global Climatology:
Variability, Change and Evolution of Climate System

Tetsuzo YASUNARI

University of Tokyo Press, 2018
ISBN978-4-13-062728-3

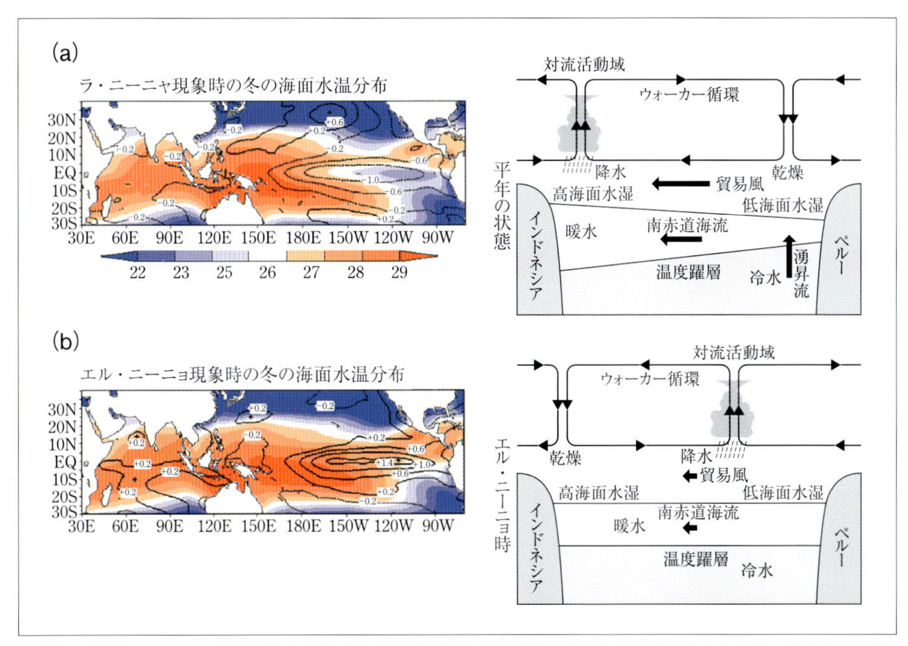

口絵1　(a)ラ・ニーニャ時(平常の強化された状態)の北半球冬季の海面水温分布(左)と大気・海洋系の状態の模式図(右). 海面水温分布は実際の値と平年偏差の値が示されている(気象庁HP). (b)はエル・ニーニョ時の同様の図. (図3-18を再掲)

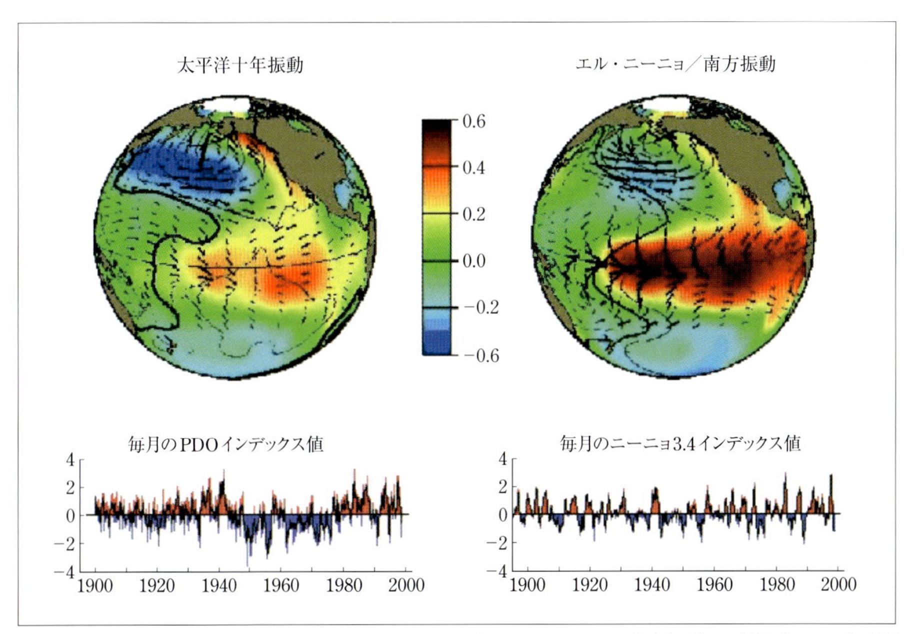

口絵2　PDO(太平洋の数十年スケール変動)とENSO(エル・ニーニョ／南方振動)の空間パターンと時間変動(図3-23を再掲；Mantua *et al*., 1997)

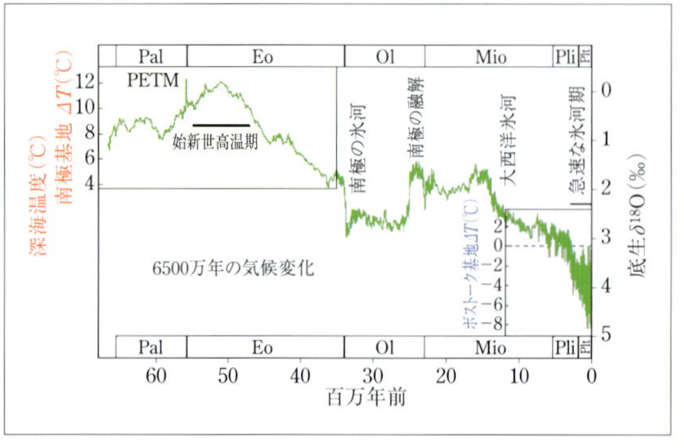

口絵3　新生代（65 Ma～現在）の全球平均の気温変化（図4-17を再掲；Zachos *et al*., 2008）

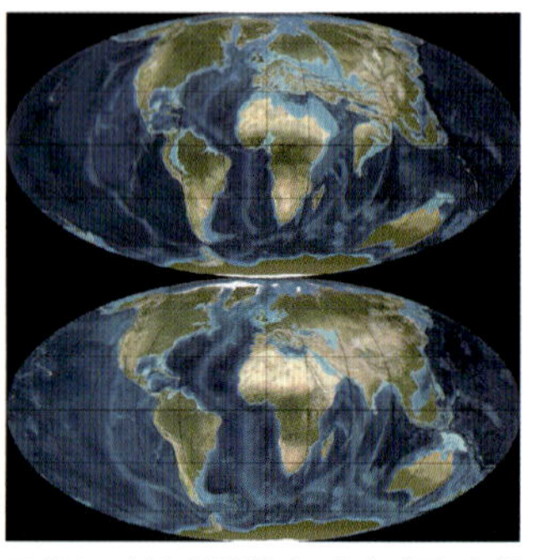

口絵4　（上）始新世（Eo）と（下）中新世（Mio）における海陸分布と植生分布（図4-18を再掲）

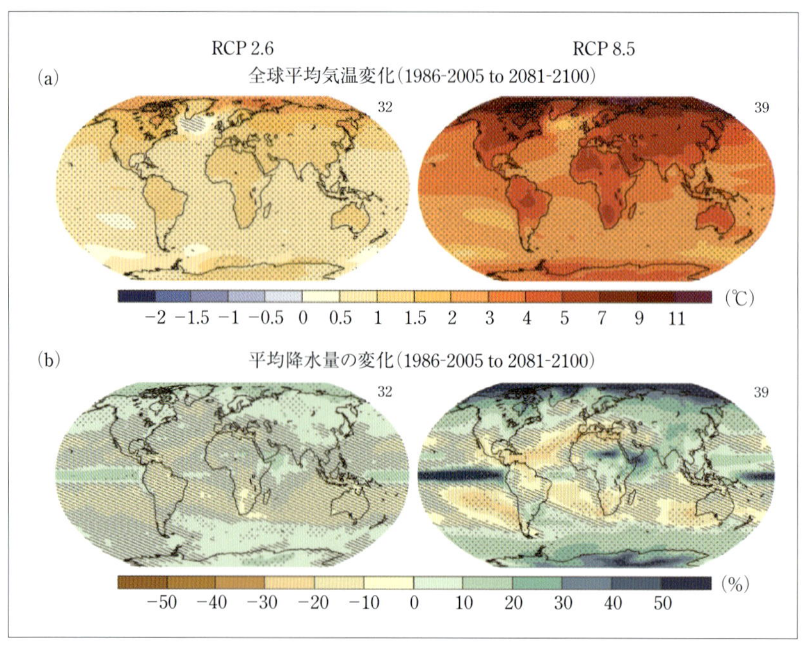

口絵5　2つの温室効果ガス放出シナリオ（RCP2.6とRCP8.5）に基づいて予測された，21世紀末の全球の気温変化，降水量変化（図5-21を再掲；IPCC, 2013）．

プロローグ

地球の気候とその変動・変化は，今，さまざまな意味で，国内外を含め，社会の大きな関心を呼んでいる．その１つの理由は，人間活動による二酸化炭素などの温室効果ガス増加は，「地球温暖化」を引き起こしているとされ，その生態系や農業などへの影響も含め，国際的な政治や経済活動の関わり合いが大きな議論になっているからである．気候変動は，文字通り，人類社会における大課題となっている．

一方で地球の気候は，空間的な分布も，時間的な変動も，非常に複雑である．「地球温暖化」の科学的な検討は，IPCC（気候変動に関する政府間パネル）などにより大きな努力がされているが，その実態とメカニズムもまだまだ未解明で不確定性な部分を含んだまま，気候変動に関する対策も議論せざるをえないのが現状である．ただ，これまでの気候変動・変化の議論では，異なる空間スケールや時間スケールの現象が，混同されて議論されており，そのことが「地球温暖化」への懐疑論なども含めて，地球気候とその変動・変化に対する理解を大きく妨げていると感じていた．気候とその変動・変化には，大気と海洋だけでなく，生命圏やプレートテクトニクスなどの固体地球のダイナミクスも相互作用として密接に関係しているはずであるが，大気・海洋系の研究者による気候（変化・変動）の議論では，その部分は扱わないか，せいぜい境界条件的に扱うにとどまっている．一方で，多くの生物系や地質系の研究者による気候（変化・変動）の議論では，複雑なしくみで成立している気候のダイナミクスをあまりにも単純化して扱っているとも感じていた．

地球の長い歴史の中での気候変化から現在の「地球温暖化」まで，より統一的に，よりわかりやすく理解し記述することはできないか．本書では，まず総体としての地球の気候を，さまざまな物理・化学・生物過程が関与する気候システムという複雑系として位置づけた．そのうえで，本書で扱う気候システムは，地球の歴史の中で，地球表層が，基本的に現在のような水

(H_2O) からなら海と植生が生えうる陸（大陸と島嶼）と大気圏からなるシステムとして存在してきた時代を基本的な対象とした．したがって，大気や海洋と大陸が地球という惑星の形成・進化過程の中でどのような時間的空間的プロセスを経て形成されたかという「形成論」は，他の専門書（たとえば，東大地球惑星システム科学講座（編），2004 など）を参照していただくとして，本書ではメインテーマとしては扱わない．大気・海洋（および大陸）の形成論自体，非常に重要であるが，本書の地球気候は，生命圏と人類が密接に関与して形成，進化あるいは変化してきたシステムとしての気候システムを中心に据えて議論したい．もちろん，大気と海洋と陸からなる地球表層システムがどのような物理・化学・生物学的条件でありうるのか，という問いは，常に持ち続けたうえで，このような気候システムの定常状態や変動性を論じたいと考えている．

ただし，気候システムは，その時間スケールにより，異なる構造をもつという理解も重要である．すなわち，ある要素が考える時間スケールによってはシステムの内部変数になることもあれば，システムの境界条件にもなりうる．たとえば，大陸と海洋の分布は，過去約 250 万年の新生代第四紀の気候変化を考えるときは，気候システムにとって変わることのない境界条件として考えるべきであろうが，それより古い地質時代の気候変化を考える場合は，大陸と海洋の分布自体が，気候の状態を決める重要な要素（気候システムの内部変数）となりうる．

このようなコンセプトに基づいて，本書では，以下の章構成にした．

プロローグ
第 1 章　地球気候システムとは
第 2 章　現在の地球気候はどう決まっているか
第 3 章　地球気候システムの変動と変化
第 4 章　気候システムの進化
第 5 章　人間活動と気候システム変化
エピローグ

第 1 章では，地球全体の気候を，システムとして捉えることの意味と，地球の気候システムにおける基本的な構成要素について述べる.

第2章では，現在の地球気候の3次元構造（鉛直構造と南北・東西構造）がどう決まっているか，その季節変化のもつ意味について述べる.

第3章では，複雑な非線形システムとしての地球気候における変動と変化のダイナミクスについて，典型的な時間スケールの変動・変化について述べ，同時に気候システムの変動とゆらぎの違いについても考察する.

第4章では，46億年の地球の進化過程で，気候形成と変化について概観したうえで，特に生命圏（の進化）と気候システムが，この時間スケールでは，共進化する1つのシステムとして理解できることを述べ，そのうえで，地球気候における（人類を含む）生命圏の意味を考察する.

第5章では，最近の「地球温暖化」問題も含め，人類がこの気候システムに与えている影響について述べ，私たち人類がこの地球に生存している意味も考察する.

2018年4月

著者

目 次

第1章

地球気候システムとは

現在ほど地球の気候が注目されている時代はないかもしれない．二酸化炭素（CO_2）などの温室効果ガスの増加が引き起こす，あるいは引き起こしているとされる「地球温暖化」問題は，科学の問題にとどまらず，今や政治や経済の問題としても世界中のさまざまなレベルの人たちの関心を引き起こしている．「気候変動に関する政府間パネル（Intergovernmental Panel for Climate Change: 略称 IPCC）」はその代表的な活動組織であり，気候変動とその影響に関係する多くの科学者と各国の政策担当者が集まり，人間活動に起因するとされる「地球温暖化」とその対策を定期的に議論している．

確かに，私たちは，過去100年におけるCO_2濃度の大気中の増加のグラフと地球全体の平均気温の増加のグラフ（図1-1）を見せられたとき，温室効果が強まった結果，気温が上昇してきたのだと推測することができる．しかし，同時にこの2つのグラフから，気候のしくみの複雑さも読み取ることもできる．CO_2の増加はそして近年ほど増加の程度が大きくなった，しかし単調な増加であるのに，気温変化は，大きく見れば増加傾向ではあるが，ある時期はむしろ気温が低下しており，増加の傾向も決してCO_2増加と1対1に対応しているわけではない．正直なところ，私たちがもつ率直な感想は，1）それぞれの観測事実はどれだけ正確なのか，2）地球の気候変化のしくみは複雑であり，気温変化には温室効果ガスの増加以外にも，さまざまな要因が関与しているのではないか，ということである．特に，2）の認識は重要である．地球の気候は，大気・海洋・大陸・生命圏など，さまざまな要因が，しかも単純な線形的関係ではなく，非線形な関係でいくつも絡みあって機能している1つのシステムとして理解するという見方が重要になるわけである．

まず，気候（climate）と気象（weather）とは峻別する必要がある．

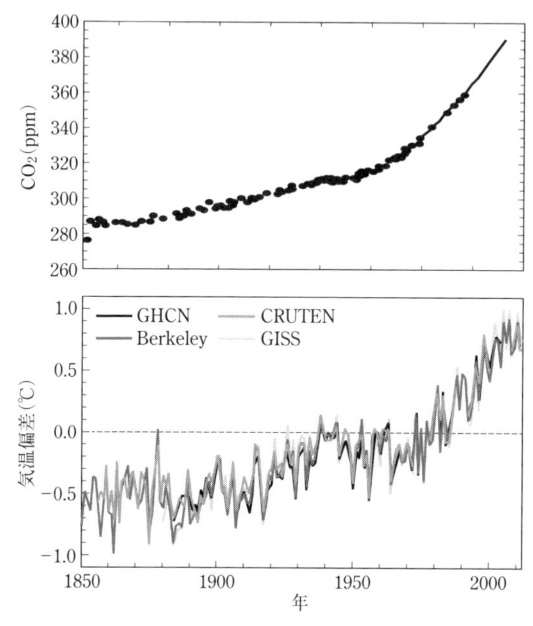

図 1-1　19世紀後半から21世紀の（上）CO_2変化と（下）全球平均気温変化

気温変化のそれぞれの線は，異なる機関によるデータを示す（IPCC, 2013）

日々の気温，湿度，日射条件，風，降水現象などの物理量で記述されるのが気象である．気象は時々刻々，また場所により常に変化している．この日々の気象をある程度長期間，たとえば夏の3ヵ月間平均した量が，ある場所・ある年での夏の気候を示すことになる．気候はしたがって，上記の物理量の季節的な平均，あるいは年平均の値を，地球上の地理的分布と時間（季節や年）の関数として表現されている．実際には，これらの物理量は，お互いに無関係に決まっているのではなく，それらを組み合わせたかたちで，気候が決まっている．同じように気温が高くても湿度が高く雨が多い湿潤な気候と，乾燥して雨が非常に少ない気候が，現実の気候として意味をもっている．

このような気候の形成のおおもとを決めているのは，太陽からの放射エネルギーである．その太陽からの放射エネルギー量は，地球表面に入射する際，まず緯度と季節により変化する．地表面に達した放射エネルギーは，海陸分布や地形などのさまざまな地表面状態により，地表面での吸収量（あるいは反射による放出量）が大きく変化し，地表面熱収支といわれる地表面の暖まり方（冷え方）の地理的・季節的な分布ができる．この地表面での熱収支の違いにより，その上の大気の温度（気温）の地理的・季節的な差が生じる．この気温の分布と季節変化は，大気の運動（大気循環あるいはその表れとしての風）を引き起こし，熱と運動の再配分を地球表面で行うことになる．熱収支の違いは海洋上では，海水温の温度差をつくり，海洋の運動（海洋循環あるいはその一部としての海流）も引き起こす．このような大気と海洋での流れは，地球方面での熱エネルギーの再配分を行い，太陽放射量の違いのみによる元々の温度分布も変えるというフィードバック過程でもある．

気候とは，このような大気・海洋系での熱エネルギーと運動エネルギーの輸送と再配分過程を通して，季節および地域の時空間スケールで，準定常的な平衡状態として現れた気温・湿度や降水量の分布である．入射する太陽エネルギーと地球表層を構成するさまざまな要素全体を１つの系（システム）として考えたときの熱と運動エネルギーの（準定常的な）状態として気候を考えることができる．まさに「気候システム」という言い方もできるわけである．

ある季節や地域，あるいは地球全体の気候も，入射する太陽エネルギーや，大気組成や地表面状態の変化などにより地表面熱収支が変わり，より長期的な時間スケールでも変化する．ただ，気候変動・変化の原因は，その時間スケールにより，大気圏や地球表層を構成する要素の何が最も関与しているかが，さまざまに異なる．気候システムの構成要素は，次節で詳しく述べるように，気候変動・変化の時間スケールにより異なっていることが重要である．

本書の主題は，地球の気候に関わる地球の大気圏・水圏・地圏および植生や海洋生態系などを含む生命圏を１つのシステムとして捉えることにより，地球気候の維持とその変化のしくみを，より包括的に理解しようとすることにある．特に，生命圏は，物理的・化学的環境としてみた気候に強く規定されているが，同時に，気候とその変化に能動的に関与している側面もある（第２章，第４章，第５章参照）．地球気候と生命圏の相互作用を理解することも本書のねらいの１つである．

1-1　システムとはものの見方である

気候システムというからには，まず，「システムとは何か」を考えねばな

図1-2　システムとはものの見方である（ワインバーグ，1975）

らない．システムということばは非常に頻繁に，また安易に使われているが，その定義としては，主に物理・化学あるいは数学的な分野では，「相互に作用しあう要素の結合」（フォン・ベルタランティ，1973）と理解されている．そこで問題になるのは，「なぜそのような1つの結合であるのか？　あるいは，1つの結合として理解する必要があるのか？」という問題である．このような結合の全体は，決して要素の総和ではなく，それ以上の意味をもっているはずである．すなわち，「システム」ということばを使ったとたん，そのシステムの機能あるいは，目的が問われることになる．物質的にひとかたまりなら，システムといえるわけでは必ずしもない．そこから，システムの定義の新たな側面がみえてくる．すなわち，システムとは，「ものの見方」（ワインバーグ，1979）であり，システムの重要な構造はその選択性（永井俊哉，http://www.nagaitosiya.com/a/systems.html）にある．システムが「ものの見方」であるたとえとして，図1-2がよく例に出される．この絵は心理学でよく使われる絵である．同じ一枚絵でも，見る人によって，やや下向きの鉤鼻の老婆に見えたり，向う側を向いた若い貴婦人の横顔に見えたりする．

単に地球の「気候」といった場合と，「気候システム」といった場合で，私たちは異なるイメージをすでにもっているのである．気候とは，前述したように，大気の状態を示す気温や湿度などの気象要素の季節的平均や年平均の値の地球上での空間分布で代表される．その年々の変動やより長期的な変化は，気候変動（climate variation）あるは気候変化（climate change）と

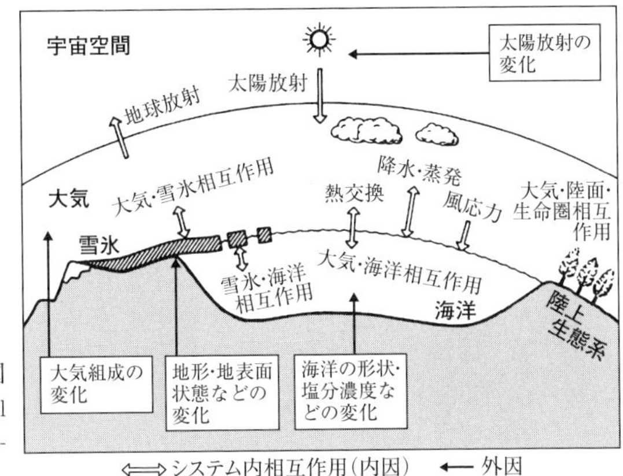

図 1–3　気候システムの概念図（U.S. Committee for the Global Atmospheric Research Program, 1975 を基に作成）

いわれている．

地球の気候システムとして，図 1–3 のような概念図が多くの教科書にすでに示されている．この図には，気候の維持と変動（変化）に関わる可能性のある地球表層の物理的・化学的および，生物学的過程や要素が示されている．

しかし，同じ地球表層の大気圏・水圏・地圏の状態でも，関心のある時間スケールや空間スケールあるいは現象によって，どのような要素を考慮したシステムなのか，違ってくるということが，この気候システムということばには含まれていることに留意すべきである．同じ気候システムといっても，関心のある時間（と空間）スケールの気候（変動）によって，図 1–3 の概念図で注目すべき要素は異なり，したがって図 1–2 のように，図は違って見えるはずである．

では，この図で示されたような気候システムとは，基本的にどのような特性をもっているのか．このシステムの特性をあらかじめ理解しておかないと，これからの議論が進まない．まず，気候システムは，地球表層の大気圏・水圏および固体地球（地圏）表層のある部分を占める範囲に限られている．地球全体も，地球システムとよばれることが多いが，その場合は，マントルや内核とよばれる地球の内部や電磁気圏も含めて 1 つのシステムと理解される．たとえば，気候システムとして，地球内部をふつう含めないのは，地球内部が直接，気候システムの要素としては関わらないということが前提となっている．ただ，地圏表層をどこまで考える必要があるかは，まさにどのような気候システムを想定するかで変わってくる．第4章で述べるような数億年スケールの地球の炭素循環を含めた気候システムを想定するなら，少なくとも，地殻とマントルの上層を含めたプレートテクトニクスが適用される部分までシステムに含める必要があるが，気候の年々変動やせいぜい10万年スケールの氷河期の変動までを主として扱う気象学・気候学では，この図1–3のような範囲を気候システムとして考えている．ただ，1億年スケール以上の気候変化では，図1–3中の（……の変化）と黒枠で記入された「外因」も気候システムの内因となりうることを本書では述べる（第4章参照）．

1–2　地球気候システムを特徴づけるもの

1–2–1　エネルギー開放系と物質閉鎖系

気候システムをシステムとして特徴づける基本的な特性は，そのエネルギーの入出力である．すなわち，気候システムは，入力エネルギーとして太陽エネルギー，出力として地球から宇宙空間への赤外放射エネルギーを基本とした，エネルギーの出入りがバランスした開放システムである．一方，物質の収支では，システムを構成する物質は，基本的にシステム内で循環し，保存されているということである．大気圏・水圏を構成する窒素，炭素，酸素，水素，あるいは酸素・水素が結合した水（H_2O）が保存されていることが，システムとしての条件となっているともいえる．

しかし，わずかずつであるが物質の保存が破られ，その結果としてエネルギーのバランスもわずかずつであるが，崩されつつあることが指摘されている．人間活動による「地球温暖化」である．人類は，石油・石炭など地殻に埋没していた炭素を，CO_2として少しずつ大気に付け加えており，このCO_2増加が，宇宙空間へ放出する赤外放射エネルギーを吸収する「温室効果」を強化し，地球表層近くの大気温度を上昇させているということである．一方で，やはり農業や牧畜などの人間活動による地球表層からの土壌や砂の舞い上げの増加はアルベード（反射率）を増加させ，入力としての太陽エネルギーを減少させていることも指摘されている．このような気候の変化では，人間活動により大気圏と地球表層が変化している気候システムを考える必要がある（第5章でこの問題を詳しく扱う）．

1–2–2　水惑星地球としての特性

気候システムの概念図（図 1–3）を見てまず気がつくことは，雲，地表面での蒸発，大気組成としての水蒸気，雪氷，海洋など，大部分の要素（あるいはプロセス）が，水（H_2O）の 3 つの状態（液体の水，水蒸気，氷）の違いを含め，水に関係していることである．まさに水惑星地球である．水の相変化を含めたすべてのプロセスは，気候システムへの外力としての放射エネルギーの流れを，大きくしかもその変化の方向も含めて変えることに関わっている．たとえば，海洋表層からの蒸発が何らかの原因（たとえば温室効果などによる下向きの放射エネルギーの増加など）で増加し，大気中の水蒸気量が増加すると，温室効果ガスとしての水蒸気により温室効果が強化され，地表気温をさらに上昇させる．しかし，水蒸気の増加が，雲量の増加や極域での海氷や積雪を増加させる方向に働くと，大気圏に入射する太陽エネルギーのより多くを反射させることになり，地表気温を下げることになる．このような，水の相変化を含めた水循環過程がもつ，外力をより強める（弱める）システム内部の調整機能は，正（負）のフィードバックといわれており，システムの維持と変化の特性を決める重要な機能となっている．

ところで，私たちは水の 3 つの状態（液体としての水，雪氷，水蒸気）が場所と時間を違えつつも常に存在していることを当たり前として，この地球

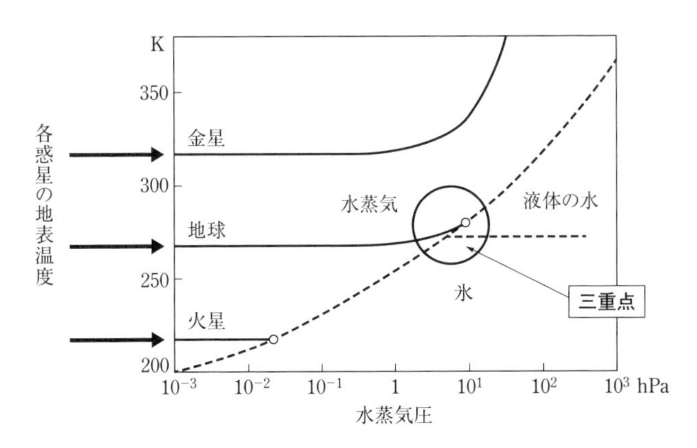

図 1–4　水（H_2O）の状態図から説明される地球型惑星の進化と暴走温室効果（仮説）（日本気象学会，1980）

に住んでいる．しかし，太陽系の他の惑星と比べたとき，それは決して当たり前ではないことがわかる．図1–4は，地球に最も近い金星と火星の現在の状態を，水（H_2O）の状態図にプロットした図である．水の状態図とは，温度と圧力条件で水の三態（水蒸気，液体の水，氷）がどう決まっているかを示す図である．図中の破線が，水の三態の境界を示している．太陽に近い水星，金星，火星は地球型惑星といわれ，大きさや質量もそれほど違わず，元々の大気の主成分もCO_2を中心とした，太陽系の中での起源や進化過程が近い惑星とされている．水も，地球型惑星での共通の物質とされている．

しかし，それぞれの太陽からの距離や質量などの微妙な差により，太陽に近い金星では，放射平衡温度（1–3節参照）から期待される高い表面温度により水蒸気としてしか存在できないうえに，大量のCO_2と水蒸気による強度の温室効果（2–1節参照）が“暴走温室効果”とよばれている温度上昇をさらに強める正のフィードバック過程で，水蒸気が太陽の紫外線で分解されたり金星大気から離脱したりして，軽い水分子（H_2O）そのものがなくなってしまったと考えられている．一方火星では，地球よりさらに太陽から離れており，その表面温度は固相としての氷しか存在できないとされている．また，質量が地球の10分の1程度と小さいことが，水のような軽い分子の火星大気から宇宙空間への脱出を容易にしたと考えられている．

地球は図1–4に示すように，太陽からの適当な距離による表面温度と（地球の質量，すなわち重力が関係した）適度な大気圧と水蒸気圧により，水蒸気，水，氷が同時に存在可能な気温・水蒸気圧である三重点（triple point）付近の条件となったことが，現在の水惑星としての地球を決定的にしたと考えられる．そして液体としての水（海）の存在は，大気中の大量のCO_2の吸収を可能にしたため，金星のような（暴走温室効果ともいわれる）強度の温室効果を避けることができたと考えられている．また，惑星表面に液体としての水が安定的に存在できることは，生命圏の存在の条件として不可欠であり，この条件を満たす領域はハビタブルゾーンともよばれている．現在の太陽系でハビタブルゾーンに入っているのは，地球に限られている．地球表層で水が存在できた条件については，4–1節でも詳しく述べる．

1–2–3　時間スケールにより異なる気候システム

図 1–3 で示された気候システムの概念図は，大きく分けて，システムの構成を決めている外因（外力や相互作用しない要素あるいは境界条件）と，システム内の構成要素間の相互作用によって，状態量（気温，気圧，水蒸気量など）に対し何らかのフィードバック機能を通して変化させる内因に分類できる．

たとえば，気候の年々変動では，海と陸や山岳の分布は，システムを決めている外因であり，雲や雪氷（海氷，積雪）の分布は内因と考えることはあまり抵抗がなさそうである．ただし，何が外因で，何が内因であるかは，1–1 節でも述べたように，気候システムをどのような時間スケールの気候の変動（変化）を対象としたシステムとして考えるかにかかっている．

気候の年々変動のみを理解したい場合の気候システムは，海陸分布や山岳地形だけでなく，植生分布も，多くの場合，外因と考えてもいいであろう．大気の組成（N_2，O_2，CO_2 など）もほぼ一定と考えてもいいかもしれない．

より長周期の変化，たとえば 10～100 年スケールで変化する気候変化では，植生分布はシステム内のフィードバックに関与する，内因として理解する必要があろう．人間活動が引き起こしているとされる CO_2 濃度の増加は，人間活動を気候システムの外にある存在とすれば，本来システムの外因として考えられるはずの大気組成の一部が，外部（人間活動）により強制的に変化を受けている状況として理解する必要がある．

さらに長周期の変化，たとえば 1 万～10 万年周期で変化する氷期・間氷期のサイクルでは，南極やグリーンランドの氷床や海流系も，内因と考えることが重要となる．

さらに長期の 1000 万～1 億年より長い時間スケールの気候変化では，海陸の分布や山岳地形そのものを変化する外因とみるか，あるいは，気候とのフィードバックがあれば，内因としてさえ考える必要が出てくる．

ある時間スケールの気候の変動・変化を方程式系で記述する場合，その気候システムは何が外因（数式の場合，境界条件や外部パラメータ）か，何が内因（数式の場合，説明変数間の関係性）として与えられるかを見極めることが重要である．図 1–3 の概念図を構成する要素も，あるときは外因になり，あるときは内因になる．もちろん，システム全体の中で，外因と内因を同定したうえで，それらがかどのように結びついているかを見極めることこそ，「システムとはものの見方」の意味であろう．

1-3　太陽放射と地球放射——気候システムのエネルギー

さて，では地球の気候システムの平均状態（平衡状態）はどう決まっているのだろうか．システムの状態を決める基本的な物理量である温度は，入力（外力）としての太陽エネルギーと出力としての地球からの赤外放射量のバランスで決まっている．

1-3-1　放射の法則

太陽からの熱エネルギーも，地球から出ていく熱エネルギーも，物体の温度に応じて放射される電磁波エネルギーである．ある物体（物質）から放射される電磁波は，黒体に関するプランク（Planck）の放射の法則で表現される．黒体（black body）とは，あらゆる波長の電磁波を完全に吸収でき，かつ放出できる理想的な物体であるが，太陽や地球を巨視的にみた場合，近似的に黒体と扱うことができる．プランクの法則によると，温度 T の黒体における波長 λ の電磁波の放射強度 $B(\lambda, T)$ は

$$B(\lambda, T) = \frac{2hc^2}{\lambda^5}\frac{1}{e^{hc/\lambda kT}-1} \tag{1-1}$$

として与えられる．この式の h，k がそれぞれプランク定数，ボルツマン定数といわれる定数であり，C は光速度である．

この式は一見複雑なかたちをしているが，物体の温度 T を与えれば，電磁波の波長 λ（あるいはその逆数の振動数 ν）ごとの放射エネルギーが決まることを示している．たとえば，物体の温度がそれぞれ 200 K，250 K，300 K の場合の放射エネルギー分布（このような分布をエネルギー・スペクトルという）を図1-5に示す．この図からわかる特徴は，黒体はその温度ごとにある波長で極大をもつような放射スペクトル分布をすること，温度が高い物質ほど極大となる放射エネルギーの値が大きくなること，および極大となる波長（λ_{max}）が短いほうに偏移することである．この後者の特徴は，$\lambda_{max}\cdot T=\mathrm{const.}$ の関係で示され，ウィーンの変位則（Wien's displacement

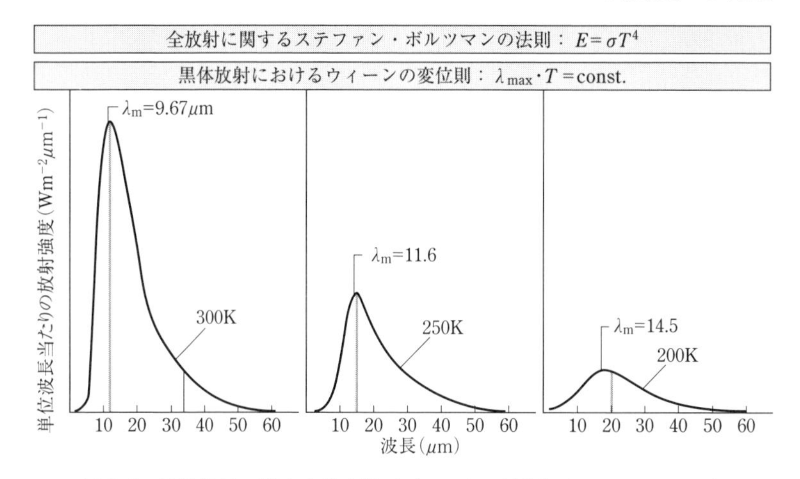

図 1–5　黒体放射に関する基本則（プランクの法則）（Gedzelman, 1980）

law）とよばれている．

さらにこのプランクの法則によるエネルギー分布を，全波長帯で積分する（図 1–5 の放射強度曲線より下の面積を求める）と，ある温度 T をもつ物体からの全放射エネルギーは，

$$E = \sigma T^4 \tag{1–2}$$

となり，（絶対）温度の 4 乗に比例するという簡単な式となる．これはステファン・ボルツマンの法則とよばれている．σ はステファン・ボルツマン定数である．

1–3–2　太陽放射と地球放射の違い

電磁波は，図 1–6 のように，波長によって，物理的特性が異なり，人間などの生命との関係あるいは影響も違うため，異なる名称が与えられている．たとえば，$0.4 \sim 0.8 \times 10^{-6}$ m 付近の電磁波は人間の眼で見える波長帯であり，可視光とよばれ，それより少し短い $10^{-7} \sim 10^{-8}$ m は紫外線，少し長い $10^{-4} \sim 10^{-6}$ m 付近は赤外線とよばれている．したがって，ウィーンの変位則により，物体の温度が大きく違えば，極大となる放射エネルギーの波長が大きく異なり，違う種類の電磁波を放射することを意味している．

図 1–7（a）に示すように，可視光とは，約 6000 K の太陽表面から放射さ

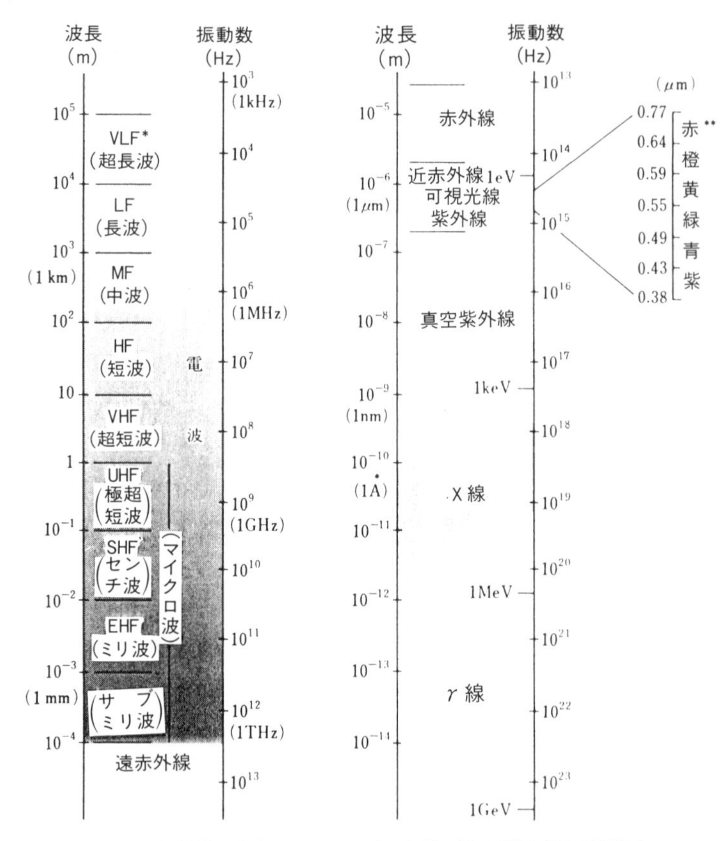

*　電波の周波数帯の英字によるよび方は国際電気通信条約無線規則による.
**　可視光線の限界ならびに色の境界のつけ方には個人差がある.

図1-6　波長帯ごとに違う電磁波の種類（小倉，1999）

れる電磁波エネルギーの大部分のエネルギーを占めるスペクトル帯（0.4～0.8 μm）の電磁波であり，人間を含む地球上の動物の眼が見える波長帯である．この波長帯はまた，植物の光合成が最も効率よく行われている波長帯でもあり，まさに太陽エネルギーに育まれた地球の生命の長い歴史を物語っている．一方，地球表層の温度は図1-7（b）に示すように，地表面や大気圏の物質も270±50 K程度であり，その温度帯からの放射エネルギーはすべて赤外線領域である．人間の眼からは赤外線は見えないため，太陽光線の散乱や反射のない夜間は，人工的な光源がなければ，私たち人間には闇の世

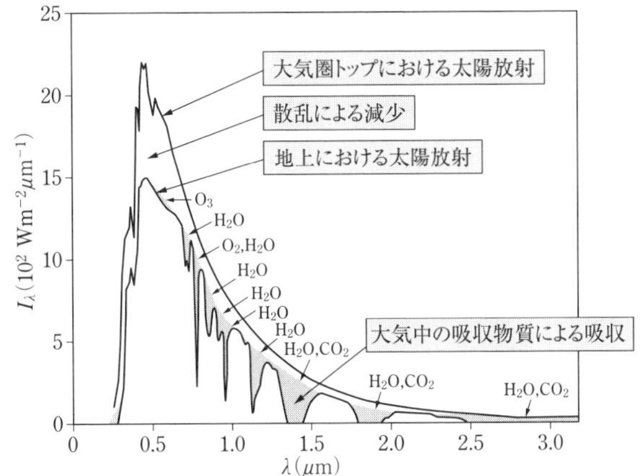

図 1-7(a)　太陽放射のスペクトル(大気圏上端と地上)

地上での値は大気中での散乱と大気中の吸収物質（O_3, H_2O, CO_2 など）の吸収により減少している．

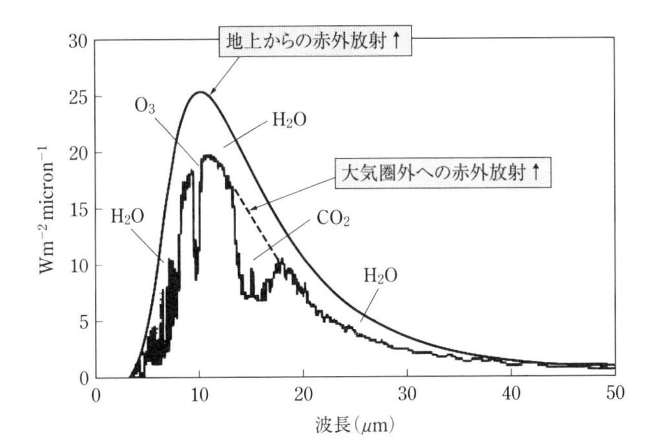

図 1-7(b)　地球からの赤外放射（地上からと大気圏トップから）

地表温度に対応した赤外放射は，大気中の温室効果ガス（H_2O, CO_2 など）による吸収のため，大気圏外への放射は小さくなっている（1-3-4 項参照）．

界であるが，赤外線はどの物体からも温度の 4 乗に比例したエネルギーで放出されている．赤外線カメラは，物体のわずかな温度差による赤外線量の違いをセンサーで感知し，それを可視化するカメラである．

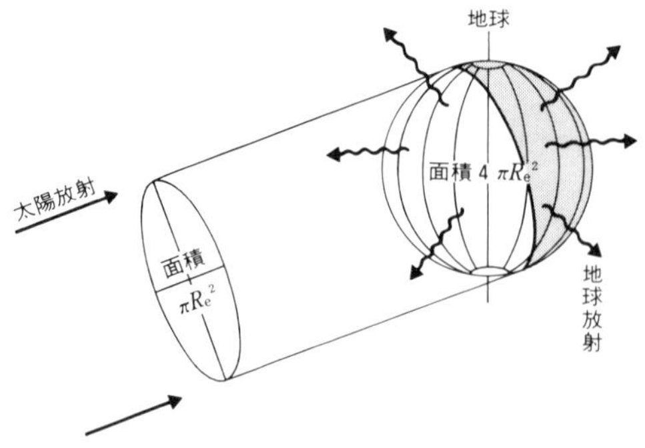

図 1-8　地球気候における放射平衡
（小倉，1999）

1-3-3　放射平衡温度（有効放射温度）

地球の平均的な表面温度は，地球表層に入射する太陽放射エネルギーと地球表層から宇宙空間に放射される放射エネルギーのバランスで決まっている．すなわち，図 1-8 に示すように，

$$(1-A)\pi R^2 \times S = 4\pi R^2 \times \varepsilon\sigma T_e^4 \tag{1-3}$$

となる．ここに，A：地球表層のアルベード（可視光に対する反射率），R：地球の半径，S：太陽定数（単位時間，単位面積当たりの太陽エネルギーの強度），ε：地球表面からの赤外放射に対する射出率（emissivity），T_e：放射平衡温度（あるいは有効放射温度）である．

地球表面は，可視光に対する反射率の大きな雲や雪氷などに常に覆われており，海洋や大陸も太陽光を反射して宇宙空間へ太陽エネルギーを返しており，その平均的なアルベード（A）の分を差し引いておかねばならない．このアルベードがあるために，人工衛星や宇宙船から地球を見た宇宙飛行士は地球を「見る」ことができる．これまでの人工衛星からの観測で現在の地球は，$A \sim 0.3$ 程度とされている．S は，図 1-7 で示された約 6000 K の太陽表面からの放射エネルギーが地球に到達したときのエネルギー強度であり，ステファン・ボルツマンの法則 $E = \alpha T^4$ で決まる放射エネルギー強度が，太陽半径/太陽・地球間の距離の比の 2 乗に逆比例して弱まった値で，$S \sim 1370$ $\mathrm{Wm^{-1}}$ である．厳密には定数ではないため，現在は，国際的には全太陽放射照度（Solar Irradiance: TSI）とよばれている（3-3 節参照）．ε は，$0 < \varepsilon < 1.0$ の数値であり，地球表層を黒体と仮定すれば，$\varepsilon = 1.0$ である．式（1-3）の放射平衡で注意すべきは，エネルギー量は同じであるが，左辺の太陽

放射エネルギーの大部分は可視光，右辺の地球放射エネルギーはすべて赤外線によっているという放射エネルギーの質の違いである．

さて，この式から $T_e=\{(1-A)S/4\varepsilon\sigma\}^{1/4}$，$\varepsilon=1.0$ として放射平衡温度 T_e を求めると，T_e～255 K 前後となる．この温度は地球表層の地圏・大気水圏系をひとまとめにした気候システム全体の平均温度であり，空気の質量（密度）分布の重みを加味した大気圏全体の平均気温あるいは，地表から 5 km 付近の対流圏中層付近の年平均気温に近い．すなわち，大気圏全体を含めた地球表層システムとしては，黒体で近似できることを示している．しかし，全球で平均した地表付近の年平均気温は 288 K（15℃）であり，255 K よりもかなり高い値である．この大気圏の温度と地表面温度の差を説明するためには，次に述べる温室効果を考慮する必要がある．

1–3–4　温室効果

惑星に大気が存在しない場合と，大気が存在し，その大気が太陽放射を（少なくともある程度は）透過させて地表面まで到達させることができる場合，太陽放射と地球からの赤外放射のバランスは，図 1–9 に示すような違いが生じる．前述した放射平衡温度（T_e）は図 1–9（a）のように地表面に入射する太陽エネルギー（I_E）と地表面からの赤外放射エネルギー（σT_e^4）がバランスしたときの地表面温度である．もし大気があり，地表面からの赤外放射エネルギーを吸収する物質（地球の場合，CO_2，H_2O，CH_4 などの大気の微量成分）があった場合，（b）のように，大気は地表面からの赤外放射（の一部）を吸収し，大気温度に比例した赤外放射を上向き（宇宙向き）と下向き（地表面向き）に放射する．すなわち，地表面は太陽エネルギーだけ

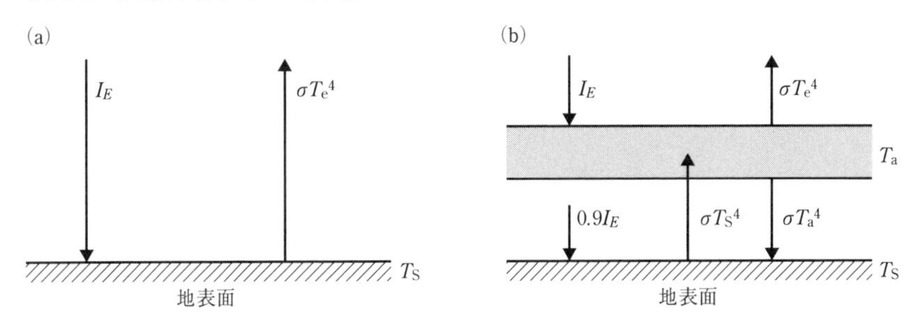

図 1–9　温室効果とは

でなく，大気からの下向き放射も吸収する．そのため，地表面温度は，(a)で決まる放射平衡温度 T_e よりも高くなる．いま，太陽放射に対する大気の吸収がなく，大気も地表面も，赤外に対して黒体であると仮定すると，大気がある場合のバランスは，

$$(1-A)\frac{S}{4}+\sigma T_a{}^4=\sigma T_s^4 \tag{1-4}$$

となる．T_a は大気層の平均温度，T_s は地表面温度である．大気での赤外放射エネルギーのバランスは，

$$\sigma T_s^4 = 2\sigma T_a^4 \tag{1-5}$$

この式（1-4）と（1-5）を連立して解くと，

$$\begin{aligned} T_a &= \left\{(1-A)\frac{4\varepsilon\sigma}{S}\right\}^{1/4} \equiv T_e \\ T_s &= 2^{1/4}\,T_e \end{aligned} \tag{1-6}$$

となり，地表面温度 T_s は放射平衡温度 T_e より $2^{1/4}$～1.2 倍高くなり，大気温度が放射平衡温度 T_e となっている．これが大気の温室効果である．この効果により，地表面温度が大気温度よりも高い平衡状態がつくられることになる．

もし温室効果を，あえて式（1-3）のバランスで説明するなら，地表面の代わりに，大気と地表面を合わせた系（ここでは，大気・地表面系とよぶ）が黒体ではなく，灰色体（ε が 1.0 より小さい物体．）として，大気・地表面系の放射平衡温度が決まっていることを示している．すなわち，この灰色体の射出率を，ε～0.6 とすると，T_e＝288 K となり，赤外エネルギーの一部が大気・地表面系にトラップされ地表付近の大気加熱へ寄与している．

現在，大きな問題となっている「地球温暖化」とは，人間活動による温室効果ガスの増加により，下向きの赤外放射エネルギーが増加し，地表面付近の気温を増加させている，という問題である．一方で，人間活動が大気・地表面系の放射収支に与える影響には，たとえば，エアロゾルと総称される大気中のダストの増加があり，このダスト増加は，大気圏に入射する太陽放射の反射を強める（すなわち，アルベード（A）を大きくする）ことにより地表面に実質的に達する太陽放射を減らし，地表面気温をむしろ低下させる方向に働く可能性が大きい．この人間活動による大気・地表面系の放射収支へ

表 1–1　惑星大気の熱エネルギー，放射緩和時間，代表風速，自転速度の比較（松田，2000）

	大気の質量 (kg/m^2)	吸収エネルギー (J/m^2s)	熱エネルギー (J/m^2)	熱エネルギー／吸収エネルギー（地球日）	代表的風速 (m/s)	惑星の自転速度 (m/s)	代表的風速／惑星の自転速度
金　星	1.0×10^6	1.4×10^2	2.8×10^{11}	2×10^4	1	1.8	0.6
地　球	1.0×10^4	2.4×10^2	2.7×10^9	1×10^2	30	4.6×10^2	0.07
火　星	2.0×10^2	1.2×10^2	2.8×10^7	3	30	2.4×10^2	0.1
木　星	(3.0×10^3)	1.3×10^1	4.1×10^9	4×10^3	50	1.3×10^4	0.004
土　星	(1.1×10^4)	4.6	1.1×10^{10}	3×10^4	250	9.8×10^3	0.025
天王星	(1.2×10^4)	6.9×10^{-1}	6.8×10^9	1×10^5	100	2.8×10^3	0.036
海王星	(9.2×10^3)	6.9×10^{-1}	5.4×10^9	1×10^5	150	2.3×10^3	0.065

大気の質量＝M
吸収エネルギー＝$(1-A)S/4$
熱エネルギー＝C_pMT_e
放射緩和時間＝熱エネルギー／吸収エネルギー

1惑星日の長さ
金星：－243 日
地球：　1 日
火星：　～1 日
木星：　10hrs
土星：　10hrs

の影響については，第5章でより詳しく議論しよう．

1–3–5　放射平衡温度とその前提――大気の熱容量と地球自転

放射平衡の式（1–3）には，地球大気に関して，いくつかの前提が暗黙のうちにあることを忘れてはならない．その1つは，図 1–8 に示すように，昼夜半球を別々に扱わずに，昼夜の平均した状態（すなわち，地球放射を，全球の表面積 $4\pi R^2$ で計算していること）として扱っているという前提である．この前提が成り立つための条件は，昼半球で暖められた大気は夜半球で完全に冷却されずに，また昼半球となることである．すなわち，地球大気の熱容量が自転に伴う夜間の冷却量に比べ，十分に大きいことがすでに前提となっているのである．

この前提は，他の惑星と比較すると，必ずしも自明の条件ではないことがわかる．すなわち，惑星大気が，放射によりどの程度冷えにくい（冷えやすい）かによっている．表 1–1 には惑星大気のもつ熱エネルギー量（熱容量）を吸収エネルギー（＝放射冷却量）で割った放射過程の緩和時間（松田，2000）と惑星の1日の長さ（自転速度の逆数），およびこれらの比（その惑星において大気が放射で冷却に要する日数の目安）が太枠で示されている．

たとえば金星の緩和時間は約2万（地球）日に対し1日の長さは約240（地球）日で，比は約100，地球のその比も約100と，ほぼ同じオーダーであるが，火星のそれは，3日／1～3日である．木星，土星などは10^4で金星・地球の比よりさらに2オーダー大きい．すなわち，金星や地球は，放射緩和時間が大きく，夜昼半球での大気の熱エネルギーの変化に伴う温度分布や大気循環の変化はほとんど考慮する必要はないが，火星では考慮する必要があることを示している．実際，火星では昼夜半球の温度差による大気の熱潮汐が非常に大きいことが知られている．一方，木星型惑星では，放射過程による大気循環（分布）への影響は，実質的に考慮する必要がないことを示している．

第2章

現在の地球気候はどう決まっているか

高緯度へ行けば気温は低く，低緯度は気温が高い．地表面から少なくとも十数 km の高さまでは気温は下がる．雨は赤道近くの熱帯では多く，大陸の内部や西部には砂漠や乾燥気候の地域が広がっている．日本などのある中緯度では季節の変化が大きく，夏には雨も多いことも私たちはよく知っている．では，このような現在の地球の平均的な気候の状態は，どのように決まっているのだろうか．現在，問題になっている異常気象や地球温暖化を考えるうえでも，地球気候の維持のしくみを理解することは重要である．この章では，私たちが住んでいる地球の現在の気候形成のしくみを考えてみよう．

2-1　地球大気の鉛直構造はどう決まっているか

2-1-1　太陽エネルギーと大気——地表面系の熱収支

地球の大気・地表面系のエネルギー収支は，非常に簡単化すれば図 1-9 (b) のような，温室効果を含む放射エネルギーの流れで説明できることを述べたが，現実の大気・地表面系のエネルギー収支は，もう少し複雑である．図 2-1 は，大気・地表面系全体における太陽放射エネルギーと大気・地表面からの熱と放射エネルギーの流れ（収支）を示している．この系に入射する太陽からの放射エネルギー総量は年平均で，342 W m^{-2} であるが，ここでは，これを 100% としてエネルギーがどう大気・地表面系で分配あるいは変換されるかをみてみよう．まず，入射エネルギーは，約 30% が雲や大気中のダスト（エアロゾル）および地表面によって反射されて地表面と大気・地表面系の加熱には使われない．残り約 70% のうち，約 20% は大気により直接吸収されるが，これは主として上層大気での紫外線の吸収である．約

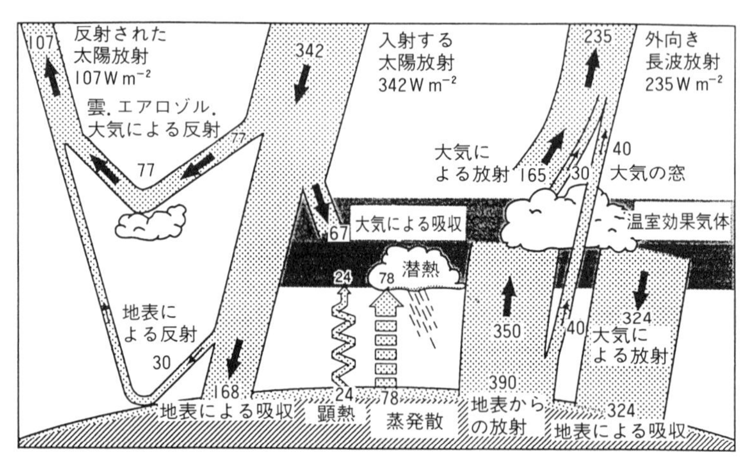

図 2-1　地球の熱放射と放射収支（IPCC 報告，1995，気象庁訳）

50% が地表面に吸収され，地表面加熱を通して，大気加熱を行っている．ここで注目すべきは，地球の大気・地表面系では，地表面で吸収された 50% のエネルギーのうち，約 30% は大気の乱流や対流による顕熱，潜熱（蒸発散）として地表面から大気に輸送されることである．これは後で述べるように，地球の大気・地表面系では，大気最下層部に対流圏とよばれる活発な大気乱流・対流の場を維持するしくみのあることを示している．大気最下層の対流圏の存在は，当たり前のように気象学の教科書でも扱われているが，その存在の条件を明らかにすることは重要である．約 20% は赤外放射エネルギーとして地表面から大気へ輸送されるが，これは，地表面温度で決まる上向きの放射エネルギーと，大気からの下向きの放射エネルギーの差で決まっている．下向きの放射エネルギーは，雲量や CO_2，H_2O，CH_4 などによる温室効果の強さに依存している．大気圏トップからは，70% すべてが赤外放射エネルギーとして宇宙空間に戻っていく．

この図から示唆されるもう１つの点は，地球の大気・地表面系のエネルギー収支における雲の重要な役割である．太陽放射の反射，赤外放射，蒸発散に関与する降水（水循環）など，どのような雲（種類と量）が出現し，変化するかは，エネルギー収支の変化に大きな影響を与えると考えられている．

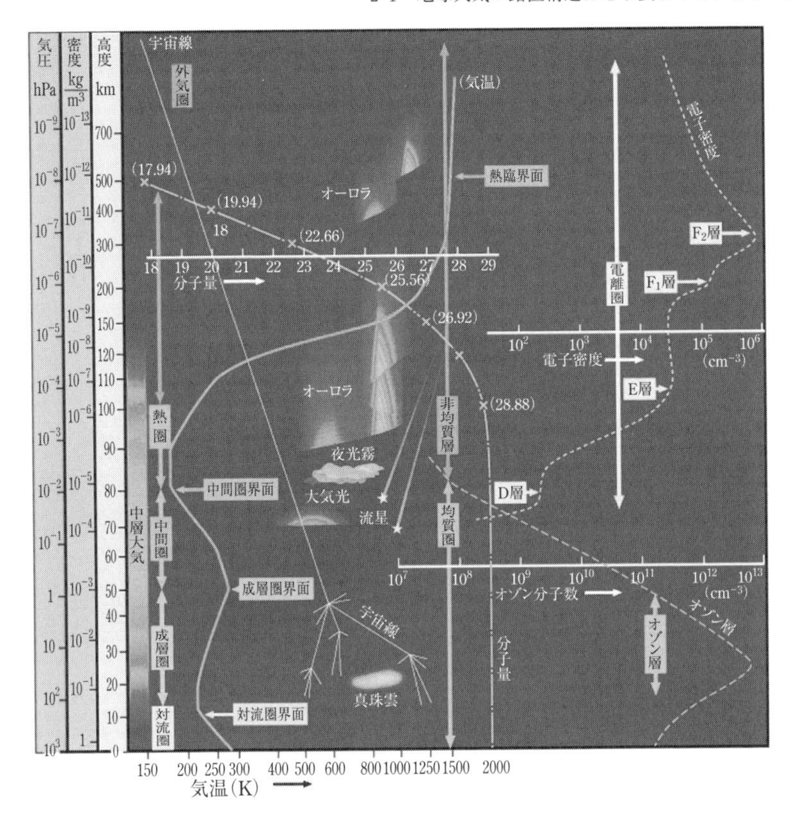

図 2-2　地球大気の鉛直構造（理科年表オフィシャルサイト（国立天文台，丸善出版））

2-1-2　大気温度の鉛直分布はどう決まっているか

地球大気の鉛直構造は，どう決まっているのだろうか．図 2-2 は，全球で平均した大気温度，平均分子量，オゾン分子数および電子密度の高度分布と大気層の区分を示す．気温の高度変化の傾向から，大きく 4 つの圏が定義されている．最下層から 11 km 付近まで気温が高度とともに減少している対流圏，その上には 50 km 付近まで気温が高度とともに上昇している成層圏，その上には 80 km 付近まで気温が再び減少している中間圏，その上は，気温が高度とともに再び上昇している熱圏が存在している．それぞれの圏の境目には，圏界面が気温の極小，極大域あるいは高度変化傾向の変曲面として定義されている．このような複雑な気温変化の構造は，たとえば高度

100 km 付近まで単調に気温が低下する金星大気などと比べ，大きく違っている（松田，2000）．

では，このような複雑な気温分布と区分はどのようなしくみで形成されているのだろうか．まず前提として，約 80 km の中間圏界面付近までの大気はよく混ざり合っており，大気の主な組成（78% の N_2，21% の O_2，CO_2）は，平均分子量（≃29）もほぼ一定している．この大気は基本的に静水圧平衡（コラム1参照）を保っている．このようなほぼ均質な大気（均質圏）を前提にして，大気下層（対流圏）では温室効果が，中層大気とよばれる大気上層（成層圏，中間圏）では太陽からの紫外線吸収による大気の直接加熱がその主なしくみとなっている．

コラム1　静水圧平衡

地球大気は，地球表面の上に，その密度を上空にいくに従って指数関数的に小さくしながら薄く覆っている．地表面では約 1 kg m^{-3} であるが，20 km 付近で 0.1 kg m^{-3}，35 km 付近では 0.01 kg m^{-3}，50 km 付近で 0.001 kg m^{-3} と，急激に希薄になっている．この空気密度の分布（と，その鉛直方向の積分である気圧）は，分子運動をしている空気に地球の重力が働いたときのバランスで決まっている．すなわち，空気の気圧，密度，温度の関係は，ボイル・シャルル（Boyle-Charles）の法則（状態方程式）で，次のように記述できる．

$$P = \rho RT \tag{2-1}$$

ここに P は気圧，は密度，T は絶対温度，R は大気の気体定数である．R

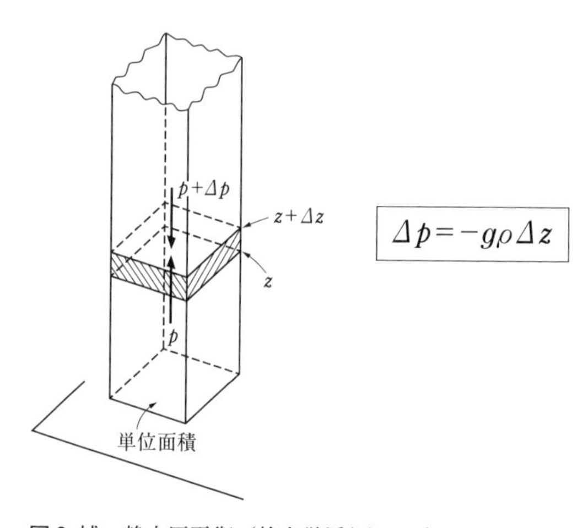

図 2-補　静水圧平衡（静力学近似）の式（小倉，1999）

は気体の 1 mol（モル）当たりの質量 n（kg/mol）に逆比例する値であり，普遍気体定数（universal gas constant）R とは

$$R = R/n \tag{2–2}$$

という関係にある．

ある気層（dz）では，対流がない状態では，鉛直方向に，図 2–補のように，空気の自重（ρgdz）と鉛直方向の（下から上に向かう）気圧勾配による力（dP）がバランスした平衡状態が保たれている．すなわち，

$$\mathrm{d}P = -\rho g \mathrm{d}z \tag{2–3}$$

ちょうど，海の中の水圧と水の自重のバランスと同じ状態が大気でも保たれていることになり，静水圧（静力学）平衡とよばれている．

大気組成は，さまざまな大気運動により，80 km 付近の中間圏界面まで，ほとんど一様であり，静水圧平衡もほぼ成立している．地球大気はどこまでかという線引きを物質循環からみれば，一応，中間圏界面が上限といえよう．

まず大気最下層では，温室効果によって，地表面温度が高く，その上の赤外線を吸収する大気層の気温が低くなることはすでに説明した．式（1–4），（1–5）の放射エネルギー収支を，大気を多層に分けて，大気層ごとのエネル

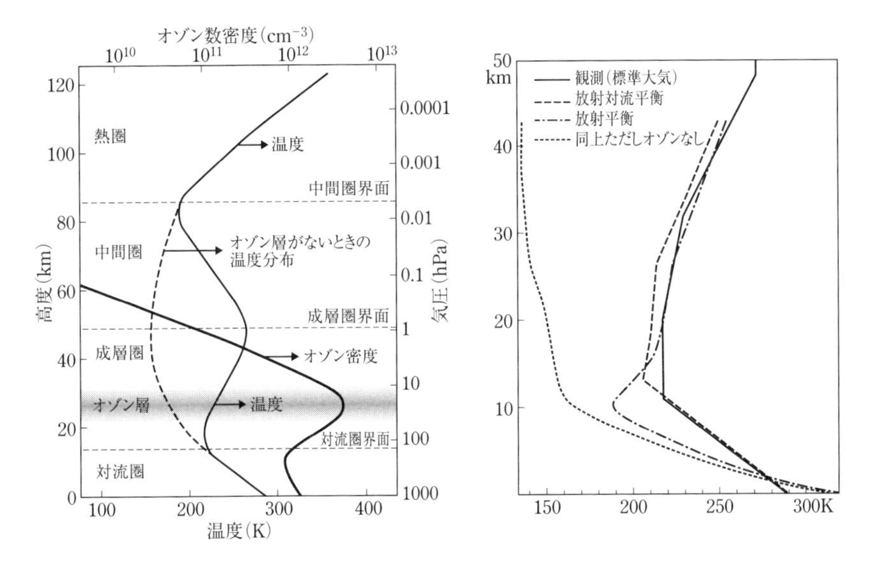

図 2–3　大気温度の鉛直分布はどう決まっているか（Manabe and Strickler, 1964）

ギー収支を連立させると，温室効果により，上層にいくほど気温が低くなる分布が得られる．すなわち，対流圏での（上空ほど下がる）気温分布は，温室効果を前提とした放射平衡で，近似的には説明できそうである．より現実に近い気温分布は，大気中の温室効果気体の分布や，それぞれの気体の放射特性（赤外吸収率の波長依存性など）を考慮して厳密に数値計算する必要があるが，そのような計算の結果（Manabe and Strickler, 1964）を図2–3に示す．注目すべきは，放射平衡のみで得られた気温分布は，対流圏に相当する地表面から10 km程度の間で16℃も低下しており，現実の気温逓減（低下）率（～6.5 K/10 km）よりはるかに大きい．ここでさらに考慮すべきは，大気の静的安定度（対流が生じる指標）である（コラム2参照）．

コラム2　大気の静的安定度

大気中で地面の加熱や地形などがきっかけになって，上昇流が起こり対流性の雲などが形成されやすいかどうかの指標になるのが，大気の静的安定度である．この大気安定度は，静力学平衡が成り立っている条件の下でのエネルギー保存則である熱力学の第一法則で，以下のように導出できる．

ある空気塊に熱が加えられると，その熱は空気を暖めて温度を上げることにより増える内部エネルギーと，その空気塊がなした仕事の和になる．これが熱力学の第一法則（エネルギーの保存則）とよばれるもので，

$$\mathrm{d}Q = \mathrm{d}I + p\,\mathrm{d}\alpha \qquad (2\text{–}4)$$

と表現できる．ここで，Qは熱量，Iは内部エネルギー，pは気圧，αは空気塊の体積である．$\mathrm{d}Q$は単位質量の空気に与えられる熱量，$\mathrm{d}I$は単位質量当たりの空気の内部エネルギーの増加量，$p\mathrm{d}\alpha$は単位質量の空気が膨張によりなされた仕事である．

空気は理想気体とみなせるとすると，内部エネルギーは温度のみの関するであり，

$$\mathrm{d}I = C_{\mathrm{v}}\mathrm{d}T \qquad (2\text{–}5)$$

となる．ここでC_{v}は一定容積のもとでの比熱で，定積（定容）比熱とよばれている．式（2–5）を式（2–4）に入れると

$$\mathrm{d}Q = C_{\mathrm{v}}\mathrm{d}T + p\,\mathrm{d}\alpha \qquad (2\text{–}6)$$

となる．ここで，理想気体のボイル・シャルルの法則に基づく状態方程式（2–1）を用いると，熱量の変化を空気塊のもつ温度（T）と気圧（p）の変化と関係づけることができ，

$$\mathrm{d}Q = (C_{\mathrm{v}} + R)\mathrm{d}T - \alpha\,\mathrm{d}p$$

となる．ここで，等圧過程（$\mathrm{d}p=0$）における比熱（定圧比熱）として

$$C_p \equiv C_v + R$$

を定義すると，式（2-6）は

$$dQ = C_p dT - \alpha dp \qquad (2\text{-}7)$$

となる．ここで，この空気塊の運動が，静水圧平衡の条件下で起こっていると すると，静水圧平衡の式（2-3）の密度 $\rho = 1/\alpha$ と置き換えて，式（2-3）を式（2-7）に代入すると，

$$dQ = C_p dT + g dz \qquad (2\text{-}8)$$

の関係が得られる．ここで，暖められた空気塊が，周囲の空気との熱のやりとりがない断熱的な過程（すなわち，$dQ=0$）で上昇すると仮定すると式（2-8）から

$$-dT/dz = g/C_p \equiv \Gamma_d \qquad (2\text{-}9)$$

が得られる．この Γ_d は乾燥断熱減率（dry adiabatic lapse rate）とよばれ，地球の下層大気の定圧比熱と重力加速度の値を入れると，$\Gamma_d = 0.0098\ \mathrm{K\ km^{-1}}$ となる．すなわち，断熱的に上昇（下降）する空気塊は，ほぼ 100 m ごとに約 1 K 温度が下がる（上がる）ことになる．したがって，もし空気塊の周りの空気層がこの Γ_d より大きな値の逓減率ならば，上昇する空気塊は周りの空気より温度が高く軽くなるため，ますます上昇することになる．このような状況を絶対不安定という．空気層が Γ_d より小さな逓減率なら上昇する空気塊は周りの空気より温度が低く重くなるため，上昇は止まる方向，すなわち安定度が高いことになる．

ただ，現実の大気は水蒸気を含んでおり，上昇する空気塊は温度を下げる過程で飽和に達し，水蒸気が凝結して雲を形成することが多い．この場合，水蒸気の凝結による潜熱の放出により，空気塊の温度の低下率は弱められるため，乾燥空気（不飽和空気）の Γ_d より小さな湿潤断熱減率（moist adiabatic lapse rate）Γ_m となる．その大気に含まれる水蒸気量により大きく変化し，気温が高く非常に湿った大気の場合は $4\ \mathrm{K\ km^{-1}}$ になることもあるが，対流圏中層の典型的な値としては $6\sim7\ \mathrm{K\ km^{-1}}$ である．大気層の逓減率 Γ が，$\Gamma_m < \Gamma < \Gamma_d$ の場合は条件付き不安定と定義され，実際の対流活動は，多くの場合，この条件付き不安定の大気で生じている．

地球の大気下層では，図 2-補（右）のモデルでの計算結果のように，温室効果だけの放射平衡で決まる大気下層の温度減率は，乾燥断熱減率，湿潤断熱減率よりも大きく，したがって常に対流が起こりやすい条件が維持されることになる．この層が対流圏とよばれる理由でもあり，湿潤な大気層を前

提として，平均的には，6〜7 K/100 m 程度の気温減率が維持されている．

2-1-3　オゾン層形成と地球生命圏の役割

地球大気の鉛直構造でもう1つの大きな特徴はオゾン層あるいは成層圏（20〜50 km）の存在である．この層では対流圏から輸送されてきたO_2が，より波長の長い太陽からの紫外線（0.24 μm 以下）により光解離（photo-dissociation）されて酸素原子となり，この酸素原子が酸素分子（O_2）と再結合して，オゾン（O_3）を生成している．すなわち，

$$O_2 + h\nu(<0.24\ \mu m) \rightarrow 2O$$
$$O_2 + O + M \rightarrow O_3 + M$$

生成されたオゾンは，より波長の長い紫外線（0.32 μm 以下）により解離される．上式のMは触媒の役割を果たす分子である．

$$O_3 + h\nu(<0.32\ \mu m) \rightarrow O + O_2$$

この光化学反応を通してオゾン層が維持され，太陽からの紫外線はほとんどこの層で吸収されると同時に，紫外線吸収により，図2-3（左）のモデルの結果で示すように，大気温度が高くなり，成層圏を形成している．

オゾン層形成のもとになっている対流圏からのO_2は，地上の生命圏における光合成でつくられたものであり，生命圏はオゾン層を形成して，生命には危険な紫外線をフィルターカットして，生命圏の維持にも大きく寄与して

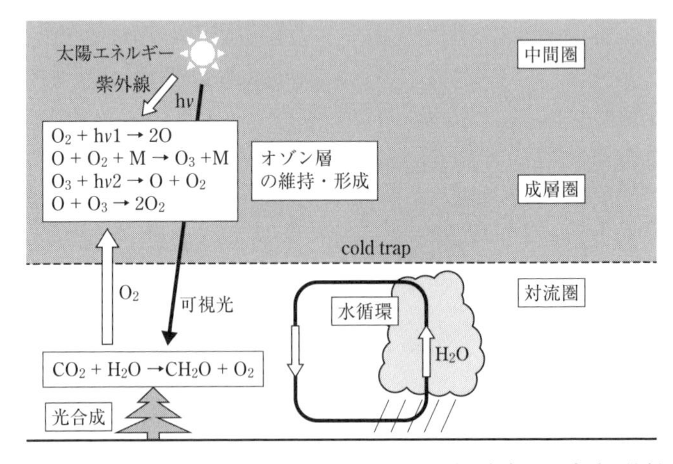

図2-4　大気圏の鉛直分布形成におけるオゾン層と生命圏の重要な役割

いる（図 2–4 参照）．同時に，この図でも示しているように，オゾン形成による高温層としての成層圏から中間圏の存在は，水などの物質循環を対流圏での閉鎖系での循環にし，物質を宇宙空間に散逸することを抑えることにも大きな役割を果たしている．地球気候におけるオゾン層（成層圏）の存在の意味は大きく，第 4 章で述べる気候と生命の進化過程でも重要な意味をもっている．この意味でオゾン層は地球大気を特徴づける重要な部分であるといえる．

2–1–4　超高層大気（熱圏と電離圏）

中間圏界面以上で地上約 300～600 km 以下の領域は，大気圏の上端に近いため，大気密度が非常に小さく 10^{-5} kg m^{-3} と真空に近い状態になっている．太陽からの波長 0.1 μm 以下の強い紫外線や X 線が，希薄で熱容量がきわめて小さくなった大気の酸素や窒素の分子・原子を光電離（photoionization）させてイオン化し電離層（圏）を形成するとともに，分子運動を活発化して温度を高め，熱圏を形成している．熱圏は上空に行くほど高温となり，熱圏界面付近では数百～1500℃ にも達する．そのさらに上空は外気圏とよばれる．

超高層大気は，密度が非常に小さいので，黒点周期などに伴うわずかな太陽放射エネルギーの変化にも影響を受けて温度変化も非常に大きいことがわかっている．

影響を受けやすく，太陽黒点の 11 年周期に伴う太陽エネルギーの紫外線変動に対応して，同じ周期の気温変動が起こっていることなどが報告されている（Ogawa *et al.*, 2014 など）．ただ，大気密度が非常に小さいため，中間圏以下の下層大気の状態に直接影響が及ぶことは小さいとされているが，第 3 章で述べるように，太陽活動や地球磁気圏の変動を通した宇宙線強度の変動が，対流圏の雲活動に与え，ひいては地上付近の気候に影響を与える可能性も指摘されている（3–3 節参照）．また，第 5 章で説明する人間活動による対流圏での温室効果の強化は，超高層では大気下層からの赤外放射を減らすため，むしろ大気温度が低下することが理論的に説明されていたが，最近 30 年の電離圏（F 層）（200～400 km）での観測からも気温低下のトレンドが指摘されている（前掲の Ogawa *et al.*, 2014）．

2-2　地球気候の南北分布と季節変化はどう決まっているか

2-2-1　太陽入射エネルギーの南北分布と季節変化

地球では，高緯度（極の方向）にいけば気温が全般的に下がり，低緯度（赤道の方向）にいけば気温が上がることは誰しも経験的に知っている．その基本的な理由は，地球は文字通りほぼ球形の星であること，そして，その球の回転軸（地軸）が，地球大気のエネルギー源である太陽の公転面に対し，直角に近いためである．

今，地球大気の上端で，太陽光線に直角な断面積での単位面積当たり，単位時間当たりの太陽入射エネルギー量をIとすると，この値は，太陽そのものの放射エネルギーの強さと，太陽から地球までの距離のみで決まる．このIは太陽放射照度（Total Solar Irradiance: TSI）とよばれ，現在の値は，$1.37\times10^3\ \mathrm{Wm^{-3}}$である（TSIは，太陽定数（solar constant）ともよばれているが，太陽活動により長期的には変動する値であるため，現在は国際的にはTSIが使われることが多い）．さて，太陽高度角をα，水平面の単位面積，単位時間に入射する放射エネルギー量（放射強度）を$I\alpha$とすれば図2-5の幾何学的関係から

$$I\alpha = I\sin\alpha \qquad (2\text{-}10)$$

と表せる．同様に，近似的に公転面に対し直角（90°）に回転軸がある（季節的には，春・秋の）状態を考えると，緯度ϕの地点での大気上端における正午（南中時）の入射エネルギー量I_ϕは，図2-5のような幾何学的関係から，

$$I_\phi = I\sin(90-\phi) \qquad (2\text{-}11)$$

となり，高緯度ほど太陽光が斜めに入射し，地表面での単位面積当たりの太陽入射エネルギーは少なくなる．気候の南北分布のおおもとは，この入射エネルギー量の緯度分布である．

地球の自転軸は，公転面に対し，直角ではなく，そこから約23.5°（公転面に対して66.5°）の傾きをもっており，そのため，同じ緯度でも季節により太陽入射の角度が変化する．太陽からの放射が地球赤道面となす角は季節的に変化し，その角度δを赤緯（declination angle）といっている．（北半

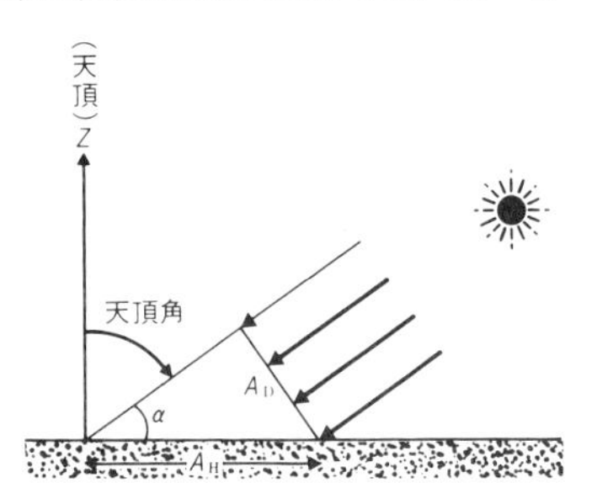

図 2-5　太陽の高度角 α と表面における放射強度の関係（小倉，1999）

球の）夏至では，$\delta=23.5°$，冬至では $-23.5°$，春分・秋分時には $0°$ である．ある緯度 ϕ におけるある季節（赤緯 δ）における正午の太陽高度角 α は，したがって，

$$\alpha = 90° - \phi + \delta \qquad (2\text{-}12)$$

となる．たとえば，北回帰線の北緯 23.5° では，夏至には $\alpha=90°$ で，式（1-7）より $I_\alpha = I$ となり，年平均でみた赤道の入射エネルギーと同じとなるが，冬至には $\alpha=43°$ となり，年平均の北緯 43° の入射エネルギーと同じになる．地軸の傾きは，南北両半球での季節の逆転も含めた季節変化を地球表面にもたらすおおもとである．

地球大気層上端における単位面積当たりの日平均太陽放射エネルギー量の緯度と季節による変化は，図 2-6 のようなダイアグラムで示される．このダイアグラムは，地球の気候とその変化を議論するときに非常に重要である．このダイアグラムで注目すべきは，夏季の最大日射量が太陽の赤緯の緯度ではなく，極にあるということである．この理由は，66.5° より極側の緯度では，春分から秋分にかけての夏半球の時期には，夜がない白夜（mid-night sun）が存在できるため，日照時間が長くなり，日総計の入射エネルギー量が増えるからである．一方，この極域の緯度帯では秋分から春分にかけての冬半球の時期には，1 日中太陽が現れない極夜（polar night）が現れ，入射エネルギーはゼロとなる時期が存在する．

このダイアグラムは，南北両半球はほぼ半年ずらしで，赤道を境にしたほぼ対称的な緯度・季節変化を示しているが，詳しくみると，北半球夏の極大期より，南半球の夏の極大期のほうが，放射エネルギー量が少し大きいことがわかる．これは地球の公転軌道が完全な円ではなく，弱い楕円軌道となっ

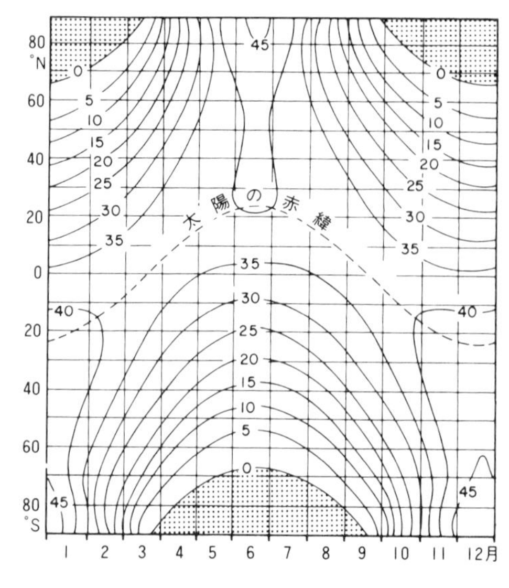

図 2-6　地球大気層上端における単位面積当たりの日平均太陽放射エネルギー量の緯度と季節による変化

ており，北半球夏の太陽・地球間の距離よりも，南半球夏（北半球冬）の太陽・地球間の距離のほうが短くなっているためである．第3章で述べるように，実は地軸の傾き（obliquity）も公転の楕円軌道の程度を示す離心率（eccentricity）も数万年周期で変化しており，したがってこの放射ダイアグラムの分布も，ゆっくりと永年変化している．この太陽放射量の緯度・季節分布の永年変化は，氷期サイクルのような数万年スケールでの気候変化に重要な役割を果たしている（3-4節参照.）

さて，日射量ダイアグラム（図2-6）によると，たとえば北半球夏の太陽放射量は北極で最大となり，南極で最小（ゼロ）となるが，気温や大気の南北（子午面）循環は，このような放射量分布に対応しているのであろうか．もし大気循環が太陽放射により直接加熱されて生じているとすると，北極上空で気温が高く，南極上空で最も低い気温となり，その気温の勾配に対応した大気循環が形成されるはずである．実際，太陽放射のうち，紫外線によってオゾン層が直接加熱される成層圏（高度十数km以上）と中間圏では，北極上空で高温，太陽放射のない冬の南極上空では放射冷却により低温となり，この温度分布を補償するような南北両半球にまたがるブリューワー・ドブソン（Brewer-Dobson）循環とよばれる南北循環（図2-7）が存在している．

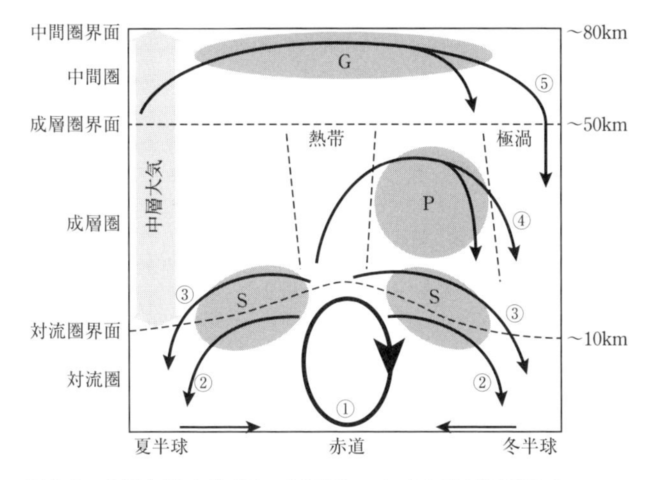

図 2–7　中層大気（成層圏・中間圏）における子午面循環（Plumb, 2002）

ただ，成層圏・中間圏の子午面循環は図 2–7 に示すように，さまざまな大気振動によって残差として形成される間接的な循環である．このブリューワー・ドブソン循環の詳しいしくみについては，たとえば小倉（1999），浅井他（2000）や江尻（2005）を参照されたい．しかし，大気圏最下層の対流圏（十数 km 以下）では，成層圏・中間圏のような南北循環ではなく，赤道で上昇し 30° 付近で下降するハドレー循環とよばれる直接循環と，その高緯度側には，弱いながら 60° 付近で上昇し，その極域で下降する間接的な南北循環が存在している．以下（2–2–2 項）に，大気圏最下層の対流圏における南北循環の形成のしくみについて述べる．

2–2–2　放射収支・熱収支の緯度分布

太陽放射エネルギーのうち，ほとんどの紫外線は，上述のように，オゾン層が存在する成層圏で吸収され，残りの太陽放射の大部分のエネルギーを担う可視光線（図 1–7 参照）が高度十数 km 以下の大気圏を通して地表面に達する．この可視光は，大気圏を通過する際，雲や大気中のエアロゾル，地表面などによる反射や散乱で一部は大気圏外に戻るが，残りは地表面に吸収される．図 2–8 は，図 2–1 と同じであるが，地球表層における太陽エネルギー

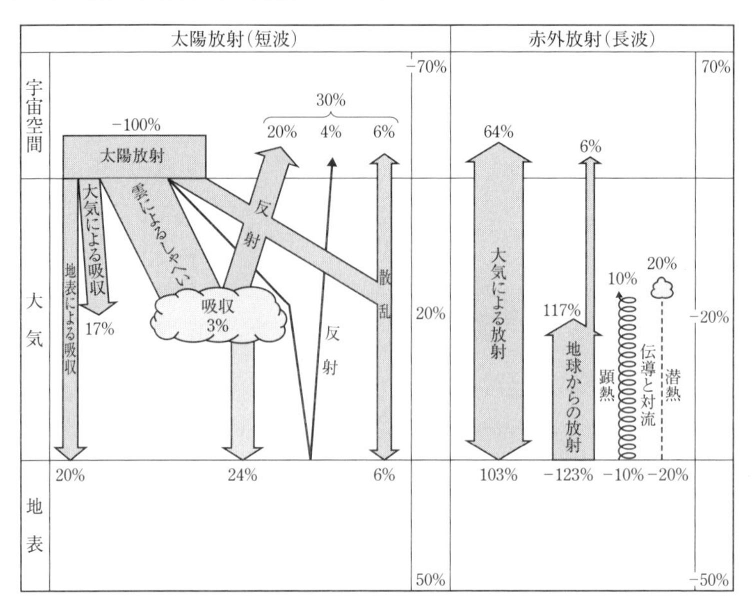

図 2-8　大気圏に入射する太陽エネルギーと地表面から射出される赤外エネルギーの収支（Eagleman, 1980）

の再配分の流れを，元の地球大気圏に入射する量を 100% とした割合で示している．この図は地球全体で平均したエネルギーの流れであるが，入射した太陽放射のうち，反射・散乱で大気圏外に戻るのが約 30%，地球表面で吸収されるのが約 50%，雲を含めた大気に吸収されるのが約 20% である．

大気圏下層が加熱されるプロセスは，地表面で吸収された約 50% の分が，赤外放射として地表面から射出され温室効果により大気で正味吸収される部分（約 20%），蒸発散を通した潜熱輸送（約 20%），大気乱流による顕熱輸送（約 10%）になる．これらの割合は，現在の地球気候を決めているが，同時に，大気組成，水蒸気量，海陸分布などに規定された現在の地球気候の状態で決まっており，したがって，地球表面の状態や気候変化そのものによっても変わりうることを念頭に入れておく必要がある．

さて，年平均での地球の大気・地表面系に入射する太陽放射量と系から赤外放射で出ていく量の緯度分布を図 2-9 に示す．入射量は，図 2-6 に示された大気上端での値から緯度・季節で決まる雲量・雪氷・エアロゾルなどによ

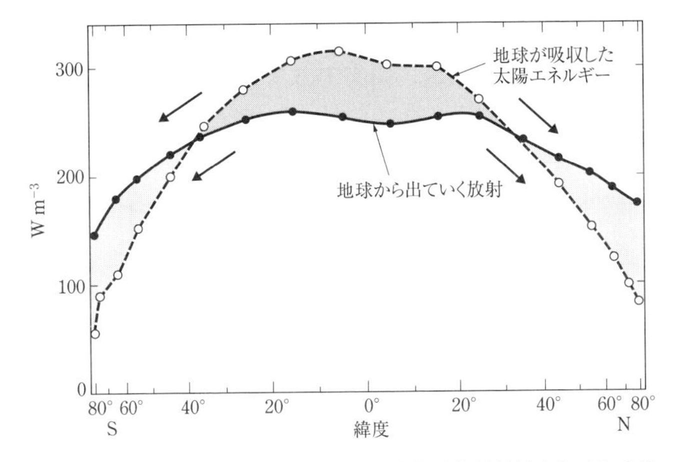

図 2-9（a） 大気・地表面系における正味太陽放射量収支と正味赤外放射量の緯度分布（Vonder Haar and Soumi, 1969）

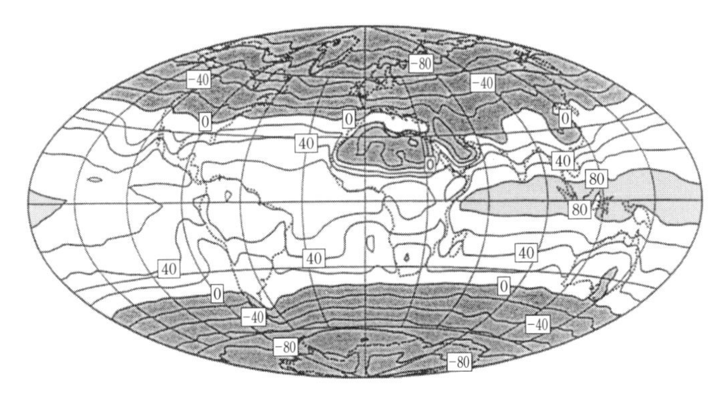

図 2-9（b） 年平均の放射収支の全球分布（正味太陽放射収支－正味赤外放射収支）（Hartmann, 1994）

る反射・散乱の分を引いた正味の入射量を緯度平均したものである．

極域では，太陽放射は大気圏を斜めに入射するため，大気圏における雲やエアロゾルや雪氷による反射・散乱部分が大きく，地表に達する正味の太陽放射量は小さくなる．結局赤道付近で地表面に入射する放射量が極大となる（図 2-9(a)）．地球放射は，基本的には各緯度における気温に依存した赤外放射量である．各緯度での太陽放射量と地球からの赤外放射量の差は，地表面付近の大気・海洋系での熱輸送で補償されることになり，この南北での放射量の差が，大気・海洋系の南北方向の循環と熱輸送の駆動力となっている．図2–9(b) に，正味の太陽放射量と赤外放射量の差を示す．この図は図2–9 (a) の緯度分布をほぼ代表しているが，興味深いのは北アフリカのサハラ砂漠上は亜熱帯にもかかわらず年平均でマイナスの収支である．また，熱帯域でも特に正味の収支が大きいのは，インド洋から西太平洋域である．これらの東半球の低緯度で見られる特徴的な分布は，アジアモンスーン気候に密接に関係している（2–6節参照）．

2–2–3　何が南北の熱輸送を決めているのか

ここで重要なことは，そもそも太陽エネルギーの緯度分布と地球放射の緯度分布を決めているのは何か，という問題である．

太陽放射量は，図2–6に示すように基本的に地球の球面による幾何学的効果で決まっているが，地球からの赤外放射量を決める気温分布は，その緯度における熱収支と熱輸送で決まっており，大気（と海洋）の循環の状態そのものが決めている．すなわち，熱輸送分布は，原因でも結果でもなく，平衡状態においてそうなっているというだけである．では，結局のところ，何が図2–9に示される放射収支の緯度分布を決めているのであろうか．

松田（2000）は，地球に近い3つの地球型惑星（金星，地球，火星）の大気大循環について，ゴリツィンの比較惑星大気熱力学の議論（Golytsyn, 1970）を援用して，この問題を議論している．図2–9に示される放射収支の緯度分布を，半球について，放射収支が正の低緯度側と負の高緯度側を2つのボックスにして熱のバランスを簡略的に示したのが図2–10である．この2つの分布を決めているのは，地球の大気質量・組成や海陸分布などの境界条件が決めている地球大気・海洋系の熱輸送効率である．問題はこれらの放射収支と熱輸送の値が，平衡状態としてどう決まっているかという問題である．ゴリツィンは惑星大気を太陽エネルギーによって駆動されている理想的なカルノーサイクルで表現できる熱機関と考えた．すなわち，大気の単位質量当たりの運動エネルギーの平均生成率 ε は，

$$\varepsilon = \frac{k\delta T}{T_1 Q}$$

と表現できる．ここで，k は無次元の定数，T_1 は大気の代表的温度，Q は

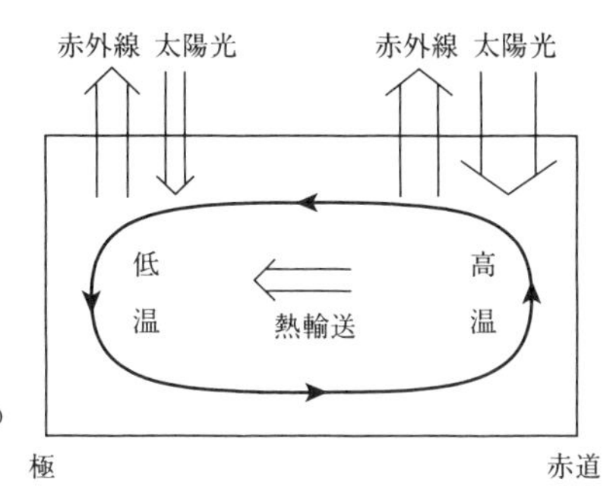

図 2-10　南北の放射加熱の差で決まる地球の気候（松田，2000）

単位質量当たりの吸収エネルギー，δT は南北の代表的温度差である．$k\delta T/T_1$ は太陽エネルギーから運動エネルギーの転換効率であり，$\delta T/T_1$ がカルノーサイクルの効率に他ならない．ゴリツィンはまず，惑星大気の運動状態を，コルモゴロフの 3 次元乱流が適用できる十分発達した乱流とみなして，いわゆるコルモゴロフの相似則を適用し，慣性領域での大気の代表的な風速 $U(L)=(\varepsilon L)^{1/3}$ にの渦の大きさ L に惑星の半径 a を当てはめて

$$U=(\varepsilon a)^{1/3}$$

とした．

さらに，大気大循環による低緯度から高緯度への熱輸送は，近似的に極域での赤外放射量とほぼ同程度であるとすると，

$$MC_{\mathrm{p}}\,U\cdot\nabla T\sim\sigma T_{\mathrm{e}}^{4}$$

と表現できること，また，∇T は，

$$U\cdot\nabla T\sim\frac{U\delta T}{a}$$

と見積もれることなどを用いて，最終的に，表 2-1 の右にあるような各惑星大気を代表する熱エネルギーと運動エネルギー（大気循環）のパラメータ値を推定した．（詳細は，松田（2000，2014）を参照．）

この表から各惑星の熱機関と大気循環の基本的な特性の違いが浮かび上がってくる．まず，惑星の大きさ（半径 a）や単位面積当たりの吸収エネルギー（$S(1-A)/4$），定圧比熱（C_{p}）の値は，せいぜい 2 倍程度でオーダー的には違いがない（表 1-1 参照）．一方，大気質量（M）は惑星間で，10^6，10^4，10^2 と桁違いに大きい差があり，金星は厚い大気に覆われ，火星大気は非常

表 2-1　金星，地球，火星の温度差と風速の見積もり（松田，2000）

惑星名	単位面積当たりの大気量	単位面積当たりの吸収エネルギー	単位質量当たりの吸収エネルギー	輻射の緩和時間	一昼夜	代表的温度差	代表的風速	子午面積循環の1周時間
	M(kg/m^2)	$S(1-A)/4$(J/m^{2}s)	Q(J/kgs)	$C_pMT_e/\sigma T_e^4$(日)	(日)	δT(K)	U(m/s)	$\pi a/U$(日)
火星	2×10^2	10^2	8×10^{-1}	3	1	70	50	3
地球	10^4	2×10^2	2×10^{-2}	100	1	20	10	20
金星	10^6	10^2	10^{-4}	2万	117	1	0.7	300
下層	10^6	3×10^1	3×10^{-5}	7万	117	0.4	0.4	600
雲層	10^4	10^2	10^{-2}	200	117	10	7	30

金星については3つの場合について見積もりがなされている．

に薄いことが示される．Mが大きく（小さく）なると，温度差も風速も小さく（大きく）なる．その理由は，上の熱輸送の式に明確に示されている．運ぶべき熱輸送量があまり変わらないのに，Mが大きい（小さい）と，熱輸送に関係している風Uや温度差δTは小さく（大きく）ならざるをえないからである．熱量的にみると，単位面積当たりの吸収エネルギーはほぼ同じにもかかわらず，単位質量当たりの吸収エネルギー（Q）は，太陽から遠い火星のほうが金星よりもはるかに大きく，熱機関としての理想的熱効率（$\delta T/T$）も大きく，したがって運動エネルギー生成率（ε）も高く，代表的風速（U）も大きいという結果になっている．これは，実際の金星で，大気質量が集中する下層大気は非常に風速が弱いことや，火星の大気には激しい風を伴う大気循環があるという観測結果などを，定性的に説明している．地球の代表的風速が 10 m/s 程度というのも，対流圏下層を想定すれば妥当のようである．

このように，他の地球型惑星と比較した地球の南北の熱収支分布とそれに伴う大気大循環の基本的な状態（量）は，太陽からの距離で決まる有効放射温度，地球の大きさと大気質量の組み合わせで決まっているともいえる．

しかし，この議論には，実際の地球表面（大気・海洋系）の南北熱輸送に大気とほぼ同じ程度大きな役割をしている海洋循環が考慮されていない．大気の熱輸送量がほぼ半分でいいとすると，風速はさらに小さくてもいいことになる．実際，ここで議論している代表的風速Uは平均的な南北風と考えるべきであり，海洋循環による輸送分を考慮すると，上記の半分の 5 m/s 程度のほうがより妥当な値かもしれない．現実の地球気候システムにおける南北の熱輸送と熱収支分布そのものは，このような地球と大気の全体で決まる要素に加え，後述するように，地球表面の海陸分布などによる大気と海洋の大循環系の違いなどにも大きく規定されている．

2-2-4　大気大循環系の南北分布——地球自転の役割

南北方向の放射バランスを補償している大気大循環系を簡単化した図を図2-10に示した．放射バランス（図2-9）を補償するような大気循環系を簡単に考えると，この図のように，赤道付近で上昇し，極域で下降するような南北循環系になるが，実際には図2-7で示したように，対流圏における（ハドレー循環とよばれる）直接的な南北循環系は，緯度にして30°付近に限定されている．なぜこのように直接的な南北循環系は低緯度に限られるのか？この問題の鍵は，自転する地球システム上を動く大気や海洋に働くコリオリ力（転向力）である．

赤道付近で加熱されて上昇した空気が極付近で冷却され下降するという熱機関での大気大循環は，もし地球の自転がなければ，北半球の場合，下層で北風，上層で南風の単純な1セル型の循環になるはずである．G. ハドレー（G. Hadley）は18世紀にこのような大気循環モデルを考えた（図2-11）．すでにハドレーの時代に，高緯度では西風（偏西風）が卓越し，低緯度では東風（貿易風）が卓越しているという地上風系は観測からある程度わかっており，図2-11のような模式図をハドレーは提案した．ハドレーは絶対静止系から地球大気をみたときに，赤道付近の風は極付近の風より大きな運動量をもっていることを前提に，彼のモデルを説明した．すなわち，地球の回転によりすでに（東西成分の）大きな速度をもっている赤道付近の地表面上に対し相対的に小さな風速で吹く東風も，（東西成分の）小さな速度の高緯度の地表面に対し相対的に大きな風速で吹く西風も，絶対静止系からみた地球・大気系における運動量は保存されていることを前提とした図となっており，実質的には角運動量保存を前提としていたように理解できる．角運動量保存則は，17世紀のニュートンやケプラーによって，すでに天体物理学の基礎として理解されていたが，地球（大気）の現象において角運動量保存が重要であることが理解されたのは，19世紀のコリオリによるコリオリ力の発見（1835）や，フーコー振子を用いたゆっくりとした運動に対する地球自転の効果の発見（1851）を待たねばならなかった．ハドレーは，球面である

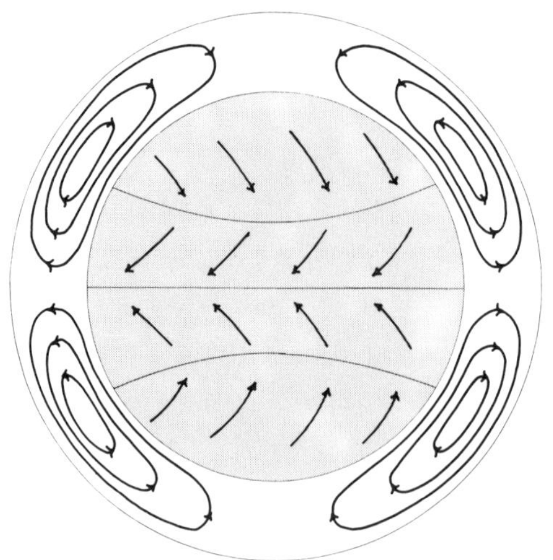

図 2-11　ハドレー（Hadley, 1735）が考えた地球の南北循環の模式図（Lorenz, 1967）

地球表層での大気と地表面のあいだの摩擦を通して，観測にみられる風系の南北分布が存在していることを見抜いていたようである．しかし，角運動量保存だけで考えたとすると，赤道で東西風速がゼロの大気も高緯度にいくに従い，西風がどんどん大きくなり，理屈上は，北極では無限大の西風になってしまうことになる．逆に，北極から出発した空気は，低緯度に移動するに従い，東風がどんどん大きくなってしまう．その意味では，ハドレーは，角運動量保存を厳密に考えていなかった（理解していなかった）ことになる．ハドレーの南北循環がコリオリ力すなわち自転効果の大きな高緯度では不安定となることを理解するには，20 世紀に入ってから，コリオリ力が大きな役割を果たす渦あるいは波が，熱輸送に重要であることが明らかになることを待たねばならなかった（廣田，1981）．

ハドレー循環は，暖められた空気が上昇し，冷やされた空気が下降する直接循環であり，その空気の上昇域では，大気下層での水平収束，上層での水平発散を，反対に空気の下降域では，大気下層での水平発散，上層での水平収束を伴っている．しかし，コリオリ力が十分効いてくると，これらの収束・発散成分が（温度勾配に伴う）気圧傾度力とコリオリ力がバランスした地衡風となり，気圧傾度と平行に吹く風となるため，そのままでは熱輸送ができなくなる．

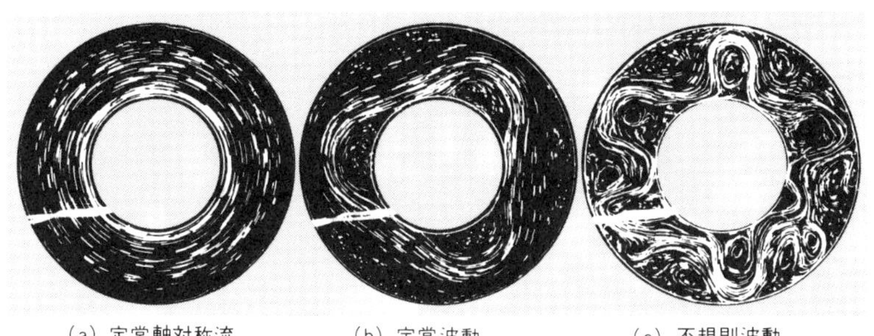

(a) 定常軸対称流 (Ω=0·341rad s^{-1})　(b) 定常波動 (Ω=1·19 rad s^{-1})　(c) 不規則波動 (Ω=5·02 rad s^{-1})

図 2-12　回転水槽による循環パターン（小倉，1978）
(a) から (c) と回転速度は速くなるに従い，波動パターンが顕著になる．

そのような場合に熱輸送を行うためには，ほぼ地衡風バランスした流れが水平的な渦を形成して，南北に熱輸送をする形態に変わらざるをえない．このことをわかりやすく再現できるのが，水平に温度勾配を与えた回転水槽による実験である（図 2-12）．この実験では回転の程度でコリオリ力の程度を表し，南北の温度勾配に対応して水槽の外壁と内壁の温度差を与えることで，温度勾配とコリオリ力の値によって，大気循環パターンがどう変わるかを，シミュレートすることができる．この場合の波のパターンは，東西方向を想定した円周に沿った方向で完全な対称形だと，流れに伴う熱の輸送は差し引きでゼロになってしまうため，東西方向で少し歪んだ非対称なパターンになることが必要である．

2-2-5　ハドレー循環が形成されるためには積雲対流が必要

ところで，対流圏全体にわたる対流であるハドレー循環が形成されるためには，対流圏下層では北風成分のため，高緯度側で気圧が高く，赤道側で気圧が低い気圧勾配が，上層では南風成分のため，高緯度側で気圧が低く，赤道側で気圧が高くなるような気圧の鉛直分布になる必要がある．もちろん，気圧分布をつくり出しているのは温度分布であり，その温度分布は対流圏の大気加熱・冷却の分布によって引き起こされている．緯度ごとの大気の加熱（あるいは冷却）の分布は，図 2-1 でみたような地表面からの放射フラックス，顕熱，潜熱による緯度ごとの加熱の差の結果で行われるが，ハドレー循環の形成には，この地表面での放射・熱フラックスの違いが，対流圏全体の気温に影響する必要がある．ハドレー循環の駆動力は，南北（緯度方向）のの加熱差によって生じる対流圏全体の温度差（とそれに伴う気圧差）である．

ここで，大気温度と気圧についての関係を考えよう．ある温度 T をもった大気の気圧の鉛直分布は，静水圧平衡（式（2–3））と状態方程式（式（2–1））から，

$$\frac{\alpha \ln P}{\alpha z} = -\frac{g}{RT} \qquad (2\text{–}13)$$

となる．すなわち，大気温度 T が高い（低い）ほど，高さ方向の気圧変化（減率）は小さくなる．言い換えれば，ある特定の等圧面間の厚さは温度が高い（低い）ほど厚い（薄い）ことになる．このように，大気の加熱冷却に伴う大気では，等圧面上でも温度（密度）の分布が形成され，それは傾圧大気とよばれている．

温かい熱帯と（相対的に）冷たい中緯度のあいだに横たわる南北の大気層は傾圧大気の構造をもっているため，たとえば対流圏上部での等圧面高度は熱帯では高く中緯度では低いので，中緯度へ向かう負の気圧傾度により，北向きの流れ（南風成分）が生じる．温かい大気は，実際には地表からの加熱で暖まった大気で上昇気流を伴うため，地上付近はより気圧が低くなり，下層では中緯度から赤道への負の気圧傾度による赤道方向への流れが生じて，結局，下層では低緯度に向かい，上空で高緯度へ向かうハドレー循環が形成される．

しかし，地表面付近での顕熱の加熱だけで，対流圏全体の気温が高くなるような傾圧大気の形成が可能であろうか．それは水蒸気の凝結に伴う潜熱の役割である．熱帯大気の特徴の1つは，高い気温とともに豊富な水蒸気量を含んでいることである．豊富な水蒸気量は，後掲の図2–15に示すように熱帯の大部分を占める海の海面水温が高く，常に飽和に近い水蒸気量を下層大気はもっていることである．ここで，潜熱も考慮した大気のもつ全熱エネルギーは，

$$h \equiv C_p T + gz + Lq \qquad (2\text{–}14)$$

となる．この h の値は，乾燥した中・高緯度の大気では下層で小さく上層ほど大きくなるの対し，熱帯では豊富な水蒸気量のため，大気下層が大きく

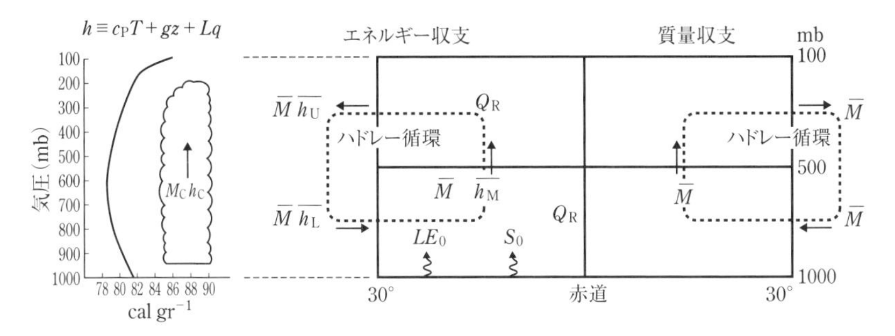

図 2-13　熱帯での全熱エネルギーhの高度分布（左）と熱帯大気のエネルギー・バランスとハドレー循環（右）（新田，1982）

左図の C_pT は内部エネルギー，gz は位置エネルギー，Lq は潜熱．右図の M はハドレー循環に伴う空気質量フラックス，h_U, h_M h_L はそれぞれ対流圏上層，中層，下層における全熱エネルギー，M_C は雲内における空気質量フラックス，h_C は雲内での全熱エネルギー Q_R は放射による加熱率，E_0，S_0 はそれぞれ地表面からの蒸発率，顕熱輸送を表す．(　) は熱帯全体での平均を示す．

対流圏中層（600 hPa 付近）で極小となり，上層で再び大きくなっている（図 2-13 左）．このような対流圏中・下層の全熱エネルギーの成層状態は，熱帯大気が基本的に対流不安定な大気であることを示している（対流不安定な大気とは，何らかのきっかけで下層大気を持ち上げたときに，積雲対流が生じやすい条件付き不安定の大気である．詳しくは，たとえば小倉（1999）を参照）．

このような全熱エネルギー分布をもつ熱帯大気におけるハドレー循環の維持機構を，新田（1982）は以下のように議論している．図 2-13 左は簡単化した熱帯大気と平均的なハドレー循環系に伴う大気質量とエネルギーの流れを示している．大気は対流圏上層と下層の 2 層に分け，南北両半球も対称と考えている．まず大気質量の収支（右図の右半分）では，下層から $\overline{M}$ の量が入ってきて上層に運ばれ，上層から同じ $\overline{M}$ の量が中緯度へ出ていく．これは，平均的なハドレー循環の質量収支を示している．一方，この平均的な質量循環による全熱エネルギーの収支（右図の左半分）をみると，上層（のボックス）では，下層との境界から入るエネルギー $\bar{h}_M$ は上層で中緯度に出ていくエネルギー $\bar{h}_U$ よりも小さい（すなわち，$\bar{h}_M - \bar{h}_U < 0$）であるため，

$$\overline{Mh}_M - \overline{Mh}_U + Q_R < 0 \tag{2-15}$$

ただし，Q_R は放射による加熱率で $Q_R<0$ となり，このままでは熱帯の上層大気の熱エネルギーは常に減り続けることになる．したがって定常的に維持されている熱帯のハドレー循環系を説明するには，大気下層から上層に入る追加の熱エネルギーが必要である．それは平均ハドレー循環ではなく，図2–13左図に図示したような積乱雲などの「擾乱」によるエネルギー輸送の分追加を考えねばならないことになる．すなわち，

$$(\overline{M'h'})_M \sim M_C(h_C - \bar{h}_M) > 0 \tag{2–16}$$

ここで M_C は積雲対流によって上層に運ばれる空気質量 h_C は雲のもつ全熱エネルギーである．熱帯での巨大積乱雲では，下層の大きな全熱エネルギー $\bar{h}_L$ は積乱雲中をほとんど周囲の空気と混ざらずに上層まで運ばれ，$h_C \sim \bar{h}_L$ と考えることができる．したがって，擾乱としての積雲対流による熱輸送量は，

$$(\overline{M'h'})_M \sim M_C(\bar{h}_L - \bar{h}_M) > 0 \tag{2–17}$$

となり，この積雲対流による熱輸送の効果を考慮に入れると，上層での熱エネルギー収支は，

$$\overline{Mh}_M - \overline{Mh}_U + Q_R + M_C(\bar{h}_L - \bar{h}_M) \sim 0 \tag{2–18}$$

となり，全体としての熱エネルギー収支の平衡が保たれていることになる．

以上のように，対流圏全体に及ぶ熱帯のハドレー循環の形成・維持には，平均的なハドレー循環よりは時間スケールも空間スケールも小さい擾乱としての積乱雲群による大気上層への熱エネルギー輸送（h_C）が不可欠であることがわかる．

2–2–6　水循環の役割

熱帯での大規模な大気循環であるハドレー循環を形成するためには，対流圏全体に及ぶ深い対流活動が赤道近くで形成される必要があることを前項で述べた．すなわち，ハドレー循環の維持には，赤道付近を常に大気下層を湿潤に保ち，対流が起こりやすい対流不安定な大気に維持されていることが必要である．そのような大気の維持は，対流圏と地表面のあいだでの水循環系が重要な役割を果たしている．

地球の表面積の約70%は海洋が占めているが，赤道を挟んで南北10°程

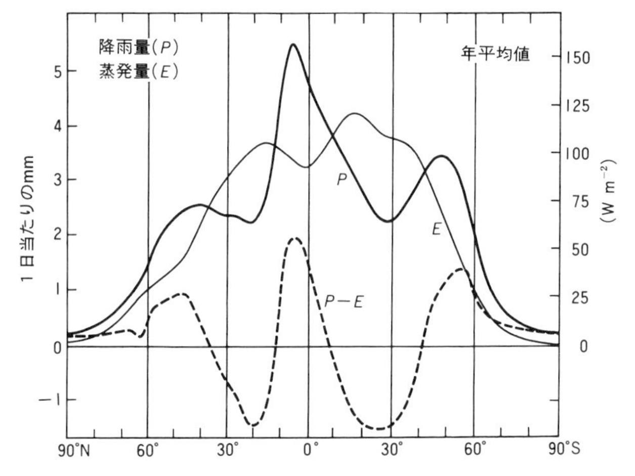

図 2-14　年平均でみた地球表層の水収支の緯度分布降水量（P）と蒸発量（E）およびその差（$P-E$）の緯度分布(Newton, 1972)

度の熱帯域は，特に 80% 以上が海洋であり，図 2-15 に示すように強い太陽放射を吸収して海面水温も 28℃ 以上の海域が大部分である．このような高い海面水温により，地表付近の気温も高く，大気下層は海面からの蒸発により飽和に近く，湿潤不安定な大気はほぼ年中，維持されている．季節変化がほとんどなくても，毎日のように積乱雲が発達し，夕方になるとシャワーやスコールがくるという熱帯特有の天気は，湿潤不安定な大気によっている．

熱帯大気の水蒸気は，その地域の海面からの蒸発だけでなく，亜熱帯から赤道に向かう貿易風に運ばれてくる部分も大きい．緯度ごとの水蒸気収支（降水量－蒸発量）の分布（図 2-14）をみると，亜熱帯の 20〜30° が極小（負の極大）になっており，亜熱帯高気圧から吹き出す貿易風により，海面からの蒸発が降水より多く，大気への水蒸気のソース域になっており，赤道を中心とする熱帯では，降水量が蒸発より多く，水蒸気のシンク域になっている．すなわち，ハドレー循環は，水蒸気を常に亜熱帯から熱帯に運び，熱帯での降水・対流活動による潜熱を放出するという熱帯・亜熱帯での水循環と一体となって循環が維持されていることがわかる．

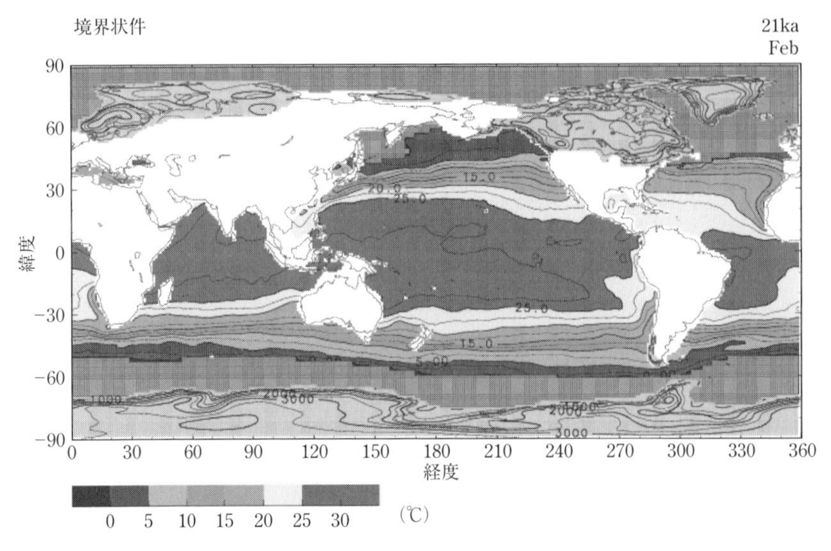

図 2-15　全球海陸分布図と年平均の海面水温分布

2-3　海陸分布と海洋循環の役割

2-3-1　気候形成における海洋と大陸の違い

現実の地球には図 2-15 に示すように，海陸分布がある．特に北半球には，ユーラシア大陸と北米大陸があり，その間には北太平洋と北大西洋があり，東西方向に大陸と海洋が交互に位置している．中緯度（45°N）付近でみると，ユーラシア大陸と北太平洋がそれぞれ経度にして 120° を占め，北米大陸と北大西洋がそれぞれ 60° を占めている．大陸は赤道付近から極域にまでまたがり，海洋をどの緯度帯においても東西に分断したかたちになっている．一方南半球は，低緯度はアフリカ，オーストラリア，南米の 3 大陸で海洋が分断されているが，50°S〜70°S はほとんど陸地がなく，南極大陸を囲むように（周）南極海が存在している．このような南北両半球の海陸分布は，両半球の気候の違いも含め，現実の気候分布に大きな役割を果たしている．

では，海陸分布の違いの何が，気候の違いを生み出しているのだろうか？第 1 は，海と陸（大陸）がもっている熱的特性の違いである．陸は岩石を母体として，それが風化や生物活動で形成された土壌および植生に覆われているが，その比熱（specific heat）は乾いた陸地表面は，水に比べて半分程度であり，同じ熱量が加えられた場合の温度変化は水に比べて2倍程度となる．さらに重要な特性は，入射する太陽エネルギーの日周変化や季節変化を考慮した陸地表面と海洋表面の実効熱容量（effective heat capacity）である．

実効熱容量は，固体の陸地表面よりも，海洋表面のほうが，以下の過程を通してはるかに大きい（Webster, 1987）．

1. 海洋表層は，その混濁度に依存して太陽エネルギーを透過させるため，ある程度の深さまでエネルギーを吸収できる．一方，陸地は，ふつう数μm程度の表面でしか太陽エネルギーを吸収できない．
2. 陸地表面での熱移動は分子拡散でしか行われないため，土壌下層への熱輸送は効率が悪く，時間のかかる過程である．
3. 海洋表層での熱輸送は，主として分子拡散に比較して非常に効率が高い乱流混合（掻き回し）によってなされる．乱流混合は，海面の風の応力による場合と，表層の放射冷却などで形成された重い（密度の高い）水の鉛直混合による場合がある．このような表層で吸収された熱を，より下層まで運び，下層のより冷たい水を表層に運ぶ混合により50～100 m程度の厚い表層（混合層）を形成する．この混合層により，海洋表層は実効熱容量が陸地表層に比べてはるかに大きくなっている．

これらの陸地と海洋の表面と大気の間の熱交換の季節的な違いを示したのが，図2–16(a）と（b）である．図右半分には地表面付近の気温および地中（海中）温度の季節進行をI，II，IIIで示している．夏季の陸地では熱伝導の悪いため，入射する放射エネルギーは表面の薄い層のみの温度を上げ，大気・地表面間の温度差を大きくして，大気への顕熱輸送により，大気を加熱する．顕熱輸送による大気加熱は，乾燥対流活動により，場合によっては，対流圏中層の5000 m程度までの大気を加熱する．地表面が湿っている場合には，潜熱輸送（蒸発）が卓越する．潜熱輸送は，積乱雲を伴うような湿潤対流を通して，対流圏全層の大気加熱を行うことができる．特に熱帯や夏季モンスーン地域では，後述するように，潜熱による大気加熱が重要となる．冬季には地表面での放射冷却により，地表面の大きな温度低下が起こり，下向きの顕熱輸送により地表面近くの大気層を冷却し，接地逆転層を形成する．

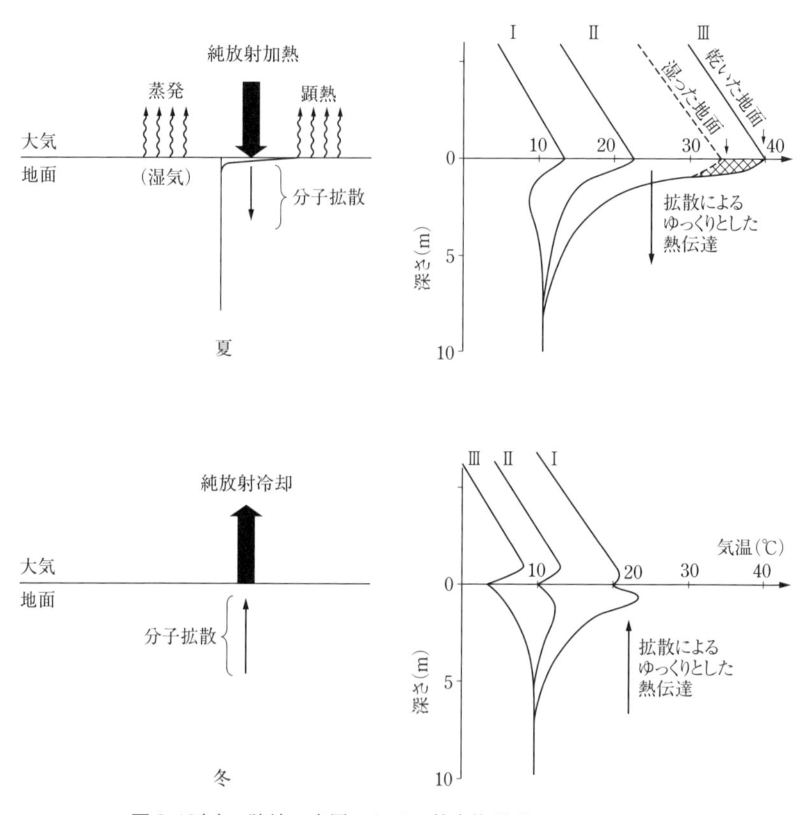

図 2–16(a)　陸地の表層における熱交換過程（Webster, 1987）

海洋表層（図 2–16(b)）では，夏季には海洋混合層への熱の輸送と貯留によりゆっくりとした海面水温の上昇とそれに伴う大気への熱輸送が行われる．冬季には表層からの冷却と，混合層下層からの熱輸送により，海面水温のゆっくりとした下降が進む．風が強い季節（地域）では，海洋表層での熱の乱流交換を強化し，放射による表層の加熱よりも，蒸発の強化と冷たい海洋混合層での掻き回しの強化で，海面水温が低下する現象も起こりうる．

このような大気と陸地・海洋表層間でのプロセスにより，同じ強さの太陽エネルギーが地表面に入射しても，陸地表面温度は海洋表面温度よりはるかに高くなりやすい．冬季には反対に，陸地の冷却が海洋表層よりも大きく，

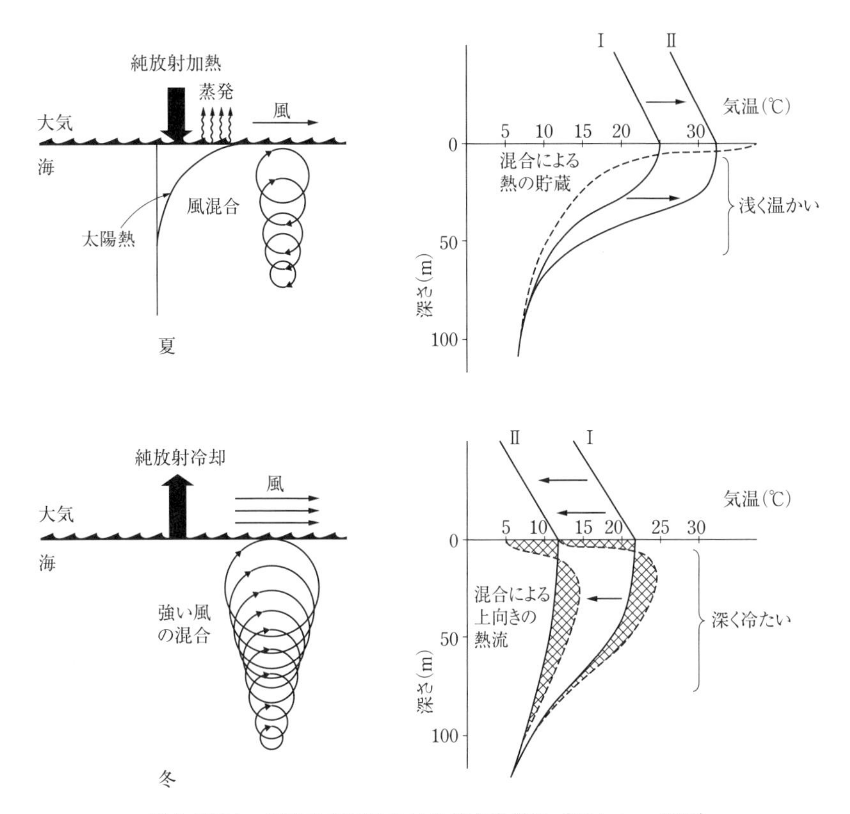

図 2-16(b)　海洋の表層における熱交換過程（Webster, 1987）

温度は陸地がより低くなる．図 2-17 はそのような大陸と海洋の季節的な温度差を全球客観解析データで示した分布である．大陸と海洋で地表面温度の季節差が非常に大きいことがよくわかる．この季節による海・陸間の温度差が後述（2-6 節）するモンスーンの形成の要因である．また，海洋表層は，その大きな実効熱容量のため，大気からの季節的な太陽エネルギー入射変化に対し，表層温度の季節的な極大（極小）は，2 ヵ月程度遅れて現れる．陸地の温度は，土壌水分などの表層の湿り具合で温度変化が大きく影響される．

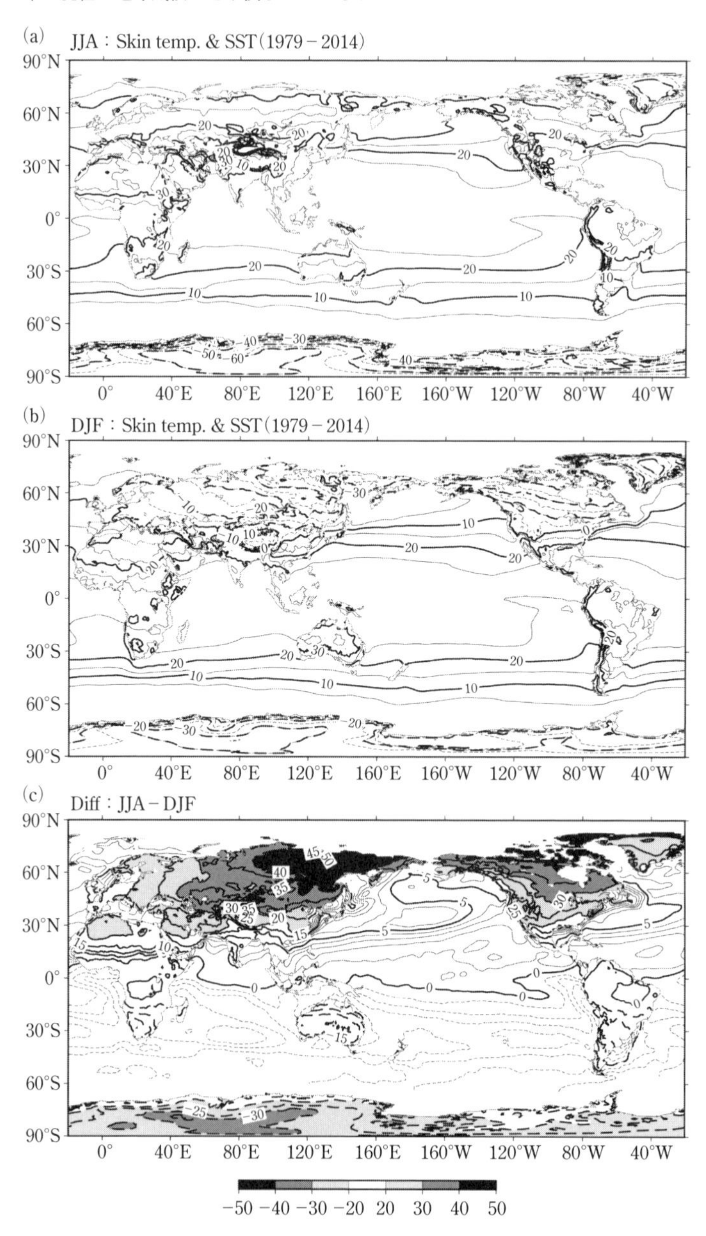

図 2–17　大陸と海洋における（a）6–8 月と（b）12–2 月の地表面温度（海洋は海面水温）と（c）その差（1979–2014）

地表面温度は全球客観解析 ERA-interim データを使用.

2-3-2　表層海流系（風成循環）と気候の東西分布

海陸分布による気候形成で重要なもう1つのプロセスは，海陸分布に規定された海洋大循環系の形成とその熱輸送である．地球表層の70% は海洋に占められており，海洋の状態が気候システムにおける熱輸送や熱収支・物質循環に果たす役割は非常に大きい．海洋大循環には大きく分けて，風成循環と熱塩循環（深層水循環）の2種類がある．詳しい解説は海洋物理学の教科書に譲るとして，ここでは，気候システムのサブシステムの一つとしての海洋大循環の維持・形成の基本的なしくみと，その気候システムにおける役割について説明する．

海洋表層は風によって流されて，まず表層の循環系，すなわち風成循環が形成される．海の表面が流されるのは，表面の摩擦と海水のもつ粘性によってであり，ある程度の深さまでの海水が風の力（風応力）によって流される．その風応力の影響の及ぶ深さは海のエクマン層（Ekman layer）とよばれ，ふつう表面から数十m程度である．風応力により流される大規模な表層の流れ（エクマン流）は，コリオリ力が働くため，北（南）半球では，風のベクトルに対し右（左）向きに向きを変える．表面は風応力で直接引っ張られるが，その下層の海水は，粘性により，表面に近い流れに引っ張られるかたちになり，流れの速度は表面より小さくなるが，その流れに対して，常にコリオリ力は働く．このエクマン層の流れを模式的に示したのが，図2-18である．エクマン層の流れは，深さとともにスパイラル状に方向が変わり，流れの速度も粘性で次第に小さくなる．ゼロになった深さが，エクマン層の最下層となる．結局，風の応力によるエクマン層全体で積分された質量輸送（エクマン輸送）の方向は，風ベクトルに対し，北（南）半球では，右（左）向き直角方向となる（たとえば，小倉（1978）参照）．

エクマン流は表層の海流系を決めるうえで非常な役割を果たしている．基本的に西風が吹く中・高緯度ではエクマン層での海水輸送は南向き，東風が吹く熱帯では北向きとなる．すなわち，西風と東風の境目の亜熱帯に表層海水は北からの海水と南からの海水が収束して海水が蓄積し，海水面が盛り上がった（大気の高気圧にあたる）高水圧帯が形成される．表層でどの程度の収束になるかは，風の（応力場）分布に関係するわけであり，この風系とエクマン輸送による海洋表層での流れを，コリオリ力と圧力傾度力のバランス

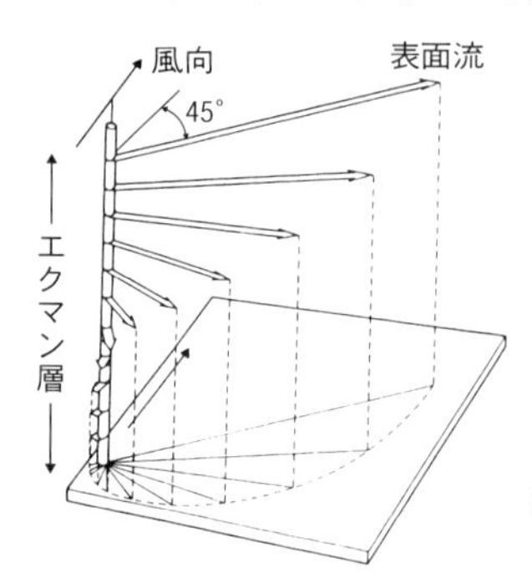

図2-18　北半球の海洋におけるエクマン流の模式図（小倉，1999）

した地衡流としてより一般的なかたちで示したのが，スヴェルドラップ・バランス（Sverdrup balance）とよばれる関係式で，

$$\beta v = \frac{f\partial w}{\partial z} \tag{2-19}$$

の式で示される（小倉，1978）．ここに，v はエクマン層で平均された北向きの流れの速度，w は鉛直上向きの速度，f はコリオリ力の強さを表し，経度には依存せず，緯度方向には $f=f_0+\beta y$（ただし f_0, β は定数）と線形に依存する（β 平面近似）．

風の応力と表層の流れ v の関係式は以下の式で表される．

$$\beta v = \nabla \times \tau \tag{2-20}$$

ここに，τ は風の応力ベクトルである．

すなわち，上記2つの式は風応力場が渦度成分をもっているとき，海洋エクマン層の表層の流れは南北成分をもち，エクマン層に収束・発散場をつくることを示している．実際の大気大循環系では風の東西成分に南北分布があり，大洋上には亜熱帯高気圧があるため，この大気循環パターンに伴う τ は負の渦度成分をもち，これに対応した時計回りの表層循環が形成される．

さらに，渦位保存（2-4-2項，式（2-36）参照）$(f+\zeta)/\Delta H=\mathrm{const.}$ のためには，海洋の西側（大陸の東岸沖）の北向きの流れでは，（コリオリ力が高緯度ほど大きくなる）β 効果により相対渦度 ζ をより負（時計回り成分）に大きくし，海洋東側の南向きの流れでは，負の ζ を小さくするバランスが必要となる．その結果，図2-19のように時計回りの表層循環は，海洋西側でより負の ζ が大きく，東側で小さくなるように，循環の中心がより西

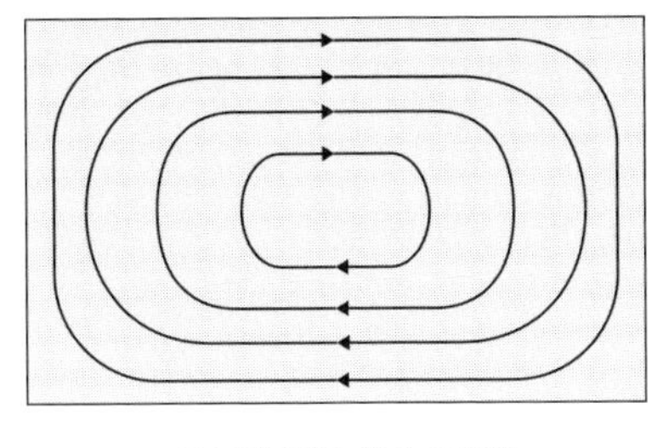

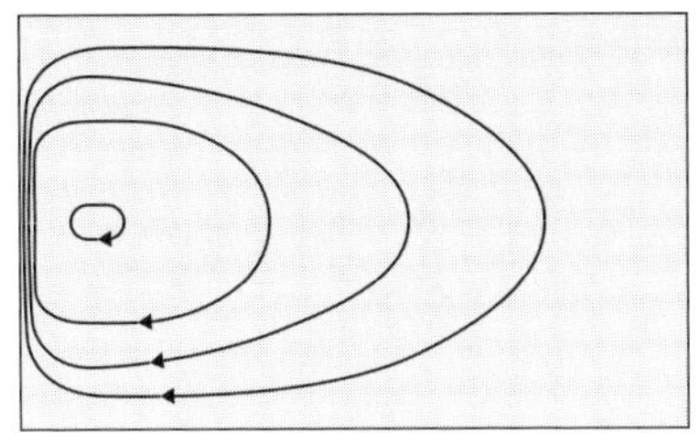

コリオリ力がない場合の循環　　　コリオリ力がある場合の循環

図 2-19　西岸境界流（強化流）の模式図（流線関数での表示）

（北）に偏ったかたちになる．その結果，圧力勾配の大きい西側での北上する流れはより強く，圧力勾配の小さい東側での南下する流れは弱いという，東西非対称の海流パターンとなる．西側の強い北上する流れは西岸境界流とよばれ，北太平洋の黒潮や北大西洋のメキシコ湾流などがその代表である．実際の西岸境界流は，幅が 100 km 程度の非常に狭い海流として存在しており，その説明には，海底摩擦や流れの粘性なども考慮したモデルが必要である（Stommel, 1948 など）が，ここでは割愛する．

この風成循環は文字通り大気循環に励起され，維持されているが，この表層海流系による南北の熱輸送は非常に大きく，そのために大気における南北の温度傾度を弱める働きもしており，結局，大気循環と海洋循環が現在の海陸分布という境界条件のもとで，双方が風応力と海水の粘性でつながって，相補的にバランスして図 2-20 のように大気循環と海洋循環による熱輸送がある状態で定常状態を保っていることになる．

緯度にして約 30° を境にした低緯度（熱帯・亜熱帯）と中・高緯度を比べると，ハドレー循環による大気中の熱の南北輸送は比較的小さく抑えられているが，その分，海洋表層のエクマン輸送による熱輸送が大きい．これに対し，中・高緯度は，海洋表層のエクマン輸送はむしろ，北から南と逆向きになり，その分，大気循環（偏西風波動）による熱輸送がより卓越したかたちになっている．

この大気・海洋の結合した循環系がどのような平衡状態になっているかは，気候システムにおける極・赤道間の熱輸送効率（3-4 節参照）とも密接に関わっており，現在とは大きく異なる過去の地球気候の変化を考えるとき，非

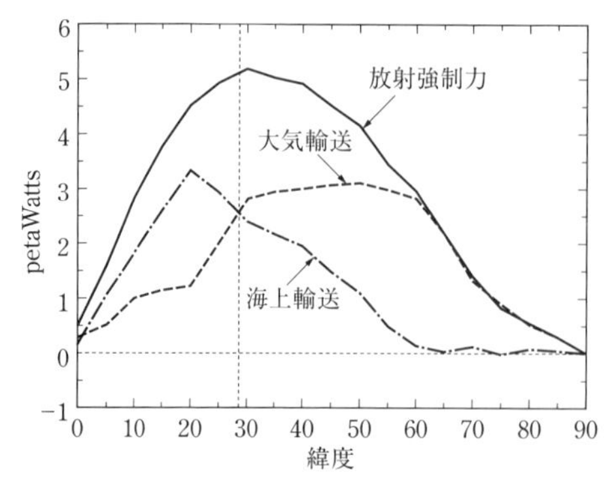

図 2-20　大気・海洋系における緯度方向の熱輸送バランス（Vonder Haar and Oort, 1973）

常に重要な要素となる．

2-3-3　深層水（熱塩）循環と気候変動

大気循環の密接に相互作用している海洋表層の下には，平均数千メートルの深さで，海洋の大部分が存在しているが，この部分は大気とは関わることなく，静かに横たわっているだけだろうか．

海水の密度は，温度，塩分および圧力で決まるが，海洋の成層状態は基本的に下層ほど密度が大きく，安定な状態を保っている．そのため，表層とそれより下層の部分との熱や水・物質交換は平均的には非常に起こりにくい．それを引き起こすことができる条件は，強く冷却されたり，あるいは濃い塩分濃度が形成されたりして高密度の海水が形成されることと，海水の運動に伴う強い拡散しかない．

実は前者の過程によって高密度の海水が深層に沈み込んでいる場所が，現在の海洋では2ヵ所明らかになっている．1ヵ所は，風成循環であるメキシコ湾流が，蒸発で十分密度が大きくなり，さらに北上して強く冷却された北緯70°付近の北部北大西洋のグリーンランド沖付近，もう1ヵ所が，南極大陸周辺の南氷洋の海氷域で海氷形成に伴う高塩分濃度の海水が沈み込む地域である．これらの地域で沈み込み続ける高密度海水は，図2-21のように，北大西洋を沈み込みの起源として南北両アメリカ大陸の東岸に沿って南下し，南極大陸周辺で形成された深層水と合流してインド洋，南太平洋の海底沿いにゆっくりと東に流れ，オーストラリア大陸棚を北上，赤道を越えて北太平

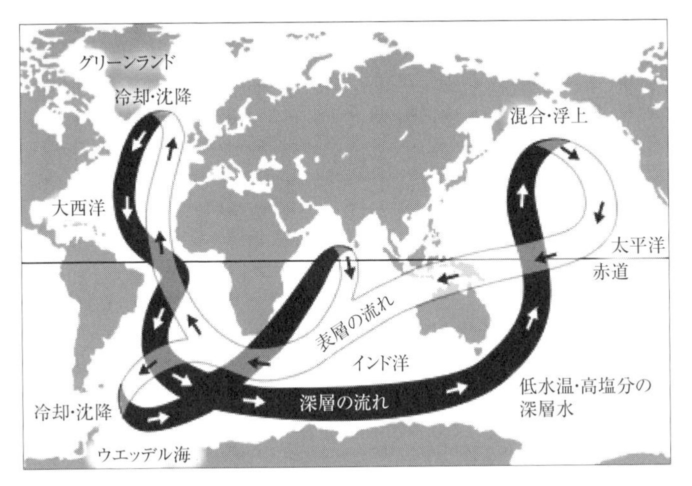

図 2-21　深層水（熱塩）循環の模式図

洋をアジア大陸棚の東縁に沿って北上しつつ上昇し，表層へと達する．

流れはβ効果を受けて海洋の西岸を大陸棚沿いに流れ，表層に戻る過程は，先に述べたもう1つのプロセスである拡散によっている．この海洋底を這うような底層水の流れは秒速1 cm 程度の非常にゆっくりとした流れで，沈み込みから表層への戻りまで1000年のオーダーを必要としている．この深層水循環は，海水の温度と塩分濃度による密度差がその駆動力となっているため，熱塩循環（thermohaline circulation）とよばれている（Wunsch, 2002）．

風成循環が大気と海洋表層を，地球表層の気候分布形成で大きな役割をしているのに対し，この深層水循環は，地球の表層大気と全海洋を，1000年という時間スケールでの熱収支で結びつけており，ある程度長期間で平均した大気・海洋系の温度，すなわち，気候システムの平均的温度を決める重要な役割をもっている．しかし，沈み込む過程のメカニズムや，表層へ戻る過程を担う拡散の大きさがどう決められているのかなど，この循環の維持と変動の機構については，まだまだ未解明な問題が大きい．たとえば，より重たい海水を表層まで運ぶ拡散を決める拡散係数がどの程度かなどもまだ観測の不足などで未解明であり，この係数次第では，循環の強さや時間スケールも大きく変わってくる．

この熱塩循環は，海水の密度差により励起される循環であるが，その密度差は，海表面での大気との熱収支・水収支および海洋の熱力学的プロセスが大きく関与している．南北の温度差と水収支（降水量と蒸発量の差）により，淡水供給が多くなれば密度は減少し，蒸発が多くなれば密度は増加する．後述する氷期サイクル（第3章参照）や地球温暖化問題（第5章参照）でも，このような地表面での長期的な熱・水収支変化により，熱塩循環（深層水循環）がどうなるかが，大きな鍵を握っている．

2-4　大規模山岳地形による大気大循環と気候の形成

2-4-1　偏西風とロスビー波

地球表層には，海陸分布があるが，陸上はさらに山岳地域や河川による地形が複雑に分布している．特にチベット高原・ヒマラヤ山脈，ロッキー山脈，アンデス山脈などの大規模山岳は，その数千メートルに及ぶ高さと数千キロから1万キロに及ぶ水平スケールにより，大気大循環と気候に大きな影響を与える．これらの大規模山岳が大気循環と気候形成に与える影響は，障害物として流れ（大気循環）を変形する役割と，高い地表面や斜面地形が地表面と大気の熱エネルギー過程を変える役割を通して行われる．前者は山岳による力学的効果，後者は熱力学的効果である．

まず力学的効果について考えてみよう．自転する地球での大気の流れは，地表面付近の摩擦の効果がなければ，（温度分布に起因する）気圧分布とコリオリ力のバランスによる地衡風で近似できる．すなわち，
東西風成分 u，南北風成分 v についての運動方程式は以下で表せる．

$$\frac{du}{dt} - fv = -\frac{1}{\rho}\frac{\partial p}{\partial x} \tag{2-21}$$

$$\frac{dv}{dt} + fu = -\frac{1}{\rho}\frac{\partial p}{\partial y} \tag{2-22}$$

ただし，f はコリオリ因子で $f=2\Omega\sin\phi$.

この式で気圧差とコリオリ力がバランスした定常状態での風が地衡風 (u_g, v_g) で，

$$u_g = -\frac{1}{\rho f}\frac{\partial p}{\partial y} \qquad v_g = \frac{1}{\rho f}\frac{\partial p}{\partial x} \tag{2-23}$$

と書ける．すなわち，（南北の温度差に起因する）南北の気圧勾配が支配的な中・高緯度では，等圧線に対し平行に，低圧部（北）を左にみるように偏西風が卓越することになる．大規模な山岳の力学的効果は，特にこの偏西風が卓越する季節と緯度帯で明瞭に現れる．

ここで，特に回転する球面上で地衡風での大規模な大気の流れは，風ベクトル $\boldsymbol{V}$ の東西（u），南北（v）成分で記述する代わりに，渦度（回転成分）と発散（発散・収束成分）に分解すると，偏西風の蛇行などのしくみを理解しやすくなる．

渦度と発散の定義はそれぞれ以下のように表される．

$$\zeta = \frac{\partial v}{\partial x} - \frac{\partial u}{\partial y} \tag{2-24}$$

$$\operatorname{div}\boldsymbol{V} = \frac{\partial u}{\partial x} + \frac{\partial v}{\partial y} \tag{2-25}$$

そこで，(u, v) に関する運動方程式（2-21），（2-22）を，それぞれ y と x で微分して差をとり，整理すると，渦度方程式

$$\begin{aligned}\frac{d}{dt}(f+\zeta) = &-(f+\zeta)\left(\frac{\partial u}{\partial x}+\frac{\partial v}{\partial y}\right)\\ &-\left(\frac{\partial w}{\partial x}\frac{\partial v}{\partial z}-\frac{\partial w}{\partial y}\frac{\partial u}{\partial z}\right)+\frac{1}{\rho^2}\left(\frac{\partial \rho}{\partial x}\frac{\partial p}{\partial y}-\frac{\partial \rho}{\partial y}\frac{\partial p}{\partial x}\right)\end{aligned} \tag{2-26}$$

が得られる．ここで，波長が数千 km 以上の偏西風の蛇行を伴う運動を，たとえば対流圏全体でほぼ同じ波動として近似できる 2 次元的な非圧縮性な運動と仮定すると，上昇流成分の w は風速の水平成分に比べて小さく，また，密度（温度）分布と気圧分布の違いはほとんどないと仮定できるため，右辺の第 3 項，第 4 項は無視することができる．したがって，このような大規模な大気の流れを記述する渦度方程式は，簡単に

$$\frac{d(\zeta+f)}{dt} = -(\zeta+f)\operatorname{div}V \tag{2-27}$$

と表すことができる．さらに簡単のため，流れに発散成分がないと仮定すると，式（2-27）は，

$$\frac{d(\zeta+f)}{dt}=0 \tag{2-28}$$

となる．この式は，回転する地球とともに流れる地球の大気（あるいは海洋）の渦度を絶対空間からみた渦度，すなわち絶対渦度（$\zeta+f$）は保存されるという式であり，角運動量保存則の変形に他ならない．

$$\frac{d\zeta}{dt}=-\frac{df}{dt}=-\beta v \qquad (\text{だたし},\beta\equiv\frac{\delta f}{\delta y}) \tag{2-29}$$

となり，右辺はβ項とよばれ，コリオリパラメータの南北変化成分である．この式（2–29）は，βを復元力としてζが流れの南北成分の大きさと向きに対応して変化する単振動の式である．すなわち，南風成分をもった流れではζは減少し，北風成分の流れではζが増大することを意味している．このことを，式（2–28）の絶対渦度保存則もあわせて考えると，たとえば，正のζ（低気圧性回転）をもった流れは北上とともに，fが増加した分だけζが減少して負のζ（高気圧性回転）へと変化し，この流れの南下とともに，fが減少する分だけζが増加することを示している．

このようなζの変化が東西成分のみをもつ一般流Uの風速をもった偏西風に流される擾乱場を考えてみる．すなわち，$u=U+u'$，$v=v'$で，u'，v'が擾乱の流れ成分である．この場合，$\zeta=\delta v'/\delta x-\delta u'/\delta y$であり，$\beta$は一定と仮定すると，式（2–29）は，

$$\left(\frac{\partial}{\partial t}+U\frac{\partial}{\partial x}\right)\left(\frac{\partial v'}{\partial x}-\frac{\partial u'}{\partial y}\right)+\beta v'=0 \tag{2-30}$$

ここで，非発散の流れであるu'，v'を，流線関数Ψで表現すると，

$$\zeta=\frac{\partial v'}{\partial x}-\frac{\partial u'}{\partial y}=\nabla^2\Psi$$

となり，式（2–30）は，

$$\left(\frac{\partial}{\partial t}+U\frac{\partial}{\partial x}\right)\nabla^2\Psi+\frac{\beta\partial\Psi}{\partial x}=0 \tag{2-31}$$

と書き直される．

Ψで表現された擾乱が，近似的に東西南北方向に正弦型の変化する擾乱とすると，$\Psi=A\sin k(x-ct)\sin ly$（$A$：擾乱の振幅，$k$：東西波数，$l$：南北波数，$c$：東西方向の伝播速度）表現できる．この$\Psi$の式を式（2–31）に

代入し，整理すると，c，U，k，l の間には次の関係式が成り立つ．

$$c=U-\frac{\beta}{k^2+l^2} \tag{2–32}$$

すなわち，波動のかたちをもつこの擾乱の位相速度 c は，一般流 U が西風の場合，それよりも遅く，一般流に対し，西進する波となる．もし，U が東風の場合，この波は存在しない．ここで，簡単のため，南北方向には一様と近似し，波数が限りなくゼロに近い（l〜0）と仮定すると，式（2–32）は，

$$c=U-\frac{\beta}{k^2} \tag{2–33}$$

と近似できる．すなわち，c は k が小さいほど（すなわち，波長 $L=2\pi/k$ が大きいほど）負の値が大きくなり，西進の位相速度は大きくなる．この西進する波がロスビー波（Rossby wave）とよばれている．偏西風帯内の高低気圧や気圧の峰や谷などの波長数千 km 程度までの波動の場合，$U>\beta/k^2$ となり，$c>0$，すなわち，これらの波動は東進することになる．これらの波は総観規模擾乱（波動）ともいわれ，日々の天気の動きを決める重要な波動である．一般流としての偏西風 U の風速が大きい冬にはより速い位相速度で，U が小さい夏には，より遅い位相速度で東進する．天気の移り変わりが西から東に進むのは，まさにこのスケールのロスビー波の動きによっている．ロスビー波の中でも波数が 1〜4 程度までの数千〜1 万 km 程度の長い波長の波は，プラネタリー波（planetary wave）とよばれ，$c<0$ となってゆっくりと西進することが多く，全球あるいは半球スケールの天候・気候の分布や変動に重要な役割を果たしている．

2–4–2　大規模山岳地形による定常ロスビー波の励起

位相速度 $c=0$ の場合，偏西風の準定常的な蛇行パターンに対応する定常ロスビー波が存在することになる．この定常ロスビー波は，簡単のため東西波数だけで考えると，式（2–33）から

$$L=2\pi\sqrt{\frac{U}{\beta}} \tag{2–34}$$

という近似式が得られ，偏西風が強い冬には波長が長く，偏西風が弱い夏には波長が短くなる特徴をもつ．大規模な山岳地形で励起されるロスビー波は，

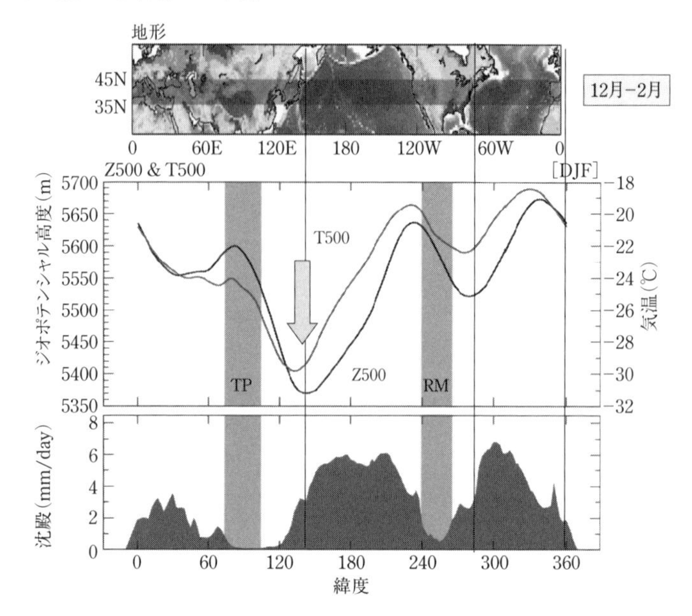

図 2–22　北半球冬季（12–2 月）における中緯度（35°N–40°N）沿いの500 hPa 高度（気圧）分布と気温分布

定常ロスビー波であり，中緯度偏西風帯における気候の東西分布の形成に大きく寄与している．

ここで，東西幅が数千 km，南北スケールも千 km 以上のヒマラヤ山脈（チベット高原）やロッキー山脈などは，偏西風に対し，定常ロスビー波を引き起こす重要な励起源となる．図 2–22 に示すように，北半球冬季の対流圏の高度場は，チベット高原やロッキー山脈の上空で定常的な気圧の峰，風下側で顕著な気圧の谷を形成している．このような定常ロスビー波の形成のしくみを考えてみよう．

このためには，式（2–27）の 2 次元流に対する簡単化された渦度方程式を，厚みをもった大気層に適応する必要がある．平均的な大気層で密度 ρ を一定と考えると，大気層の厚さ h とすると，質量保存（連続）の式は，

$$\frac{\partial h}{\partial t}+\frac{\partial(hu)}{\partial x}+\frac{\partial(hv)}{\partial y}$$
$$=\frac{\partial h}{\partial t}+h\left(\frac{\partial u}{\partial x}+\frac{\partial v}{\partial y}\right) \tag{2-35}$$
$$=\frac{\partial h}{\partial t}+h\,\mathrm{div}\,V=0$$

この式を，式（2-27）に代入すると，以下の式になる．

$$d\left(\frac{f+\zeta}{h}\right)dt=0 \tag{2-36}$$

この式はポテンシャル渦度（あるいは渦位）保存の式とよばれ，厚みを持った大気（流体）層の変化が単に面積当たりの平均的な渦度をどう変化させるかの式となる．すなわち，山岳の凸凹の存在により，大気柱が（非圧縮的に）伸びたり縮んだりして大気層の厚さ h が変化した場合，その大気層のもつ渦度がどう変化するかを記述することができる．

たとえば図 2-23(a) のように，偏西風が山岳斜面を越える場合を考える．図 2-23(b) のように，流れに沿った h の変化を Δh とすると，風上斜面では $\Delta h<0$ で，$\Delta(f+\zeta)<0$ と緯度変化（f の変化）がそれほど大きくなければ，$\Delta\zeta<0$ となって高気圧性循環が強まる．尾根を越えた風下側斜面では，$\Delta h>0$, $\Delta(f+\zeta)>0$ となって南下に伴う f の減少を上回る相対渦度 $\Delta\zeta>$ の増加により，尾根の風下側には低気圧性循環（気圧の谷）が形成される．山岳斜面から抜けても流れの北上により f が増大するので，今度は $\Delta\zeta<0$ となり，高気圧性循環が形成される．元の緯度からさらに南下すると，$\Delta\zeta>0$ となり低気圧性循環となり，したがって山岳の下流側には波打つかたちの流れが（減衰しながら）形成される．これが山岳に励起された地形性の定常ロスビー波であり，山岳のスケールや偏西風の強さにより，その波長と振幅が変化して形成される．

これに対し，偏東風が同様な山岳にぶつかったとき（図 2-23(c)）の流れを考えてみよう．もし，（上）$\zeta=0$ の流れが少し北向きの流れ成分で斜面にかかると，$\Delta(f+\zeta)<0$ となるが，f は増加するので，$\Delta\zeta<0$ はより大きく減少し，高気圧成分はより強化されるため，結果的には，図 2-23(c) のように，地形で反射されるような流れとなる．一方，（下）もし少し南向きの流れ成分，すなわちプラスの ζ 成分をもって斜面にかかると，斜面上での

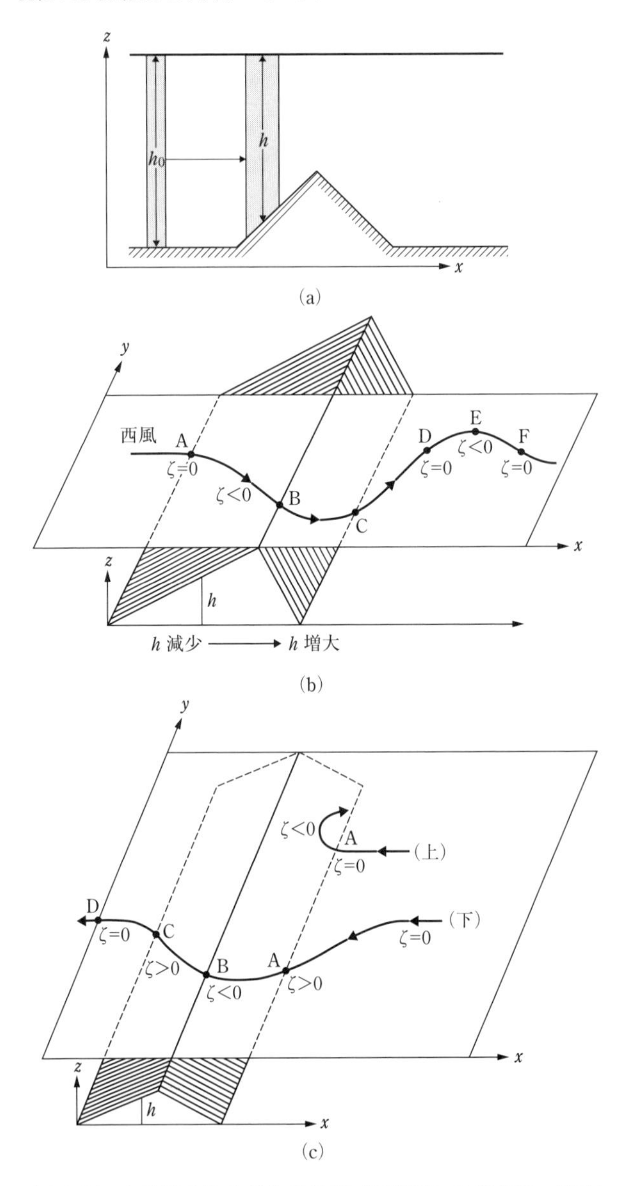

図 2-23　大規模山岳を越える気流（定常波）の模式図（岸保他，1982）

（a）大気層が山岳を越えるときの鉛直断面，（b）偏西風の場合，（c）偏東風の場合の流れの蛇行パターン．

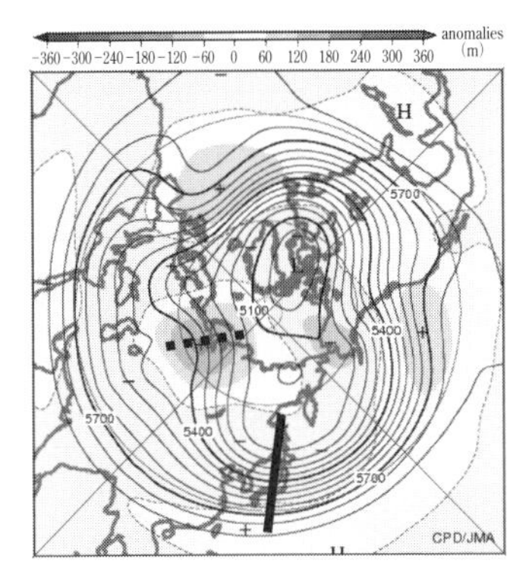

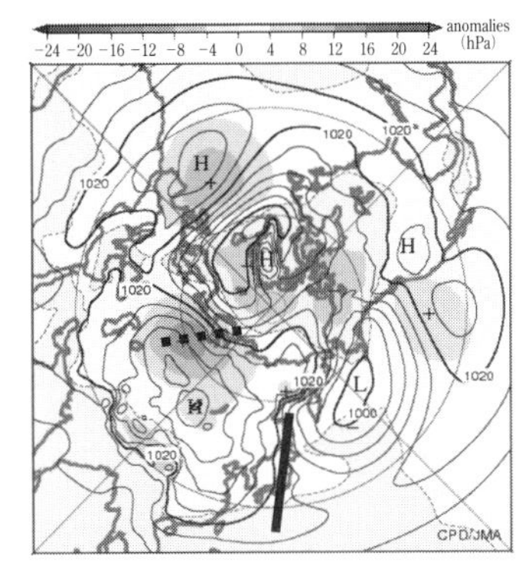

図 2-24　北半球冬季（12-2 月）の平均高度（気圧）分布
（左）500 hPa 高度，（右）地上気圧（2011 年 12 月-2012 年 2 月の例）．両方の図には，ユーラシア大陸における 500 hPa の気圧の谷（太実線）と気圧の峰（太破線）が示されている．

$(f+\zeta)$ は，南に流れるため f と ζ が共に減少し，尾根に達する頃には流れは高気圧性循環になる．そして斜面を下降するときには北向きとなり，f と ζ も増加傾向となり，高気圧性循環は，急劇に弱まり，山岳を越え終わると，$\zeta=0$ の流れに戻ることになり，風下側の波動としてのロスビー波形成は起こらない．

図 2-22 に示される北半球冬季の中緯度における偏西風帯の定常波パターンは，チベット高原やロッキー山脈の地形に励起された定常ロスビー波として理解できる．ただし，実際には，純粋に山岳地形によるこのような順圧的な力学効果だけでなく，冷たい陸面と暖かい海面に対応した冷熱源分布による熱力学的効果によるロスビー波の励起も考慮せねばならない．たとえば図 2-24 に示すように，冬のユーラシア大陸東岸にみられる対流圏中層の定常波の高低気圧（気圧の谷と峰）と地上付近の（シベリア高気圧とアリューシャン低気圧などの）高低気圧のあいだに位相差があるのは，この熱力学的効果が重なっているためである．大規模山岳地形によるこれらの大気循環パターンは大気大循環モデル（GCM）による数値実験でも再現されている（Manabe and Terpstra, 1974 など）．

偏西風が強まる冬季の中緯度において，同じ緯度でありながら，大陸の東岸で寒く西岸で暖かいという大きな気候の差が生じているのは，この偏西風に対する大規模山岳の力学効果が，第一義的な役割を果たしている（たとえば，ほぼ北緯40°沿いの大陸東岸にある秋田の1月の平均気温は0℃であるが，大陸西岸にあるリスボンは11℃である）．これは，チベット高原やモンゴル高原に励起された定常ロスビー波の気圧の峰が大陸上に，気圧の谷が北太平洋上に存在し，日本付近は大陸北部（シベリア）からの寒気が移流しやすくなっているのに対し，ヨーロッパは，北大西洋上で形成された気圧の谷から，大陸より相対的に暖かい暖気が移流してくるためである．

図2–22（および図2–24）に示したような定常ロスビー波のパターンは，式（2–34）からも推測されるように，偏西風の強さや山岳地形の位置や大きさ（幅）などによって変化する．大陸と海洋間の熱的なコントラストや熱帯での大規模対流活動の影響（3–6節参照）など，熱力学的過程にも影響してさまざまに変化する．どのような空間スケールのロスビー波がどの程度の強度（振幅）で励起されるかは，日々の天気予報から季節予報，気候の年々変動，さらに氷期などの長期的な気候変化のメカニズム理解にも，密接に関係した大きな課題となっている（第3章参照）．

2–5　大気における熱源（冷源）の気候学

2–5–1　大気の非断熱加熱率（Q_1）と潜熱加熱率（Q_2）

大気は，図2–8に示すように太陽放射，赤外放射に加え，地表面からの顕熱や対流活動で放出される潜熱の合計量によって，実質的に加熱あるいは冷却される．この量は大気の非断熱加熱（diabatic heating）といわれ，この量とバランスするかたちで，大気の循環系は形成される．すなわち，この量の時空間分布は，実際の大気循環と気候のパターンを決めている重要な物理量である．この量は，大気の温位（potential temperature）の実質的変化として定義できる．柳井はこの量を

$$Q_1 = C_p\left(\frac{p}{p_0}\right)^{\kappa}\left(\frac{\partial\theta}{\partial t} + \boldsymbol{V}\cdot\nabla\theta + \omega\frac{\partial\theta}{\partial p}\right) \qquad (2\text{–}37)$$

と定義した（Yanai, 1961）．また，非断熱加熱量のうち，水蒸気の凝結に伴う潜熱の放出量は，水蒸気量の実質変化に潜熱係数をかけた量，すなわち

$$Q_2 = -L\left(\frac{\partial q}{\partial t} + \boldsymbol{V}\cdot\nabla q + \omega\frac{\partial q}{\partial p}\right) \tag{2–38}$$

と定義できる．柳井（Yanai, 1961）の命名以来，それぞれ，Q_1，Q_2 という命名がされている．Q_2 は後述するのように熱帯やモンスーン地域など，積雲対流が活発な地域や季節では，大気加熱の重要な部分を占めており，この量の評価は水惑星地球の気候を論ずる際には不可欠である．

2–5–2　Q_1 と Q_2 の季節変化

この Q_1，Q_2 の全球的な空間分布とその季節変化をみると，太陽エネルギーが地球表層での大気海洋相互作用や大気陸面相互作用や山岳地形を通して，どのように大気を加熱（あるいは冷却）して現実の気候を形成しているか，非常によくわかる．（Yanai and Tomita, 1998; Wu *et al.*, 2009）．図 2–25(a)，(b) は，北半球夏季と冬季の大気柱全体で積分した Q_1，Q_2 および (c)，(d) は，同じ季節の雲量分布の指標となる外向き赤外放射量（OLR）と降水量の全球分布である．この図からわかるように，地表面状態や水蒸気量などに影響された大気全体の加熱・冷却量の分布は，海洋と大陸の分布に大きく依存しており，放射収支（図 2–9）が基本的に南北分布として卓越していることと大きな対照をなしている．

夏半球（12–2 月の南半球，6–8 月の北半球）では，全体として陸上が加熱，海洋上が冷却の傾向になっている．また，海洋上は亜熱帯を中心に東西の違いが大きく，大陸東岸では，赤道域から亜熱帯海洋は夏冬を通して冷却が際立っている．熱帯域では赤道収束帯に沿って，大きな Q_1 が分布しているが，特に南インド洋から西部太平洋の加熱が非常に大きい．南半球の夏季（図 2–25(b)）には，南米大陸のアマゾン流域とインドネシア多島海付近に加熱の中心があり，北半球夏季（図 2–25(a)）は，インド亜大陸から東南アジア，北西太平洋のアジアモンスーン地域（2–6 節参照）での大気加熱が，全球的にみても卓越した熱源であることがわかる．興味深いのは，サハラ砂漠が横たわるアフリカ大陸北部は亜熱帯にもかかわらず，夏季も含め年を通して Q_1 がマイナス（冷却）であり，他の陸地域とは際立った対照をなしている (2–5–3 項および図 2–28 も参照)．同じ大陸でも植生の有無やアルベードの違いが，大気加熱（冷却）の状態を大きく変えていることが示唆される．熱

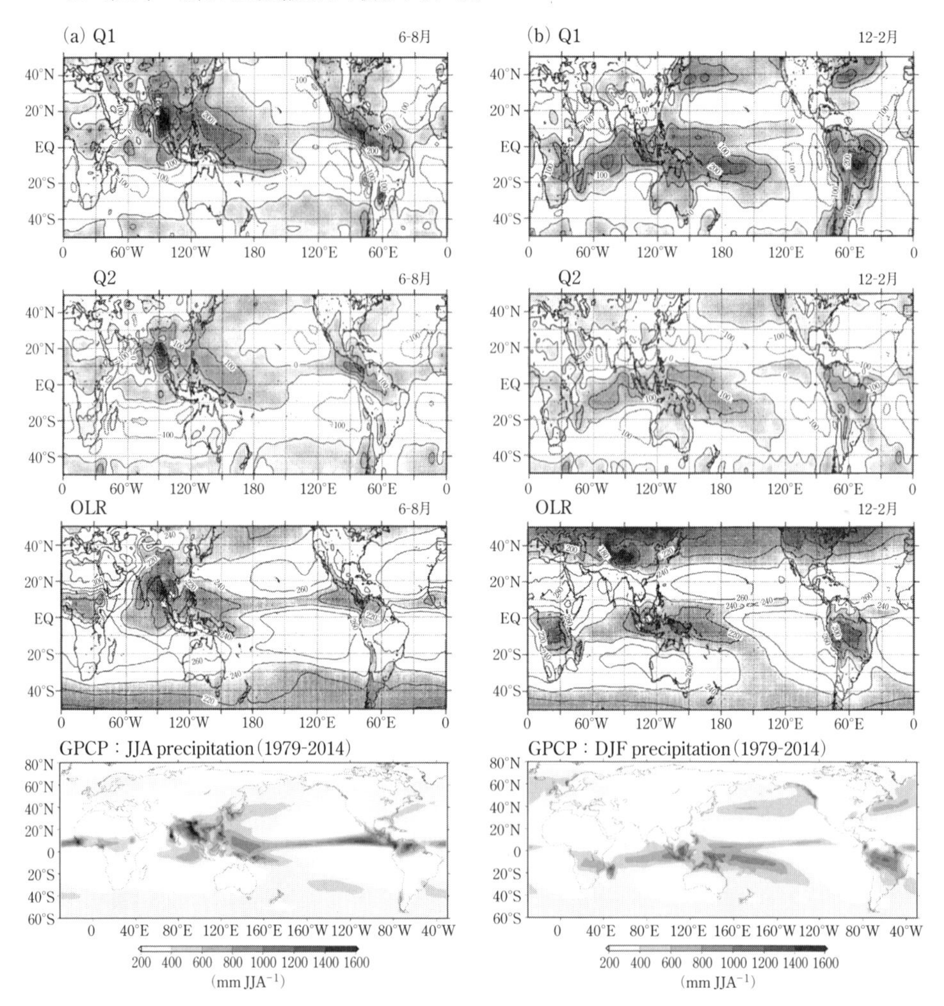

図 2-25　(a) 北半球夏季（6–8 月）(b) 冬季（12–2 月）の Q_1，と Q_2，OLR（外向赤外放射）の全球分布（Yanai and Tomita, 1998）
全球降水量分布（GPCP）を加えている.

帯地域のインド洋，西太平洋は図 2–25 でもわかるように，海面水温が年中 30℃ 前後の高い海域であり，海面からの水蒸気供給と対流活動による潜熱加熱が大きな役割を果たしていることが Q_2 の分布からわかる.

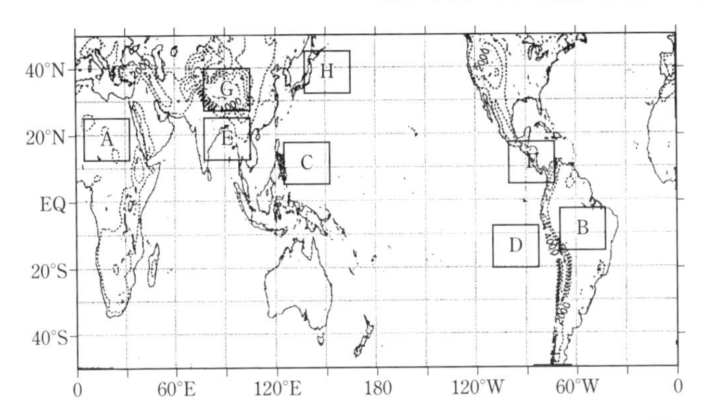

図 2–26　Q_1，Q_2 の鉛直分布による気候の特性の違いを調べた地域
（Yanai and Tomita, 1998）

2–5–3　Q_1 と Q_2 からみた地域気候の特性

次に Q_1 と Q_2 の鉛直分布とその季節変化から，図 2–26 に示す地球上のいくつかの気候帯の特性を議論しよう．まず，地球上で最も降水が多いアマゾン川流域（B）や西部赤道太平洋上（C）などの湿潤熱帯気候の地域（図 2–27）をみると，南半球と北半球の違いのため，地域（B）では雨季の最盛期は 12–2 月，乾季は 6–8 月，地域（C）では雨季の最盛期は 6–8 月と乾季は 3–5 月と異なるが，雨季最盛期の Q_1，Q_2 の大きさとパターンは，陸上と海洋上という違いにもかかわらず，ほとんど同じであることがわかる．これらの地域は雨季には対流圏上部にまで達する積乱雲を伴う対流活動が活発な地域であり，これらの地域の Q_1，Q_2 の鉛直分布から，対流活動を通した凝結が対流圏中・下層では $Q_1 \sim Q_2$ であり，凝結の潜熱加熱（Q_2）が Q_1 をほぼ説明しており，積雲対流を通して，その潜熱で暖められた空気の鉛直移流により対流圏中・上層が強く加熱されていることを示している．乾季では，Q_1 の値は小さいものの，弱い正の値（加熱）を示し，その大部分は Q_2 で説明されることから，弱い積雲活動のあることがわかる．

亜熱帯に目を転じてみよう．北アフリカのサハラ砂漠が広がる地域（A）では，地表面から対流圏最下層は Q_1 が正値（加熱）だが，その上は対流圏全層にわたって負の値である．Q_2 はほとんどゼロに近い．これは地表面付近のみは砂漠からの顕熱で暖められているが，その上は対流圏全層で放射に

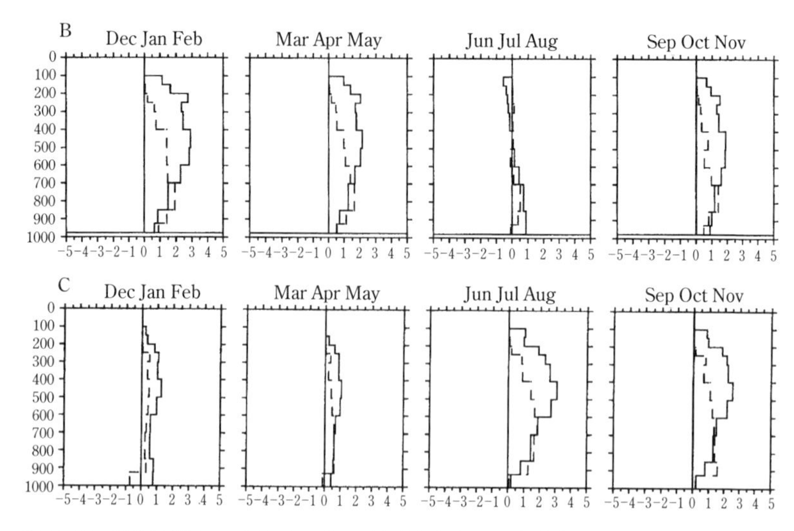

図 2–27　湿潤熱帯における Q_1，Q_2 の鉛直分布とその季節変化（Yanai and Tomita, 1998）

Q_1 は実線，Q_2 は破線で示す．単位は hPa（縦軸）と K day^{-1}（横軸），(B) アマゾン河流域，(C) 西部赤道太平洋上.

よる冷却が1年を通して卓越していることを示している.

ペルー沖で冷たい寒流や沿岸湧昇による低い海水温域の広がる東部南太平洋域（D）（図 2–28）では，Q_1 は地表面付近を除き，対流圏全層で負の値（冷却）であり，季節変化もほとんどない．強い日射のため海面付近は顕熱で暖められているが，対流圏全体で雲も少なく，放射による冷却が支配的であることを示している．興味深いのは Q_2 の分布で，対流圏最下層（800 hPa 以下）は大きな負の値となっており，海面からの蒸発が活発に起こっていることを示している．この地域は年中亜熱帯高気圧に覆われ，下降気流が卓越しており，対流圏全体での下降気流と放射冷却が1年を通して卓越していることが，これらの分布でも説明できる.

E，F，G，H の地域は，いずれも季節変化の大きいモンスーン地域であるが，これらの地域の Q_1，Q_2 分布については，次節で説明することにする.

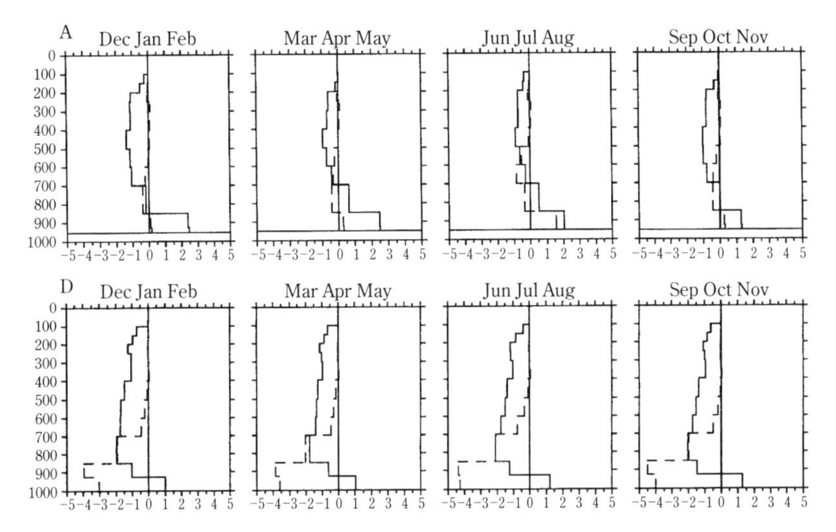

図 2-28　亜熱帯における Q_1, Q_2 の鉛直分布とその季節変化（Yanai and Tomita, 1998）
（A）東部南太平洋上と（D）サハラ砂漠上（単位は図 2-27 と同じ）.

2-6　モンスーン気候の形成

2-6-1　大陸・海洋間の加熱差がつくり出す大気循環

実際の地球気候の形成には，2-2 節で議論した南北の加熱差に加え，大陸と海洋に起因する加熱差が大きな役割をしている．前節（2-5 節）で議論した Q_1, Q_2 の分布はまさにそのことを強く示唆している．大陸と海洋のあいだの季節的な温度分布の違いは，その上の大気層の温度分布の違いを引き起こす．北半球夏季には，低緯度・中緯度を中心とした大陸上の大気は海洋上の大気よりも強く暖められ，大陸上の気柱は膨張する．静水圧平衡の関係から膨張した気柱の上端では等圧面高度が周囲の海洋よりも高くなり，その大きな気圧勾配により，上空では空気が周囲に発散し，大気下層では収束して，図 2-29 のようなハドレー循環と同じしくみによる大気循環が，大陸と海洋のあいだで形成されることになる．この場合も Q_1 と Q_2 分布（図 2-25）に示すように，積雲対流による加熱が重要な役割を果たしている．

たとえば北半球夏季には，ユーラシア大陸（南部）や北米大陸（南部）で

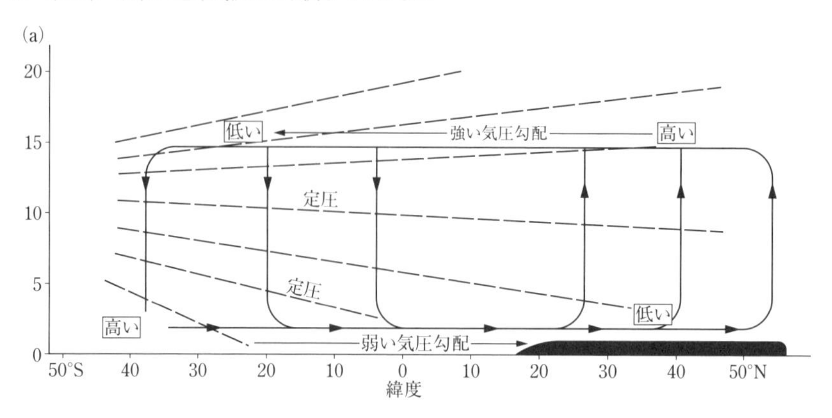

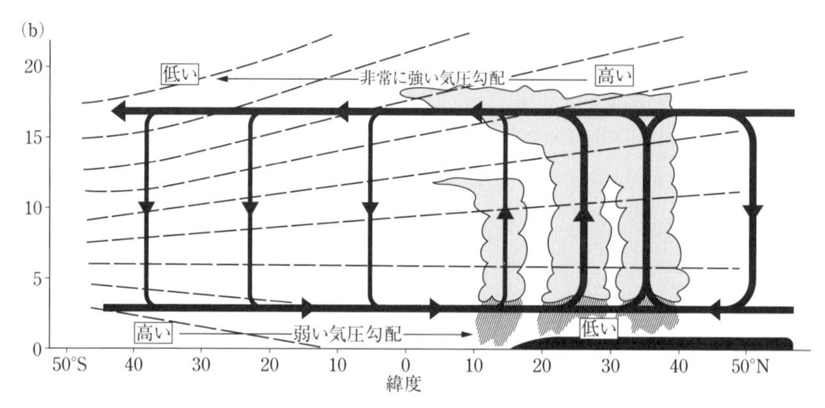

図 2-29　積雲対流がなかった場合（a）と，あった場合（b）のモンスーン循環系の違い（Webster, 1987）

インド亜大陸付近の南北断面を想定している．

大気は暖められ，大陸の地表面付近は低気圧に，周りの海洋上は高気圧になる．冬季には反対に，大陸上が海洋よりも強く冷却されて地表面付近は高気圧に，海洋上は低気圧になる．この大陸・海洋間の気圧差で引き起こされる大気循環の，地表面から対流圏下層の風系がモンスーン（monsoon）である．この風系は夏季と冬季でほぼ季節的にほぼ反転した風系となるため，季節風とよばれている．実際に北半球の夏季（6–8月）と冬季（12–2月）の気圧分布と風系をみてみよう．

図2–30は，北半球夏季の地上気圧分布と対流圏上部（200 hPa）の高度分布を示している．ハドレー循環的描像で考えると，地上では赤道付近が低

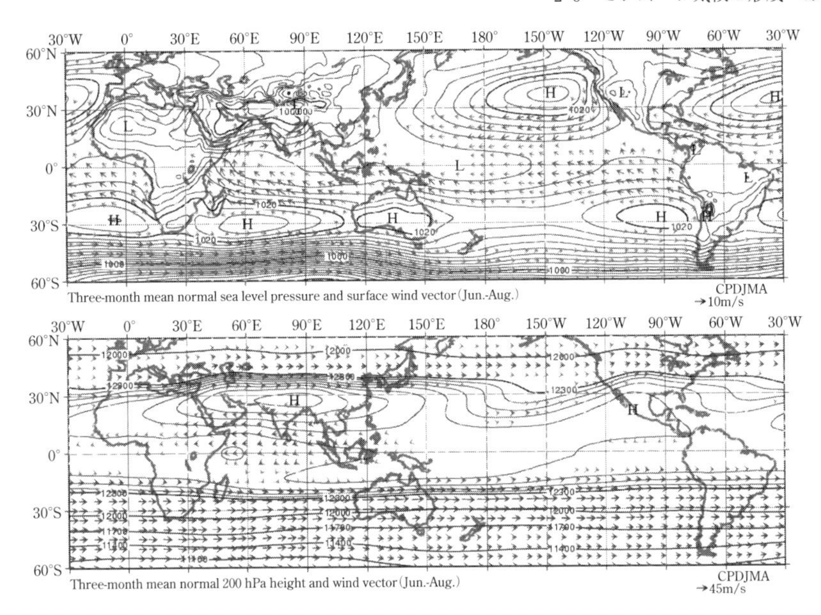

図 2-30　北半球夏季（6-8 月）における地上気圧（上）と対流圏上部（200 hPa）（下）の高度分布と卓越風ベクトル（気象庁）

気圧，亜熱帯が高気圧のはずであり，南半球は実際にほぼその気圧パターンである．対流圏上部でも，赤道から中緯度へ向けて全体として高度が下がり，ハドレー循環の存在を示している．しかし，北半球では，亜熱帯の大陸南部には低気圧が位置し，亜熱帯高気圧は海洋上にのみ顕著に存在している．中心が海洋東部に位置しているのは，2-3-2 項で述べたスヴェルドラップ・バランスが大気でも成り立っているためである．

特にインド亜大陸北部を中心とするアジア南部の地上の低気圧は大きく，アジアモンスーン・トラフともよばれている．対流圏上部では，インド北部からチベット高原付近に中心をもち，北アフリカから東アジアに東西に大きく広がった高気圧が存在し，チベット高気圧あるいは南アジア高気圧とよばれている．地上の風系は，南インド洋の高気圧から赤道を越えて南アジアの低気圧へ向けて吹く南西モンスーンが顕著であり，対流圏上部では，チベット高気圧から赤道へ向けて負の気圧勾配となっているため，インド亜大陸上空を中心に，熱帯偏東風ジェットとよばれる強い東風が吹いている．北米大

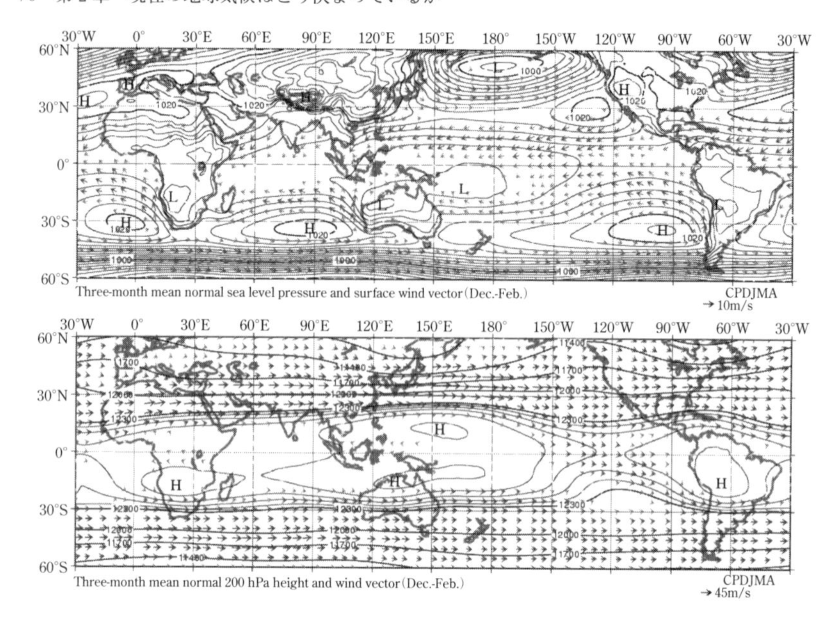

図 2-31　北半球冬季（12-2月）における地上気圧（上）と対流圏上部（200 hPa）（下）の高度分布（気象庁）

陸南部（メキシコ）上空でも，気圧分布は地上付近に低気圧，上空に高気圧が存在し，大陸上での大気加熱による大気循環の存在を示しているが，その大きさは図 2-25 の Q_1 の大きさからも示唆されるように，アジア大陸上に比べるとはるかに小さいことがわかる．北アフリカでは，サハラ砂漠域に地上の低気圧が存在し，上空にも高気圧が存在しているが，それらの気圧分布は，アジア域の分布の一部をなしているようにみえるほど弱いものであり，大気加熱も，図 2-28 でもわかるように，地上付近に限られている．

以上に，モンスーン気候の基本的なメカニズムについて述べたが，このモンスーンは，図 2-30，2-31 の地上と対流圏上部の気圧（高度）分布からもわかるように，アジア域のモンスーン循環が，北米や北アフリカ大陸上のそれよりもはるかに顕著に存在している．なぜアジアにのみ，強いモンスーンが存在しているのか．以下では，このアジアモンスーンのしくみと，その地球気候システムにおける役割をより詳しく記述してみよう．

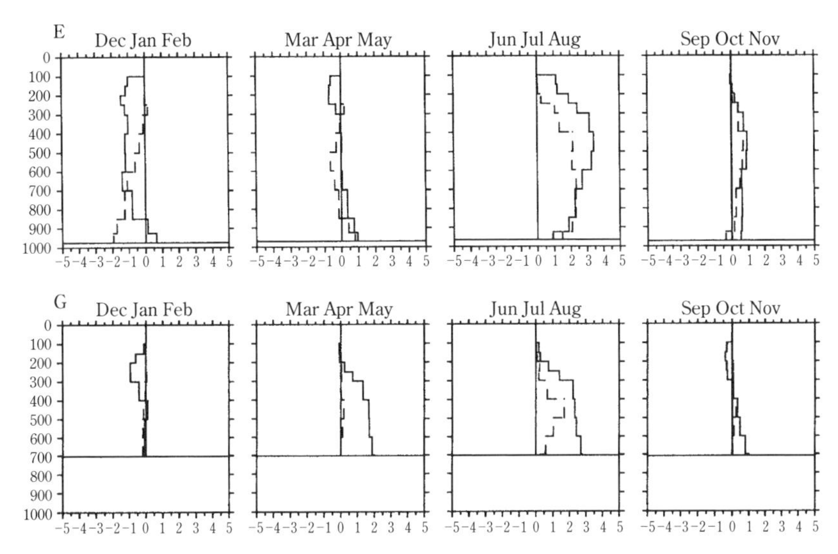

図 2-32　ベンガル湾（E）とチベット高原上（G）における Q_1, Q_2 の鉛直分布とその季節変化（単位は図 2-27 と同じ）（Yanai and Tomita, 1998）

2-6-2　夏季アジアモンスーンに対するチベット・ヒマラヤ山塊の熱的効果

平均高度 4000 m に達するチベット高原上では大気層が薄く，太陽放射エネルギーの大気による減衰が小さいため，夏季には低地よりもはるかに強い日射エネルギーを地表面が吸収し，地表面温度が非常に高くなる．そこからの赤外放射や顕熱による大気加熱は，同じ緯度の低地よりもはるかに大きく，したがって大気温度も，同じ緯度の同じ自由大気温度より高くなる．チベット高原は東西約 2000 km，南北約 1000 km の広がりをもつ広大な高原であり，夏季の北半球における大気加熱に果たす役割は非常に大きいと考えられる．夏季アジアモンスーンの形成には，アジア大陸上での大気加熱が重要であるが，この大陸の南寄りのほぼ中央に位置するチベット高原付近での加熱は特に重要であることが想像できる．このことは，前述の大気の非断熱加熱率の分布から，よりはっきり示すことができる．

さて，チベット高原上での Q_1, Q_2 の季節変化（図 2-32 下の G）をみてみよう．モンスーン開始前の 3-5 月からすでに大きな正の Q_1 が地表面（700 hPa 付近）から対流圏全体にみられるが，Q_2 はほとんどない．夏季モンスーン期間（6–8月）には，高原上での鉛直分布は，モンスーン前よりさらに大きなQ_1の鉛直分布が地表面から対流圏上層まで達していることを示すが，この時期はQ_2も増加している．ただ，空間分布（図2–25）でみると，チベット高原上空全体でQ_1の大きな値はみられるが，高原上だけでなく，Q_1（とQ_2）の極大地域はベンガル湾北部にみられ，鉛直分布（図2–32上のE）をみても，チベット高原での大気加熱だけではなく，ベンガル湾からチベット高原付近に至る広い地域での対流活動による大気加熱がアジアモンスーンを担っていることがわかる．すなわち，モンスーン開始前の大気加熱は高原地表面からの顕熱により起こり，大気加熱の季節進行を進めているが，モンスーン季になると，南からの水蒸気の流入に伴い，高原とその南側での対流活動が活発化し，それに伴う凝結の潜熱がモンスーン季の大陸付近の大気加熱と高温に大きく寄与していることを示している．

しかし，この事実はチベット高原の大気加熱における重要性を否定しているわけではなく，高原の存在そのものが，図2–32上のEのベンガル湾付近へのモンスーン季の大気加熱と対流活動の強化に先行してモンスーン循環を季節的に形成していく非常に大きな役割を果たしている．このことは，チベット高原を取り去った場合と，それがある場合を比較した気候モデル（GCM）による数値実験でも強く示唆されている（Hahn and Manabe, 1975; Abe *et al.*, 2003など）．

最近の熱帯降雨観測衛星（TRMM）などによる観測や高解像の気候モデルによる数値実験からは，莫大な潜熱を放出する対流と降水活動は，高原上よりも，高原を縁取るヒマラヤ山脈やミャンマー付近の海岸山脈などに集中しており，湿ったインド洋からの対流不安定な気流に対し，これらの高くて長大な山脈の障壁が積雲対流を引き起こすきっかけとなって，その前面で大規模な対流活動が励起されるという，ヒマラヤ・チベット山塊の「障壁効果」がむしろ重要であるという指摘もされている（Xie *et al.*, 2006; Boos and Kuang, 2010）．

いずれにせよ，ヒマラヤ山脈を含むチベット高原の地形は，地表面からの顕熱と対流活動による熱力学効果により，北半球夏季の気候を大きく支配するアジアモンスーンの形成に大きな役割を果たしているといえよう．

2–6–3　アジアモンスーンと亜熱帯高気圧 ——β効果による東西非対称な気候の強化

東アジアの盛夏は，強い太平洋高気圧の張り出しで特徴づけられる．同時に南・東南アジアでは，モンスーンが活発で，雨季が続いている．季節の進行でみても，夏の太平洋高気圧の強まりは，アジアモンスーンの成立と強化と同時並行的に起こっている．すなわち，大陸域を中心とするアジアモンスーンの循環と，太平洋上の亜熱帯高気圧の形成・維持は，力学的に密接に関係した現象であると考えられる．

2–6–1 項で述べた大陸（海洋）スケールでの加熱・冷却に伴う下層の低気圧（高気圧）と対流圏上層の高気圧（低気圧）は，図 2–30 に示すように亜熱帯にその中心があり，東西・南北のスケールは数千〜1 万 km と大変大きい．このような気圧分布に伴う風には，地球の回転効果に起因するコリオリ力が重要な役割を果たしている．自転する地球での大気の流れは，地表面付近の摩擦の効果がなければ，（温度分布に起因する）気圧分布（p）とコリオリ力のバランスによる地衡風（式（2–23））で近似できる．夏季のユーラシア大陸・北太平洋域では，対流圏下層では，大陸側が低気圧，海洋側が高気圧となるため，その南側では南寄りの風（すなわちモンスーン）が地衡風として吹くが，コリオリ因子fが高緯度ほど大きいため，上記の地衡風の式により，同じ気圧勾配でも南風成分 v_g は，高緯度に流れるに従い，小さくなる．（反対に，北寄りの風では低緯度に流れるに従い，大きくなる．このコリオリ因子fの緯度変化（$=\partial f/\partial y \equiv \beta$）による地衡風の変化による流れへの力学的効果は$\beta$（ベータ）効果とよばれ，中緯度偏西風の蛇行や赤道付近の波動形成にも大きな役割を果たしている（2–4–1 項参照）．

このβ効果により，たとえば下層の低気圧東側では卓越する南風が北上とともに弱くなるため，収束が強化される．対流圏上層のチベット高気圧の東側（西側）では，下層とまったく反対に，東側（西側）で発散（収束）が強化される．そのため，図 2–33 に示すように，チベット高気圧の東側（西側）では上昇流（下降流）がより強化される．すなわち，アジア大陸での非断熱加熱による大気の下層と上層の大気循環に，β効果によるスヴェルドラップ・バランス（2–3–2 項参照）を通して，図 2–33 のように，大陸での東側での上昇流の強化，すなわち対流活動と降水の強化およびモンスーンの強

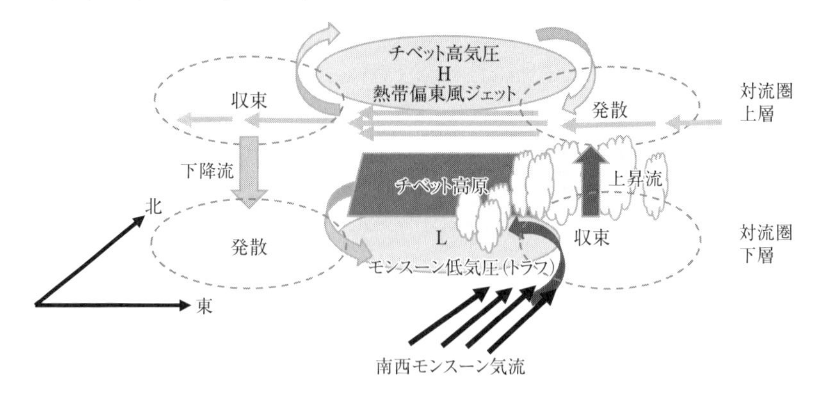

図 2-33　大気層の非断熱加熱（冷却）に伴う大気循環系の東西における上昇・下降流の強化の模式図

化を伴う．一方，大陸の西側では，下降流が卓越する乾燥・砂漠気候が強化される（Wu *et al.*, 2009).

亜熱帯高気圧は，季節平均，東西平均した南北分布では，ハドレー循環の下降流域で形成される地上付近の高気圧として理解されている．しかし実際には，夏季と冬季で大きく異なり，夏冬のモンスーンと対になった現象として，夏季には海洋上に，冬季には大陸上にその中心がある．すなわち，夏季には，海洋上のほうが大陸上より気温が低く，地上は高気圧，上層は低気圧（図 2-29）となるため，大陸上とまったく反対に，海洋上の亜熱帯高気圧の東（西）で下降（上昇）気流が卓越する．このように海陸分布は，大気の加熱（冷却）分布の差と β 効果により，亜熱帯地域に大陸あるいは海洋の東西で，対照的な気候を形成させている．

2-6-4　アジアモンスーンと熱帯の大気・海洋系

ところで，図 2-25 や図 2-32（E）の Q_1，Q_2 の分布をみて，アジアモンスーン域の夏季の大気加熱は，チベット高原だけでなく，なぜベンガル湾からフィリピン付近の西部熱帯太平洋にまで広がっているかに疑問をもつ人も多いであろう．これはこの熱帯の海域が図 2-34 に示すように，28℃ 以上の高い海面水温域が広がった熱帯でも唯一最大の「暖水プール」であるため，海面からの水蒸気供給が多く，常に大規模な積雲対流活動を引き起こしやす

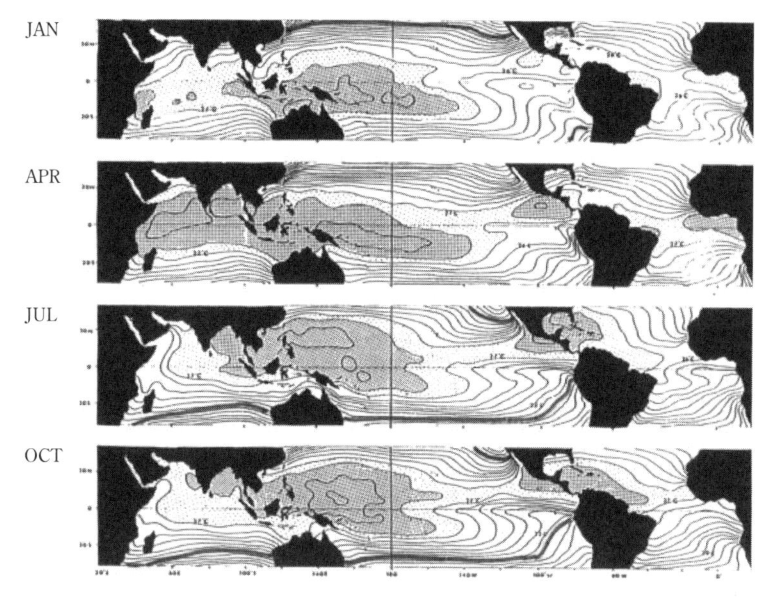

図 2-34　全球海面水温（SST）の季節変化

く，まさに地球大気の中心的な熱源域となっているためである．

ではなぜ，この暖水プールが形成されているのだろうか．実はこのメカニズムにも，チベット高原の力学的・熱力学的効果が作用していることが，チベット高原がある場合とない場合での大気海洋結合気候モデル（C-GCM）実験で，明瞭に示されている（Kitoh, 2002; Abe *et al*., 2004）．すなわち，チベット高原の存在による大気循環が海洋に作用した結果，北太平洋上では強い高気圧が形成され，その高気圧から赤道に向かって吹く偏東風（貿易風）により，赤道東部太平洋上では蒸発により，低海水温とより高い気圧域が形成される．その結果，赤道太平洋上には東西の気圧差が形成され，赤道沿いの東風が強められる．その東風は強い日射で暖められた赤道沿いの暖かい表層海水を西部熱帯太平洋域に吹き寄せて暖水プールを形成すると同時に，赤道東部太平洋では赤道湧昇流を引き起こして，冷たい東部赤道太平洋表層を形成する．このような赤道に沿った大気・海洋相互作用を通して，赤道太平洋沿いに海水温の大きな東西差をもつ海域と大気の東西循環が維持・形成されている．

アジアモンスーンと西部熱帯太平洋の暖水プールは，このように，チベット高原付近のモンスーン循環・太平洋高気圧の力学的結合を介して安定的に維持されていることになる．この熱帯太平洋における大気・海洋相互作用のゆらぎの1つが，エルニーニョ／南方振動（ENSO）である．ENSOとアジアモンスーンとの関連については，第3章（3-5節）でさらに詳しく述べる．

2-6-5　アジアモンスーンと砂漠気候

モンスーン季にインドのニューデリーからパキスタンのカラチに飛行機で飛んだことがある．モンスーンの雨を降らせる積乱雲群に包まれたニューデリー上空からしばらく行くと，雲が突然切れ，眼下にはすでに厚いダスト層に覆われたパキスタンの砂漠が広がっていた．その変化は劇的であり，夏季モンスーン季の（降水量分布）（図2-25）でも，この地域での大きな雲量（降水量）の差としてみることができる．哲学者の和辻哲郎は，その代表的な著書『風土』（岩波文庫，1979）の中で，人間存在の構造的契機としての風土の類型として，「モンスーン」「砂漠」そして「牧場」の3つに分類した．その発想のもとになったのは，彼がドイツ留学のため，日本からシンガポール，インド，スエズ運河を経てヨーロッパまでの船旅をしたとき，東南アジア・南アジアの湿潤なモンスーン気候がインドを後にすると突然砂漠地域に変化し，さらに地中海に入ってヨーロッパの温和な気候に変化した体験によっている．

確かに，アジアモンスーンの湿潤な地域はチベット高原の東南側に広がっているが，対照的に，高原の西側あるいは西北側には，この湿潤域にすぐ隣接するかたちで乾燥した砂漠気候の地域が広大に広がっている．その地域は中近東からアラビア半島のみならず，遠くアフリカ大陸北部のサハラ砂漠を含んでいる．

このチベット高原の存在による東のモンスーン気候，西の乾燥気候の形成のメカニズムについての研究の歴史はかなり長い．この気候の東西のコントラストがチベット高原の存在と密接に関係している可能性を最初に指摘したのは，インドの気象学者P. コーテスワラム（P. Koteswaram）である．彼は，モンスーン季に，チベット高原の南にできる上空の熱帯偏東風ジェット気流に鍵があることを指摘した（Koteswaram, 1958）．

図 2-30 に示すように，夏季モンスーンに伴い，チベット高原付近の対流圏上部にチベット高気圧が形成される熱帯偏東風ジェットは，東南アジア上空からアラビア半島・北アフリカ上空にかけて，東西方向に限られた地域に形成される．そのため，ジェットの入り口付近の東南アジア上空では東風が加速され，出口付近の北アフリカ上空では減速される．加速域では発散，減速域では収束となるが，空気の質量保存の原則により，加速域では対流圏下部から上部へ向けた流れ（すなわち上昇流）が，減速域では反対に下降流が強化される．すなわち，Yang ら（1992）は，インド亜大陸を中心として，東南アジアで上昇，北アフリカで下降という熱帯の東西循環が形成されることが，モンスーン気候と乾燥（砂漠）気候という対称的な気候が隣り合わせで存在する重要な成因としている．

ただし，Koteswaram や Yang のメカニズムは，チベット高原周辺については，先に述べた Wu ら（2009）による上空と下層の大気循環の結合による力学効果である程度説明できる（図 2-33 参照）．Rodwell and Hoskins（1996）は，東南アジアを中心とするモンスーン域での強い大気加熱と上昇気流が，その西・北側（チベット高原上空）に定常ロスビー波応答による高気圧を形成し，その高気圧の西側で，偏西風との相互作用で下降流が強化される可能性を，観測データ解析と数値モデル実験から示した．この下降流は，基本的に中緯度偏西風の乾いた空気の流入が中心であることを流跡線（トラジェクトリー）解析から明らかにし，そのため，放射冷却も効率よく起こり，下降流がさらに強化されることを示唆した．この Rodwell and Hoskins（1996）のモンスーンと砂漠気候の結合の説明は，現在の西南アジアから一部の北アフリカの砂漠気候の広がりを説明している．しかしながら，実際の観測データと彼らの数値実験による上昇・下降気流を比較した分布でわかるように，彼らの提唱したメカニズムは，チベット高原のすぐ西の中央アジアの砂漠気候はよく説明できるが，さらに西まで広がっている乾燥気候の定量的な説明には，乾燥した空気による放射冷却の効果などを加える必要があることも付け加えておく．

インド亜大陸を境にしたこの東西の対照的な気候の分布の形成には，チベット高原からインド亜大陸を中心とする大気加熱によるモンスーン循環（大気下層のモンスーントラフと大気上層のチベット高気圧）が大きな役割を果

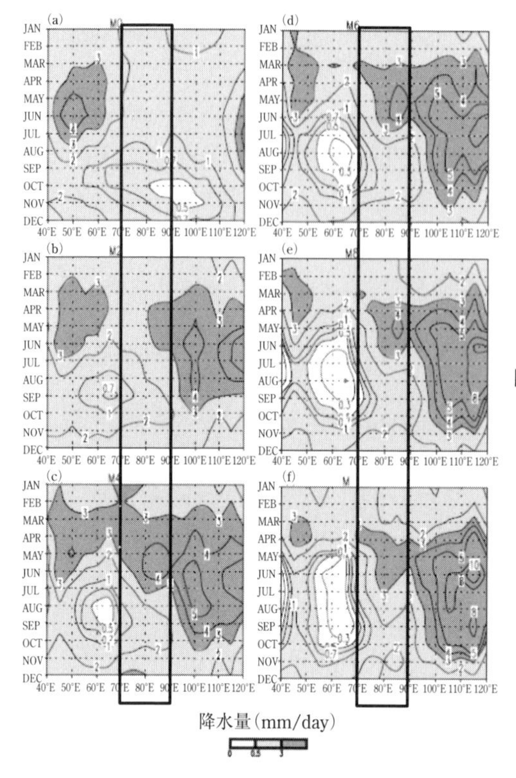

図 2–35　チベット高原がない場合(a)（M_0）から高原を次第に高くしていき（たとえば M_8 は現在の 80% の高さ），現在の高さ（M）(f) まで上げた場合の，それぞれの段階におけるユーラシア大陸中緯度（35°N–45°N）での降水量分布の東西断面（横軸）の季節変化（縦軸）（Abe *et al*., 2005）．
黒枠はチベット高原域を示す．

たしていることは，図 2–33 で示した β 効果に基づく効果でかなりの部分が説明できる．さらに，チベット高原の位置が，広大なユーラシア大陸の東寄りにあることが，大陸スケールでの（海陸の熱的コントラストに基づく）同じ効果を強める方向で働いているが，ロッキー山脈やアンデス山脈などが大陸の西側に位置している北米や南米では，山岳スケールでの β 効果と，大陸スケールでの β 効果が，少なくとも東側では相殺する方向に働いているため，北米や南米では湿潤なモンスーン（や内陸の乾燥気候）は相対的に弱くなっていることも Wu ら（2009）は，指摘している．

上記のような力学的な考察は，チベット高原の高さの違いが東西の乾湿の気候にどう影響を与えているかを調べた，大気海洋結合気候モデルでの数値実験で確認することができる（Abe *et al*., 2005）．図 2–35 には，チベット高原がない場合（M_0）から高原を次第に高くしていき（たとえば M_8 は現在の 80% の高さ），現在の高さ（M）まで上げた場合の，それぞれの段階におけるユーラシア大陸中緯度（35°N–45°N）での降水量分布の東西断面（横軸）の季節変化（縦軸）が示されている．高原の存在している経度は 70°E–90°E 付近である．M_0 の場合（チベット高原がない場合）は，モンスーン季を含め，それほど顕著な東西の違いはないが，高原がほぼ現在の高さである M_8 の場合は，特にモンスーン季（6–9 月）に，高原の東で 5 mm/day 以上の湿潤な気候，西で 0.5 mm/day 以下の乾燥気候という，非常に顕著な東西分布が形成されている．高原の高さの変化による影響は，少なくとも 40°E 付近までは顕著な東西変化として現れている．

現在のアラビア半島からサハラ砂漠にかけての放射収支は，地表面が砂漠ですでに白っぽくてアルベードが大きく，太陽光の反射が大きいことと，大気が乾燥しているため放射冷却が強く，大気が夏季でも冷却されて下降流が卓越しているという事実がある（図 2–9(b)参照）．すなわち，前述のチベット高原の力学的効果に加え，砂漠になったことによる正のフィードバックが砂漠気候をさらに強化しているといえる．ただ，サハラ砂漠がなぜ出来たのか，また約 8000 年前の気候温暖期（Climatic Optimum）には，「緑のサハラ」があり，そのとき，同時にアジアモンスーンも強かったという事実をどう説明できるか．まだ，問題は残されている．

2–6–6　日本付近のモンスーン

最後に，私たちが住む日本列島におけるモンスーンの特色について，少し述べる．日本列島は東アジアの一部であるが，ユーラシア大陸の東側あるいは北太平洋の西岸に，日本海，東シナ海などで大陸とは隔てられた日本列島として位置している．海洋表層の風成循環は，海洋の西側（大陸の東側）で赤道域からの暖流と，海洋の東側（大陸の西側）で極域からの寒流を形成するため，大陸上でのモンスーン循環とともに作用して，気候の東西コントラストの形成・強化に大きな役割を果たしている．日本列島付近には，黒潮暖流とその日本海への分流である対馬暖流が流れている．

モンスーン循環は，夏季は大陸上が低気圧，冬季は高気圧と季節的に反転するのに対し，海洋の風成循環はその強さは変化するものの，年中同じ循環

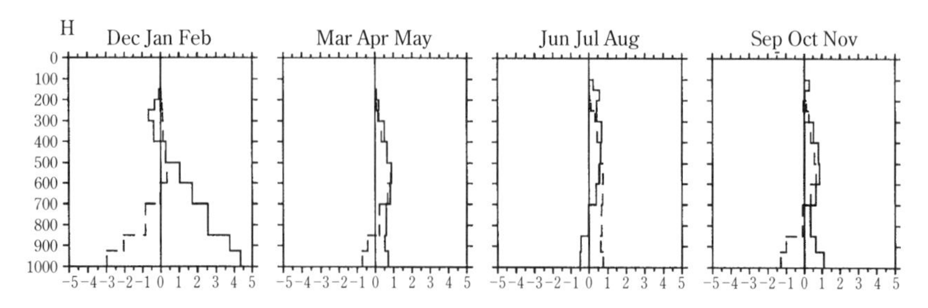

図 2–36　日本付近の Q_1, Q_2 の鉛直分布とその季節変化（単位は図 2–27 と同じ）（Yanai and Tomita, 1998）

を維持している．したがって，大気・海洋の相互作用に伴う大気海洋間の熱交換は，海洋の東側と西側で季節的に大きく変化し，これが気候の東西分布とその季節変化を多様にしている．私たちの住む日本列島はアジア大陸の東側（太平洋の西岸）に位置するため，夏季は南からのモンスーン気流と暖流の両方の影響で南からの暖かで湿った風が卓越し，図 2–33 の力学効果もあり，熱帯・亜熱帯的な湿潤な気候となる．

しかし，冬季は，アジア大陸でのモンスーン循環は図 2–31 のように，地上には，シベリア高気圧とよばれる強い高気圧が発達し，上空には図 2–24 に示されるように，チベット高原の力学効果により，強い寒気を伴った気圧の谷（低気圧）が日本上空に形成されている．

興味深いのは冬季の日本付近の Q_1, Q_2 の分布である（図 2–36）．Q_1 は地

図 2–37　冬の日本海側の大雪時の雲分布 2017 年 1 月 14 日の気象衛星ひまわり 8 号可視画像（気象庁）

表面が正の極大値を示し，対流圏中層へかけて次第に小さくなり，Q_2 は同様に地表付近が極大の分布だが，符号は反対に地表面付近が負となっている．これは冬季のシベリアからの寒気の吹き出しに伴い，暖かい海面から大気への顕熱と潜熱（蒸発）の供給が活発に生じていることを示している．蒸発した大量の水蒸気は図 2–37 の衛星写真にみられるように，日本海側に筋状の雪雲を形成し，日本海側を中心とした日本列島付近に大雪を降らしている．シベリアからの強い寒気の吹き出しと，熱帯から流れてきた暖かい黒潮や対馬暖流との相互作用により，特に日本海側を中心に豪雪をもたらす世界でもまれな気候が形成されていることをこの図は示している．

2–7　気候と生命圏の相互作用——地球気候を決めるもう 1 つの要素

2–7–1　生命圏・対流圏・成層圏カップリングと水循環

すでに 2–1 節で地球大気の鉛直構造で，地表面での生物の光合成活動による酸素（O_2）の供給がオゾン層を形成していることが，特に成層圏と対流圏の形成には大きな役割を果たしていることを述べた（図 2–4 参照）．一方で成層圏のオゾン層を形成することにより，生命には危険な紫外線をフィルターカットして，生命圏の維持にも大きく寄与している．

成層圏と対流圏の形成で重要なもう 1 つのプロセスは，生命にとって大事な水の保持とその循環である．地表面からの蒸発や植生からの蒸発散による水蒸気は，雲となり雨（や雪）となってまた地表に戻り，その水が再び光合成などに使われるという水循環が対流圏で維持されている．水分子は，紫外線に触れると分解されやすく，もし成層圏に水蒸気や水滴が大量に入り込むと，水は水素と酸素に分解され，地球表面の水は次第に失われていくことになるが，地球表面の水は，対流圏は圏界面というフタがあるため，成層圏への水のリークは非常に小さく，地表面と対流圏での水循環はほぼ維持されている．地球型惑星の 1 つである金星はかつて水があったといわれているが，水分子が，強い紫外線で分解されて水素と酸素に分解され，軽い水素がどんどん宇宙へ逃げていってしまったため，今はほとんどない．地球は幸いにして，安定な成層圏が発達した積乱雲などの対流雲を対流圏内に留めることにより，水循環を対流圏内での閉鎖的循環にしている．蒸発し，凝結して雲になった水分子は，また雨（や雪）として必ず地表面に戻り，すべての生物はこの水により生きている．生命は水循環を地表面と対流圏で閉じた循環として維持させることにより，みずからに必要な水を確保しているともいえる．

2-7-2　水循環を介した植生・気候相互作用

まず世界の現在の植生分布と年降水量分布（図 2-38）を見よう．気候が植生を決めているということは，地理学や生物学（生態学）では，いわば常識となっている．その事実に基づいてまとめられたのが，19 世紀後半から 20 世紀前半に活躍した気候学者 W. P. ケッペン（W. P. Köppen）による植生気候分布である．ケッペン（とガイガー）は，植生の違いを決めている要素は，気温と降水量であるとして世界の植生分布を説明できる気候区分を行った．図 2-39 は図 2-38 で示された世界の主な植生型を，年平均気温と年降水量の組み合わせで対応させた図であるが，世界の（森林，草原，砂漠などの）植生型はこの 2 つの気候要素の組み合わせで大まかには対応していることがわかる．ただ問題は，気候要素がそれぞれの植生を一義的に決めているという一方向の関係だけなのかどうか，である．いい換えれば，気温や降水量という気候要素も，植生によって影響されていることはないのであろうかという問題でもある．植生が全球的な気候に与える影響についてはすでにいくつかの研究（Meir *et al.*, 2006; Bonan, 2008 など）でも指摘されている．ここではユーラシア大陸および東南アジアでのいくつかの植生帯での最近の観測研究や気候モデル研究での成果に基づいて，この問題を考えてみよう．

地球上の植生が気候に果たす役割の 1 つは，植物が光合成の過程で CO_2 を吸収することである．陸域表層における森林の割合は約 30% で，北方林はそのうちの 30% である．今の森林生態学からの森林生産量の見積りと全地球の表層の海やプランクトンも含めた光合成活動でつくられる全生産量の推定から，地球表層で CO_2 を吸収する量の約 60% は森林とされており，地表面での炭素収支における森林の役割は非常に大きい．特に森林は炭素そのものを木質として蓄積しており，地球表層の全炭素現有量の約 50% は森林として蓄積されている．

森林を含む植物は光合成の過程で葉の気孔から CO_2 を吸い込み O_2 を出すが，同時になされるもう 1 つの重要なプロセスが，水蒸気を外に出す蒸散で

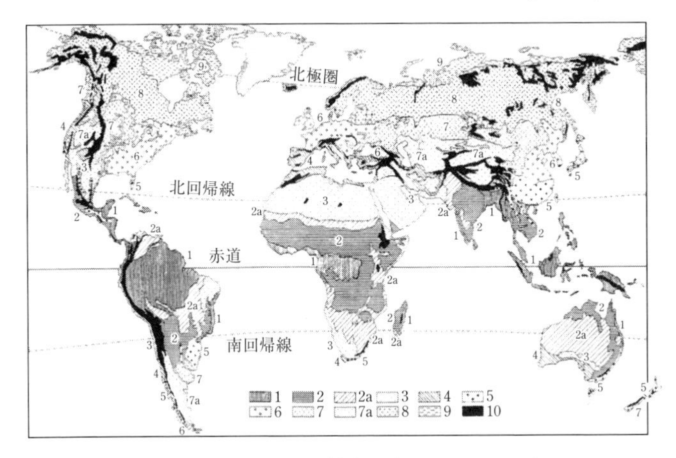

図 2-38(a)　世界の植生分布（Walter, 1973）
1：熱帯多雨林　2：熱帯・亜熱帯の半常緑樹林　2a：熱帯・亜熱帯のサバンナ・低木林など　3：熱帯・亜熱帯の砂漠・半砂漠　4：冬雨地帯の半緑硬葉樹林　5：暖温帯常緑広葉樹林　6：冷温帯夏緑広葉樹林　7：温帯草原（ステップ，プレーリー，パンパ）　7a：寒冷な冬をもつ砂漠・半砂漠（チベットを含む）　8：北半球の北方針葉樹林（タイガ）　9：ツンドラ　10：アルプスなどの高山植生

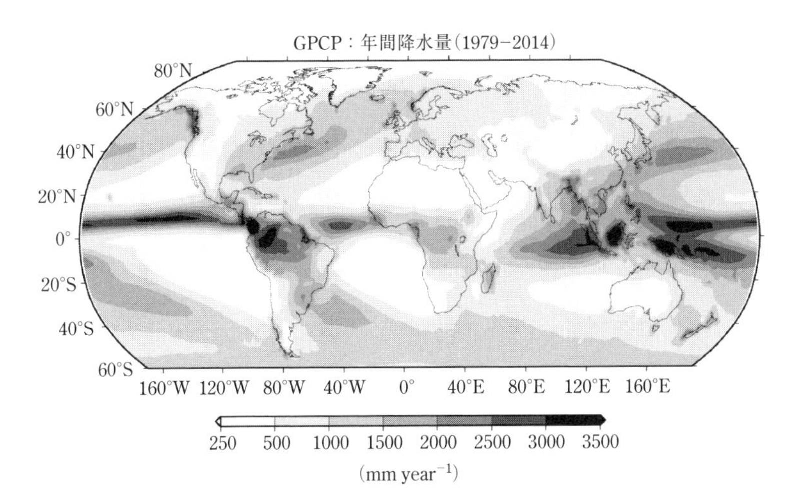

図 2-38(b)　世界の年降水量分布．GPCP データによる 35 年（1979–2014 年）平均

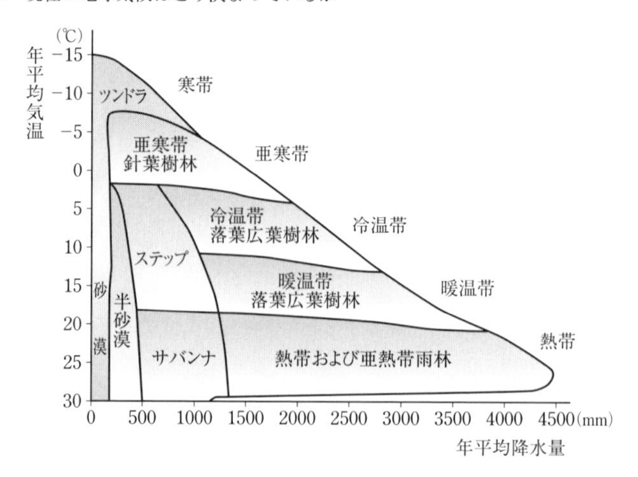

図 2-39　植生と気候要素の関係（中西他，1983 を改変）

ある．すなわち，光合成による CO_2 吸収だけでなく，森林からの水蒸気の蒸発散も地表面での熱収支や水収支（水循環）の重要な要素となっている(図 2-8 の潜熱を参照)．特に大陸に広大に広がる亜寒帯針葉樹林（北方林）や熱帯雨林では，地表面の熱収支や水収支を大きくコントロールしていることも，近年の研究でわかってきた．ここでは以下に述べる大気水収支法という手法を用いて，植生と気候の相互作用の実態をより定量的に調べてみる．

2-7-3　大気水収支法

大気中の水収支における森林など植生の蒸発散が果たす役割を定量的に調べるために，大気中の水の収支を図 2-40 のような大気柱で考える．この大気柱における水収支は，地面から大気柱に水蒸気として入ってくる量，すなわち地表面からの蒸発散（E），この箱の中に周りから風（大気の流れ）によって正味として水蒸気が流入してくる水蒸気の収束量（C），および大気柱から地表面に抜けていく水，すなわち降水量（P）の 3 要素のバランスで決まる（この議論では，雲の水滴や氷滴によるネットの流出入は考慮していない）．大気柱内での総水蒸気量（Q）の変化は，

$$\frac{\Delta Q}{\Delta t} = C + E - P \tag{2-39}$$

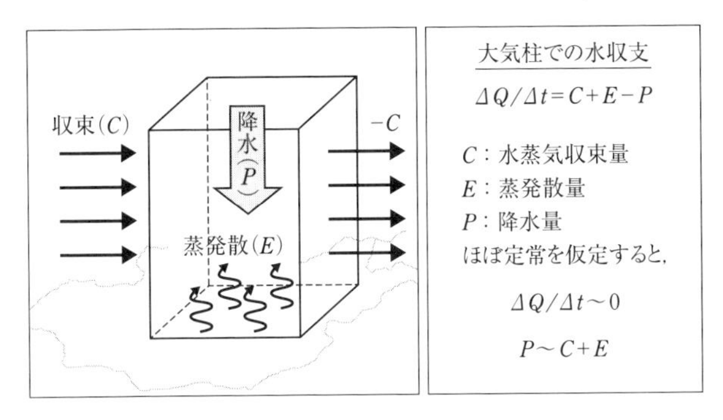

図 2-40　大気柱での水収支の概念図
ある地域での季節的な降水量（P）は，周りからの水蒸気輸送の収束（C）と，同じ地域からの蒸発散量（E）の合計で決まっている．蒸発散量（E）の割合が大きいほど，その場所（地域）での水の再循環が活発であることを示す．

となる．後で述べるように，月平均や季節平均した水収支では，大気柱での水蒸気量の変化成分（$\Delta Q/\Delta t$）は，右辺の C，E，P に比べると非常に小さいため，

$$P \sim C + E \tag{2-40}$$

となる．すなわち月平均や季節平均では，この3つの要素がほぼバランスし，ある地域での降水量 P は，その地域での蒸発散量 E と水蒸気収束量（正味の水蒸気流入量 C の和となる．この式により，ある地域での降水量は，地域の外からの水蒸気の流入によっているのか，あるいは植生を含む地表面からの蒸発散に依存しているのか，それらの割合も含めて評価できることになる．

そこで，世界の植生分布（図 2-38）で，異なる気候帯にあって，比較的広いスケールの面積を占めており，しかも都市や農地などの影響をあまり受けていない植生帯の代表として，シベリアの亜寒帯針葉樹林（タイガ）と，赤道域の熱帯多雨林での大気―地表面の水収支の季節変化を調べてみよう．

2-7-4　シベリア・タイガ（亜寒帯針葉樹林帯）における大気水収支

北半球のシベリアの北極周辺と，北米大陸の北極周辺には永久凍土が厚く存在しており，シベリアでは数百 m に達する非常に厚い凍土層となってい

る．興味深いことに，シベリアのタイガは，この永久凍土地域とほぼ対応して存在している．タイガで卓越する樹種は落葉カラマツで，冬には落葉する．カラマツ林の樹高は40〜50 mに達するが，根は永久凍土があるために非常に浅くて，せいぜい数十cmしかない．永久凍土は氷と土壌が一体となった層であり，夏季の2〜3ヵ月のみ表層の数十センチだけ融けるため，カラマツ林はこの表層の融け水を利用し光合成を行っている．凍土層上の樹林は夏季の日射による融解を表層だけに限定し，光合成と同時に行う蒸発散による潜熱の放出で地表面温度の上昇を抑制し，凍土層全体の融解を限定的にする役割も果たしている．

この地域の夏の降水量は，200〜250 mm程度であり，中緯度や熱帯の砂漠・半砂漠に対応する少ない降水量にもかかわらず，樹高数十mの大森林が存在している．この謎を解く鍵は，水循環を介した永久凍土とタイガの結合であることが，現地の観測と最新の全球客観解析データによる大気水収支解析などによりわかってきた．図2–41(a)は東シベリアのタイガ中心域である地域の大気水収支のP，C，Eを月ごとに示している．上述の永久凍土層の融解水によるタイガの光合成が行われる夏季（6〜8月）の降水量P（2〜2.5 mm/日）は3ヵ月でほぼ200 mmであるが，このPは同期間の蒸発散量Eとほとんど同量である．すなわち，この季節には，タイガからの蒸発散による水蒸気がそのまま雲となって雨を降らせるという水のリサイクルがほぼ成り立っていることを示唆している．図2–41(b)は図2–41(a)とほぼ同じ地域における光合成活動の指標である植生指数（NDVI）の高い領域と，地表面からの水蒸気の蒸発散量に対応する水蒸気フラックス発散量の大きな領域が見事に一致しており，まさに光合成活動が大気への水蒸気量を担っていることを示している．すなわち，永久凍土層とタイガは，夏季の光合成と水循環を通して，お互いがもちつもたれつの共生系（結合系）で維持されていることになる．これに対し，冬季の降水量（降雪量）は，低気圧活動などによる水蒸気の収束（実質の流入）Cによっていることもわかる．冬から夏（あるいは夏から冬）の遷移季である5月や9月はCとEの両方がPに寄与していることも示されている．シベリアの永久凍土は，数万年以上前の氷期にできたとされているが，タイガとの結合系により，何万年も融けずにこれまで残ってきたともいえよう．

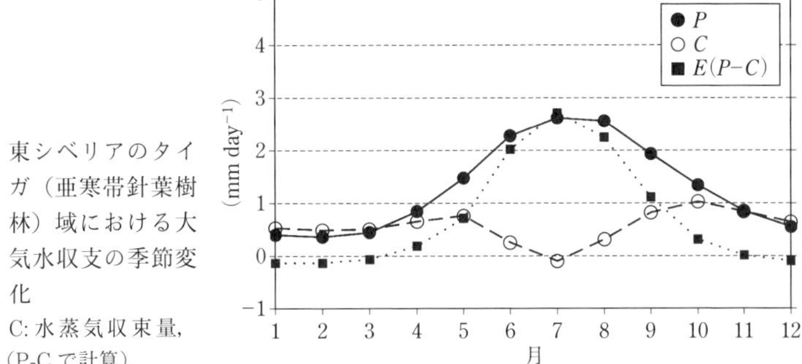

図 2-41(a)　東シベリアのタイガ（亜寒帯針葉樹林）域における大気水収支の季節変化
P: 降水量，C: 水蒸気収束量，E：蒸発散量（P-C で計算）.

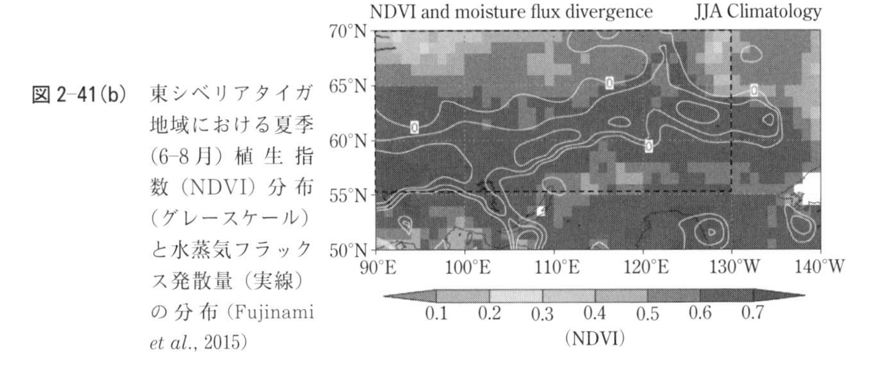

図 2-41(b)　東シベリアタイガ地域における夏季（6–8 月）植生指数（NDVI）分布（グレースケール）と水蒸気フラックス発散量（実線）の分布（Fujinami *et al*., 2015）

シベリアは現在急速な温暖化が進行しており，このまま温暖化が進行したら，タイガ・永久凍土の共生系はどうなるかが大きな課題である．気温上昇によって，永久凍土の融解が進み，表層の融解水を利用する現在の森林の根系では水利用効率が変わり，水循環の変化やカラマツを中心とする樹種の変化や森林の草原化などが進行し水循環も変わり，それに伴う降水量の変化なども起こる可能性がある．現在のタイガ・永久凍土系のダイナミクスを組み込んだ動態植生モデルを用いた数値実験（Zhang *et al*., 2011; Sato *et al*., 2010; Sato *et al*., 2016 など）で，気候変化に対するこの共生系の感度が調べられているが，タイガの応答には大きな幅があり，まだ決定的な答えは得られていない．タイガが大陸で占める面積は大きく，この共生系と気候システムがどのように相互作用しているかによって，人間活動による地球気候への影響は大きく変わる可能性がある．

2-7-5　熱帯多雨林における大気水収支

地球気候システムの炭素循環や水循環を通して，地球の気候システムで大きな役割を果たしているとされている，もう1つの森林帯が赤道付近に存在する熱帯雨林帯である．図2-38では，東南アジア諸島部，南米アマゾン川流域とアフリカコンゴ川流域の3地域に分かれて広がっている．熱帯の降水量分布でみても，ハドレー循環の上昇流を担っている熱帯内収束帯（Inter-Tropical Convergence Zone）の対流降水域は，東西の地域分布（図2-38(b)）でみると，海洋上よりも，大陸・島嶼部のこれら3地域に集中的に分布していることがわかる．

まず，海洋大陸といわれている東南アジアの熱帯島嶼部のボルネオ島での大気水収支（図2-42(a)）をみよう．赤道にまたがったこの島は面積約73万 km^2（日本列島全体の1.9倍）で世界第3位の大きさを有し，海面水温が30℃に近い暖かい海洋に囲まれているが，熱帯降雨観測衛星（TRMM）の観測により周囲の海洋上よりも降水量が多いことが明らかになっている．全島の大部分は熱帯林に覆われており，年間降水量は島内の多いところでは3000〜4000 mm に達している．図2-42(a)で明らかなように，島全体で平均した年間降水量は約8 mm/日（年総降水量で約3000 mmm）で，季節変化は小さいが6-8月が弱い乾季になっている．島の周りの海洋は暖水プールとよばれる暖かい海水域にもかかわらず，島への水蒸気収束量（C）は3 mm/日以下と小さく，特に乾季はほとんどゼロである．$P-C$ で計算された蒸発散量 E はほぼコンスタントに大きく，6 mm/日前後であり，年平均では降水量の75%（雨季には65% 程度，乾季にはほぼ100%）に相当する．すなわち，この熱帯雨林地域での水の再循環率（E/P）は非常に高い値となっている．一方，サラワク（西ボルネオ）の熱帯雨林での水文気象観測研究からも年平均の E/P はという72% という値を示しており（Kumagai *et al.*, 2005），ボルネオ島では熱帯雨林からの蒸発散量が，降水量そのものに大きく寄与していることが明らかになっている（Kumagai *et al.*, 2013）．興味深いことに，海洋での降水量に対する蒸発量の割合は，ボルネオ島よりも小さくて，ボルネオの周辺の海洋だけ取り出して計算すると，60〜65% くらいです．ボルネオでの熱帯多雨林は多雨のため存在できていると同時に，その多雨の条件そのものも森林自体が水循環を通してつくり出しているとも

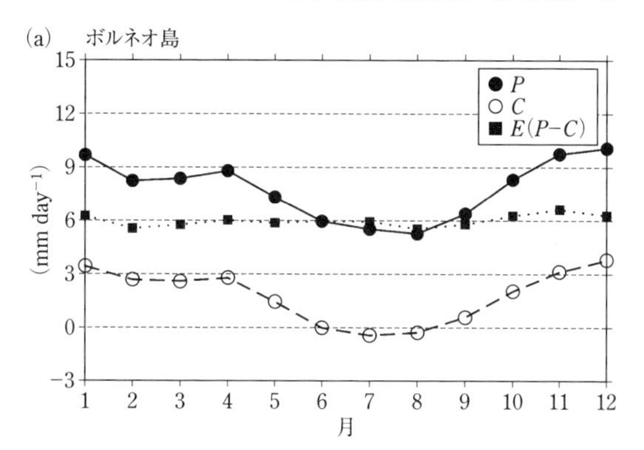

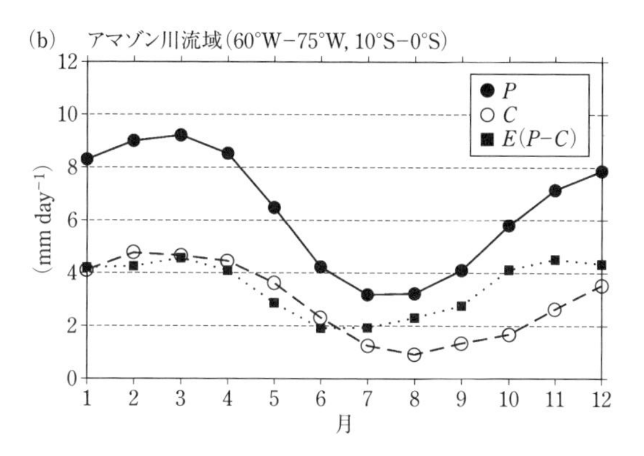

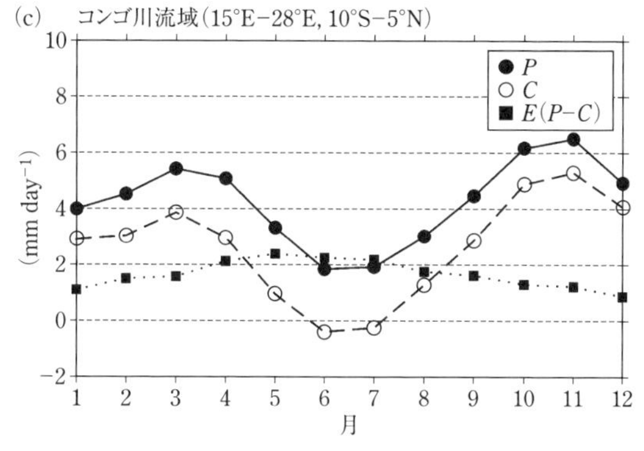

図 2-42　熱帯降雨林域における大気水収支の季節変化（P：降水量，C：水蒸気収束量，E：蒸発散量($P-E$)）
(a) 東南アジアボルネオ島，(b) 南米アマゾン川流域，(c) アフリカコンゴ川流域．

いえる．

再循環の部分が大きい水循環がこのように地表面の森林の蒸発散に強く依存していることは，森林破壊などの地表面改変が，降水量にも大きく影響を与えることを意味している．1970年頃からボルネオ島の森林伐採が広がっており，この地表面改変は，島での降水量を減らす方向にも働く可能性がある．事実，ボルネオ島全域の降水量は減少傾向を示しており，森林伐採が（蒸発散の減少という）水循環の変化を介して，降水量の減少につながっている可能性はきわめて高い（Kumagai *et al.*, 2013）．

では，他の熱帯雨林地域はどうか．図2-42(b)に地球上最大の熱帯雨林域であるアマゾン川流域での大気水収支の季節変化を示す．年間降水量は2200〜2300 mm（6〜7 mm/日）程度で，11〜4月が雨季，5〜10月が乾季の明瞭な季節変化がある．雨季には水蒸気収束量（C）と蒸発散量（E）がほぼ拮抗しているが，乾季は蒸発散量が降水量の60〜70% を占める．すなわち，雨季には主に大西洋からの水蒸気の流入が降水量の増加に寄与しているが，乾季の降水には森林からの蒸発散が水の再循環が大きく寄与している．

図2-42(c)にはアフリカの赤道直下にある熱帯雨林地域のコンゴ川流域での大気水収支の季節変化を示す．年間降水量は1500 mm（4 mm/日）前後とボルネオ島や南米アマゾン川流域に比べると少ない．この地域は明瞭な2回の雨季（2-4月と10〜12月）と明瞭な乾季（6-7月）がみられる．雨季は降水量に対し水蒸気収束量の寄与が70〜80% と大きく，大西洋側からの水蒸気の流入が降水量の増加に大きく寄与しているが，乾季は降水量と蒸発散量はほぼ同じで，熱帯雨林地域での水の再循環が強く起こっていることを示している．

以上のように，南米アマゾン川流域とアフリカコンゴ川流域の熱帯雨林地域では，雨季の海洋域からの水蒸気の流入が，熱帯雨林の成立に十分な降水量をもたらしているが，熱帯雨林が乾季にも枯れずに維持されるために必要な十分に湿った土壌は，熱帯雨林自身からの蒸発散が乾季の降水をもたらし，その降水が土壌を湿らせるという水の再循環が大きな役割を果たしているといえる．アマゾン川流域での森林の減少も，この地域の降水量減少や干ばつを引き起こしていると指摘されている（Nobre *et al.*,1991; Phillips *et al.*, 2009）

2-7-6　植生が強化するモンスーン気候――気候モデルからの検証

広域の森林・植生は気候に適応して分布しているが，同時に水の再循環を通して植生の維持に必要な湿潤な気候を保っていることを前項までで指摘した．ここでは，アジアモンスーン地域の湿潤な気候の形成における植生の役割について考えてみよう．前節（2-6 節）では，アジアモンスーンの成立にチベット高原の存在が重要であることを強調したが，これまでに述べた森林の気候へのフィードバック効果を考えると，モンスーンの維持・成立には植生そのものの存在も重要ではないかという可能性も考えられる．そこで，チベット高原と土壌を含めた植生は現在のモンスーンの気候維持にどう影響を与えているかを調べた気候モデルによる数値実験の結果を紹介しよう．

そもそも森林（植生）があるかないかで，地表面の放射・熱・水収支特性は何が違ってくるのか．森林はたとえば砂漠と比べて何が違うのかを考えてみよう．まず森林は緑色で太陽光の反射率（アルベード）が砂漠などより小さくなり，太陽光の吸収が良い．また，森林は根を張るための土壌が必要であり，土壌による水分の保持ができ，光合成に伴う蒸発散も可能となる．実は，土壌は植生がつくり出している．たとえば，氷河・氷床に覆われていた露岩は長い年月をかけて植生に覆われていく．その過程で土壌がつくられ，それが水分・栄養条件などを変えることにより，植生も変化（進化）していく．約 1 万年前まで氷床に覆われていたヨーロッパ中北部の現植生（森林）は土壌を形成しながら現在の植生分布となっている．しかし，100 万年以上も氷河・氷床に覆われていなかった東アジアに比べると，その多様性ははるかに貧弱である．図 2-38 に示す植生分布も，同じ冷温帯夏緑広葉樹林がユーラシア大陸の西と東に分布しているが，その多様性は，現在の気候だけでなく，過去の気候の履歴や母岩条件などにも強く依存していることになる．

さらに，森林があることによる地表面の凸凹が何もない地表面に比べ，風に対する地表面の粗度が異なり，接地境界層における空気力学的特性を変えて，地表面の熱・水収支も大きく変えるという効果もある．森林（植生）の有る無しによるこれらの特性の違いは図 2-43 にまとめられている．もう 1 つ重要な特性として，もちろん，光合成を通した CO_2 収支の違いがあるが，ここでは，物理的な気候特性に関わる要素のみを取り上げている．

図 2-44 はこれらの効果をモデルに入れた場合と入れない場合の東アジア

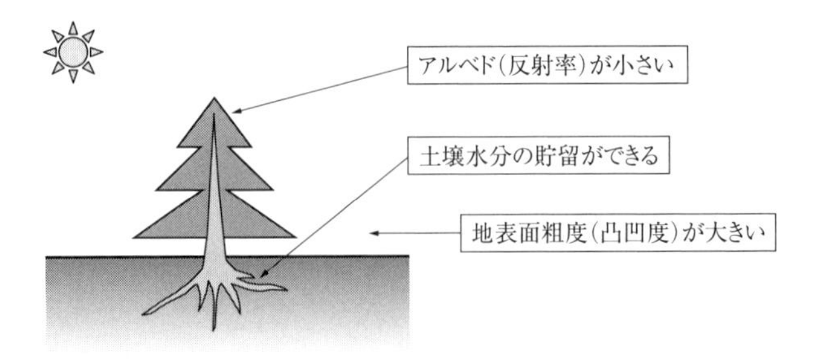

図 2–43　森林（植生）が地表面での放射・熱・水収支に与える効果

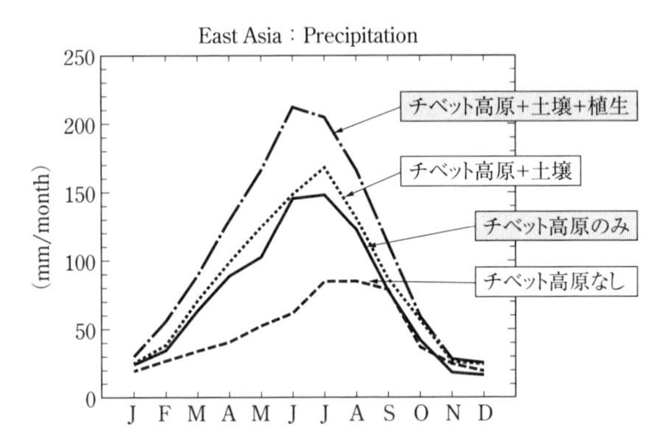

図 2–44　チベット高原の有無と土壌・植生の有無による東アジア（中国）モンスーン地域の降水量季節変化の気候モデルによる数値シミュレーション（Yasunari *et al.*, 2006）

の降水量の違いを再現した結果である．まず，すべての効果を入れたフルの数値実験での夏季（6–8 月）の月降水量は 200 mm 前後で 3 ヵ月で 600 mm 程度と，図 2–25 に示した現実の降水量の再現性は非常にいいことがわかる．それが，チベット高原なしの実験では月 70〜80 mm 程度で非常に少なく，半分以下である．この結果は，図 2–35 で示したチベット高原の上昇に伴う気候の数値実験結果での高原なしの場合と整合的である．それが，チベット高原を加えるとかなり増え，雨季のピーク時には 70 mm が 140 mm ぐらいと倍程度に増えるが，フル実験結果の 70% 程度である，さらに植生（＋土壌）を加えると夏のピークでは 200 mm 以上で，雨季全体でも 600 mm 程

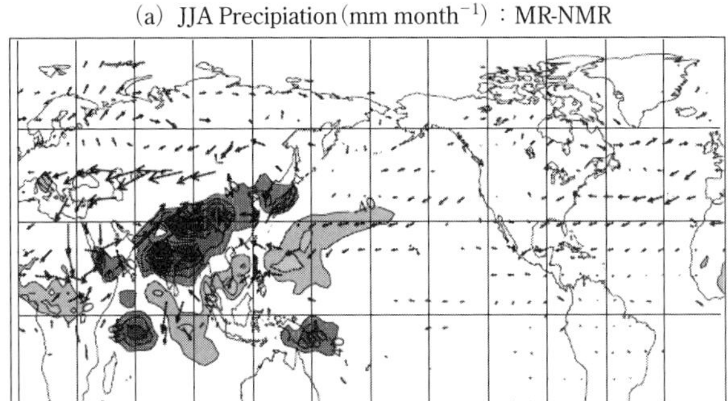

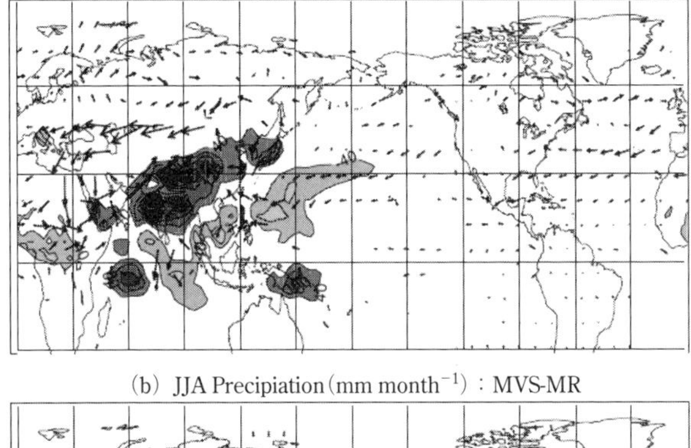

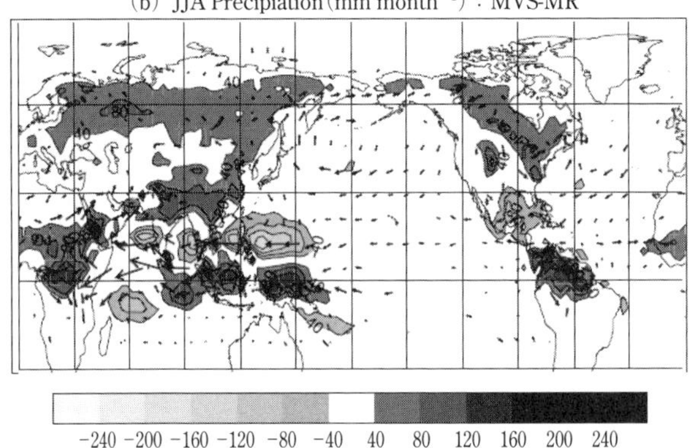

図 2-45　(a) チベット高原の有る無しによる降水量分布の違い（植生は無しの条件下）と (b) 植生（＋土壌）の有る無しによる降水量分布の違い（チベット高原は有りの条件下）(Saito *et al*., 2006)

度となり，現実の降水量にもほぼ対応する値になる．この傾向は，南・東南アジアでも同様の傾向となり，モンスーンアジア地域に植生がない場合，チベット高原があったとしてもモンスーンの降水量は現実の 70% 前後となる．雨があるから植生がある，というのは一般的な常識であるが，一方で，植生があると雨も増えるという正のフィードバックがあるということがわかる．この気候と植生という地球環境の基本的な要素がお互いに作用し合っているという理解は，生態系や生物多様性を考えるうえでも重要な視点であろう．

図 2-45 は，降水量分布に対するチベット高原の効果と植生の効果の違いを示している．図 2-45(a) はチベット高原のある場合とない場合の降水分

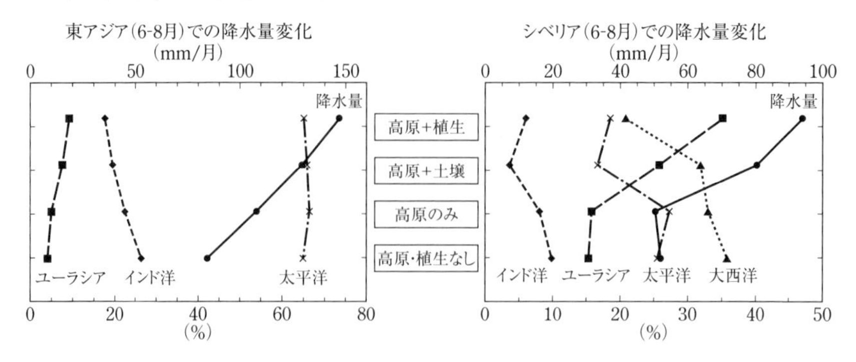

図 2-46　東アジア（左）とシベリア（右）の夏季降水量変化と水蒸気源変化の GCM 比較実験（Saito *et al.*, 2006）

下から，チベット高原も植生・土壌系もない場合，チベット高原あり，植生・土壌系なしの場合，チベット高原あり，土壌ありの場合，植生なし，チベット高原あり，植生・土壌系ありの場合．東アジアでは，高原と植生の効果で降水量が増加するが水蒸気源の変化は小さいが，シベリアでは植生，土壌の存在により降水量が増加するとともに，ユーラシア大陸からの蒸発散による水蒸気源の割合が急激に増加する．

布の違いで，特に東・東南・南アジア（モンスーンアジア）でチベット高原の効果で降水量が増加し，図 2-35 に示したような高原による力学的効果を反映している．一方，図 2-45(b) はチベット高原が存在する条件下で，さらに植生の有る無しの効果がどのように降水量分布に反映するかを示している．植生を入れるとモンスーンアジア全域での降水量がさらに増えると同時に，シベリアのタイガ（北方林）地域では月降水量が 50 mm 程度増加している．この地域は植生なしの場合，40 mm 程度しか降水がないので，倍以上に増加し，実際の月降水量 100 mm 程度となることがわかる．

では，高原の存在と植生の存在による降水量変化は，どのような水蒸気輸送（あるいは供給）の変化に関係しているのであろうか．図 2-46 は，東アジアとシベリアについて，降水量変化とそれに関連した水蒸気の起源を，太平洋，大西洋，インド洋，およびユーラシア大陸そのものからの成分に分けて示している．東アジア（左図）では，水蒸気の起源にはそれぞれのケースでもあまり変化がないことがわかるが，シベリアでは，植生（＋土壌）がある場合，降水量増加に伴い，大西洋からの水蒸気が減少し，ユーラシア大陸内部の水蒸気が大聞く増加していることがわかる．すなわち，植生（森林）

の存在が，光合成に伴う蒸発散量を増加させ，その水蒸気量増加が降水量増加につながっていることを示している．この結果は，図 2–41 の観測事実と整合的であり，森林の存在による水蒸気の再循環過程が，この気候モデルによる実験でも定量的に示されたことになる．大陸スケールの気候を考えたときに，内陸まで湿潤になるには森林がないと成り立たないということである．

アジアモンスーンは水循環を通して大陸上に豊かな森林を形成しているが，その過程で活発な蒸発散を繰り返して森林は強いモンスーンをつくり，このモンスーンは森林を維持するというループをもつ１つの動的平衡系を形成しているわけである．しかし，このような動的平衡系は，たとえば人間活動による森林破壊により大きく崩れる特性をもつことも指摘しておきたい（5–1 節参照）．

第3章 地球気候システムの変動と変化

気候システムそのものが変わる変動・変化は，主として地球史的な時間スケールで起こるが，このような変化については第4章で議論する．本章では，地球気候システムの構成要素（あるいは固定された境界条件）としての海陸分布や大規模な山岳地形が，現在とほぼ同じと考えられる（現在も含む）新生代第四紀といわれる過去約300万年間における気候の変動・変化の特性について議論しよう．3-1節では非線形システムとしての気候システムの基本特性について述べる．3-2節では，外力によって引き起こされる地球規模の気候変動・変化を決める気候システムの基本的な要素について述べ，3-3節では，外力として最も重要な太陽放射エネルギーについて述べる．さらに，3-4節では，1万〜10万年スケールの最も長周期で卓越する気候変動としての氷期（・間氷期）サイクルの実態とそのダイナミクスについて，詳しく議論し，より短周期の1000年スケールから数十日スケールの変動については，3-5節で議論する．

3-1　複雑系としての気候システムの変動と変化の特性

3-1-1　気候の変動と変化はどう違うか

地球気候の変動と変化にはさまざまな要因による，さまざまな時間スケールの変動がある．異なる時間スケールの気候の変動・変化には，異なる気候システムを想定すべきであることを，第1章で述べた．実際の気候変動・変化には，気候システム（の構成・しくみ）そのものが変わってしまうことに伴う変化，気候システムは変わらないが，システムへの外力の変化（変動）に伴って生じる気候変化（変動），および外力がなくても（変わらなくても），システムの非線形性に由来する“ゆらぎ（揺らぎ）”として生じる変動，の3つに大きく分けて考えることができる．本書では，この気候変動・変化の3つの属性を，可能な限り峻別して議論を行う．

コラム3　気候の「変動（variation）」と「変化（change）」

日本語で気候（の）「変動」と称している現象や内容は英語では，variation, change, variability, fluctuation などの用語で，区別されている．世界気象機関（WMO）では，気候変動の総称が climate variation, 長期的な変化傾向を climate change, また，気候の年々変動を含むより時間スケールが短い変動を，climate fluctuation あるいは，climate variability と定義していた．特に後者は気候の年々変動の特性という意味も含めて使われることが多い．現在問題になっている「地球温暖化」のように，人間活動による影響として現れる気候の長期的な変化は，したがって，気候変化と訳すべきであり，IPCC（Intergovenmental Panel for Climate Change）は，「気候変化に関する政府間パネル」が本来の意味からは正しい訳である．

気象庁はこの訳を使用していたが，他省庁（たぶん外務省）が，「気候変動に関する政府間パネル」と訳し，これがメディアを含め，日本語の正式のIPCC 名として広まってからは，Climate Change＝気候変動と取られるようになってしまった．気象庁も，これに追随するかたちで，2008年3月から「気候変動に関する政府間パネル」という訳を採用するに至っている．ただ，IPCC では，人為影響だけでなく，それと対比すべき気候の自然変動についてもかなり議論しており，その意味で，「気候変動に関する政府間パネル」と意訳として使うということなら，理解することもできる．しかし，UNFCCC（United Nations Framework Convention for Climate Change: 国連気候変動枠組み条約）などでは，Climate Change を「地球温暖化」に代表される人為起源の気候変化ということに限定しており，メディアや一般の人のあいだで，本来の定義からすると大きな誤用が広がっている．http://macroscope.world.coocan.jp/wiki/index.php?title=global-env-thoughts:climate_change/climate_change_and_variation/ja

3-1-2　非線形非平衡開放系としての気候システム

気候システムは，図1-3にも示したように，さまざまな要素が関係している複雑系である．すなわち，気候システムは，図3-1のように，各構成要素が，入力（放射エネルギー F_{TA}）に対して，出力としてのシステムの状態量

気候システムにおけるエネルギー・物質の流れとさまざまなフィードバック

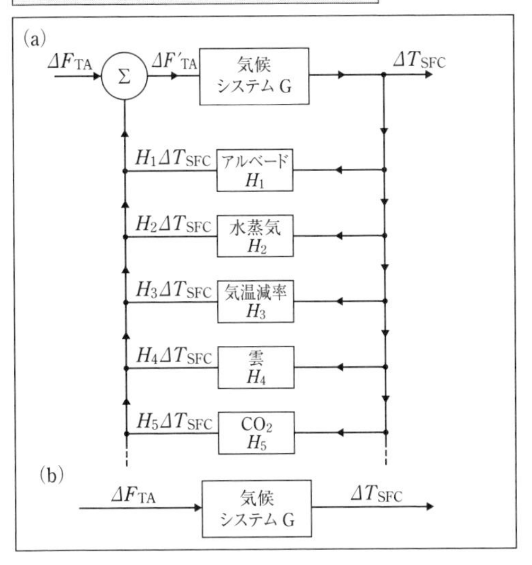

図 3-1　気候システムにおけるエネルギーの流れとさまざまなフィードバック

(a) 大気圏トップにおける放射エネルギーの変化(ΔF_{TA}) と気候システム (G) 内におけるさまざまな要素によるフィードバック(H_i)を通した地上気温変化(ΔT_{SFC})と (b) すべての要素を合わせた放射エネルギー変化による地上気温変化.

(たとえば平均地表面気温 T_{SFC}) を決める1つの回路となっていると考えればいい. どの要素 (回路) がどの程度システムの平均状態や変動に効くかは, システム変動の時間スケールと (システム内のどの部分かなどの) 空間スケールにより, 異なると考えられる. さらに, システムのどの要素 (回路) も, 入力と出力のあいだにはさまざまな非線形な関係であることがふつうである. たとえば, アルベードは, 雪氷面積が多いか少ないかによって大きく変わるが, 雪氷面積は, 地表面気温が高いか低いかで大きく影響を受ける. また, 温室効果ガスでもある水蒸気量は, 気温が高いほど指数関数的に増加する関係がある (図 5-12 参照). したがって, 気候システムは, 部分的にも全体としても, 典型的な非線形システム (コラム 4 参照) と考えられる.

コラム4　非線形システムとは

非線形システムとは，外力 x に対し，システムの状態変化（あるいは出力）y が，$y=ax+b$（a, b は定数）のように線形的には変化しないシステムである．すなわち，この式の係数 a が定数ではなく，たとえば x のとる値によって変化するようなシステムと考えればよい．気候システム内のある構成要素（たとえば雪氷面積）の値とシステムの状態を示す量（たとえば気温や降水量など）の関係が，線形ではないということである．

さらに，気候システムは2-2節でも述べた南北の温度分布が維持されているしくみにみられるように，正味の放射エネルギーが熱帯側で常に入力され，極側で常に放出されることにより南北の温度差が維持され，その温度差により大気・海洋系の循環が維持されている（図2-10参照）．すなわち，気候システムは，熱力学的には非平衡開放系として維持されているわけである．

3-1-3　カオス系としての気候システム

このような，非線形な非平衡開放系は，「決定論的カオス」といわれる力学的な振る舞いをすることが知られているが，このカオスを最初に指摘したのは，E. ローレンツ（E. Lorenz）であった（Lorenz, 1963）．数学における「決定論的」とは，システムの構成要素がわかっており，要素間の関係もシステムの時間発展を微分方程式として書くことができるという意味である．

ここでは，決定論的カオスとは，いかなる振る舞いをするシステムなのか，ローレンツが想定した対流が生じる簡単な非平衡開放系について紹介しよう．このシステムでは，地表面の加熱と上部の自由境界での冷却により駆動される水平1次元，鉛直1次元のいわば円筒状ロールの対流系が生じることを想定しており，その系の変動は以下の時間に関する常微分方程式系で記述できる．

$$
\begin{aligned}
X' &= -\sigma X+\sigma Y,\\
Y' &= -XZ+rX-Y,\\
Z' &= -XY-bZ
\end{aligned}
$$

ここに，X は対流の強度，Y は水平方向の温度差（上昇流の温度と下降流の温度の差），Z は鉛直の温度勾配の強さのパラメータである．（　）$'$ は時

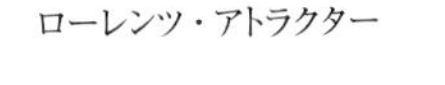

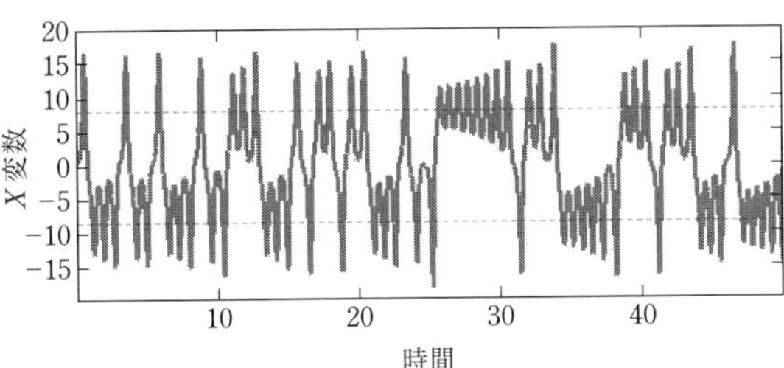

図 3-2　ローレンツによる2次元熱対流モデルの対流強度（X）の変動（Lorenz, 1963）

間微分を表している．σ は定常な対流の起こりやすさの目安であるプラントル（Prandtl）数（動粘度/温度拡散率），r はレイリー（Rayleigh）数/臨界レイリー数で，粘性，浮力も考慮した流体層の加熱条件（層の上層と下層の温度差）の指標である．$r>1$ なら熱輸送は対流となり，$r<1$ なら熱輸送は伝導による．$b=4/(1+a^2)$ で，a は想定する対流スケールの縦横比である．Lorenz（1963）では，$\sigma=10$，$b=8/3$，$r=28$ として与え，対流が定常的に起こりうる水平な粘性流体（たとえば水）の層を想定した数値実験となっている．

この方程式系で重要なことは，対流強度 X と温度分布 Y，Z のあいだに，非線形な関係が入っていることである．この3つの常微分方程式系が取りうる定常解は，左辺の時間変化項を0と置いて求めることができ，X，Y，Z の位相空間で $(6\sqrt{2}, 6\sqrt{2}, 27)$ と $(-6\sqrt{2}, -6\sqrt{2}, 27)$ となる．すなわち，同じ強さで時計回りと反時計回りのロール状対流となる．ただ，この対流系の実際の時間発展は，何らかの初期値を与えて，コンピューターによる時間的な数値積分を行って求めるしかない．図3-2は，初期値として対流が起こっていない静止状態 $X=Y=Z=0$ から少しずらした $Y=1$ から時間積分を行ったときの X の1000ステップまでの時系列である．短周期の振動と不規則な振動が混ざり合った不規則な変動を示しているが，よくみると，X の2つの定常解 $X=\pm 6\sqrt{2}$ の2つの値（図中の破線）に行きつ戻りつ不規則に振動していることがわかる．X，Y，Z の3次元空間での時間変動の軌跡をプロットしたのが図3-3である．1つの定常解Cの周りをぐるぐる回りながら，振幅が大きくなった軌道からもう1つの定常解C′の周りを回る変動にジャンプし，またCの周りの軌道に戻ることを，不規則に繰り返している．

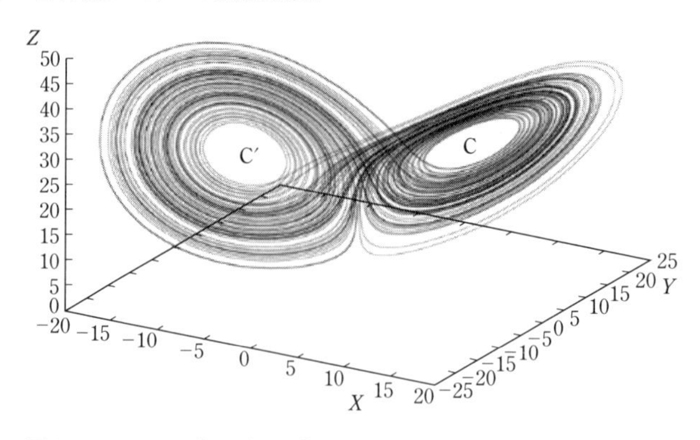

図 3-3　Lorenz（1963）に基づくローレンツ・アトラクターの3次元表示（バタフライ・ダイアグラム）

これが有名なローレンツ・アトラクター（Lorenz Attractor）とよばれる非線形振動で，この図は後にバタフライ・ダイアグラムともよばれ，決定論的カオスを代表する図となっている．

ローレンツが示した決定論的カオスの特徴は，図3-2に示すようなその後の時間発展は，初期値の違いにより，さまざまに異なるため，その意味では予測は不可能であるが，長期積分をしていくと，どのような場合でもその定常解の周りを不規則に行きつ戻りつの変動をするようになる．ただ，定常解に収束することはなく，その意味では，定常解は不安定な解である．

すなわち，「決定論的カオス」とよばれるシステムでは，いくつかの取りうる定常解はわかっていても，非線形性のために，ある初期値から時間的な積分をしていった場合，どの定常解に達するかは一義的に決まらず，定常解の周りに近づいたり遠ざかったり，ゆらぎのように複雑に変動する特性をもっている．

Lorenz（1963）のこの研究以降，多くの研究者により非線形カオス（システム）の特性については詳しく議論され，新しい非線形科学として，物理科学に限らず，生物学や社会科学などにも適用される分野として大発展してきた（詳しくは山口（1986），蔵本（2007）などを参照）．

3-1-4　気候システムにおける変化とゆらぎ

ローレンツによる決定論的カオスは，気候の変動・変化を考察する際に，重要な示唆を与えることになった．もう一度，図 3-2 をみてみよう．この図は，熱対流系の 2 つの状態のあいだを不規則に振動する簡単な非平衡な非線形システムが示したカオス的変動であるが，さまざまな気候システムでも同様の現象は現れうるはずである．たとえば 3-4 節で述べる氷期サイクルは，全球的に気温が高い間氷期と気温が低い氷期という 2 つの定常解（平衡状態）のあいだを気候が行き来し，これに，より短周期のゆらぎ的な振動が重なっている現象と理解することができる．このような気候システムでは，氷期と間氷期という，このシステムがもつ固有の定常解に対応した氷期と間氷期という 2 つの状態こそが，その気候システムにおける「真の気候変動」あるいは「気候の遷移（regime shift)」であり，これに重なった短周期の変動は，「気候のゆらぎ」とみることもできよう．しかし，カオスシステムの興味深いことは，図 3-2（あるいは図 3-3）からも示されるように，氷期から間氷期（あるいはその逆）への遷移と「ゆらぎ」はまったく無関係ではなく，どちらの状態に遷移するかは，時間的発展の中での（たとえば大きな揺れを示した）「ゆらぎ」がきっかけ（新たな初期条件）となっているという特性ももっていることである．

Lorenz（1968）は，与えた初期条件に従って必ず決まった時間発展になるような変動特性を持つシステムを他動的システム（transitive system）とよび，一方，初期条件にはまったくよらずに異なる時間発展をしうるシステムを自動的システム（intransitive system）と定義したうえで，ここで述べたような決定論的カオスの特性をもつシステムを準自動的システム（almost intransitive system）と定義し，気候システムは，基本的には準自動的システムの特性をもっていると指摘している．すなわち，図 3-4 に模式的に示すように，他動的システムでは $t=0$ である初期値を与えると，（たとえば）状態 A に必ず決まってしまうが，自動システムでは，状態 A にもなりうるが，状態 B になることもあり，定まった解とはならない．それに対し，準自動的システムでは，無限に長い時間スケールでみると，境界条件が一定である限り，たとえば状態 A と状態 B という決まった平衡状態をもつことになるが，より短い時間スケールでみると，初期条件によっては状態 A に

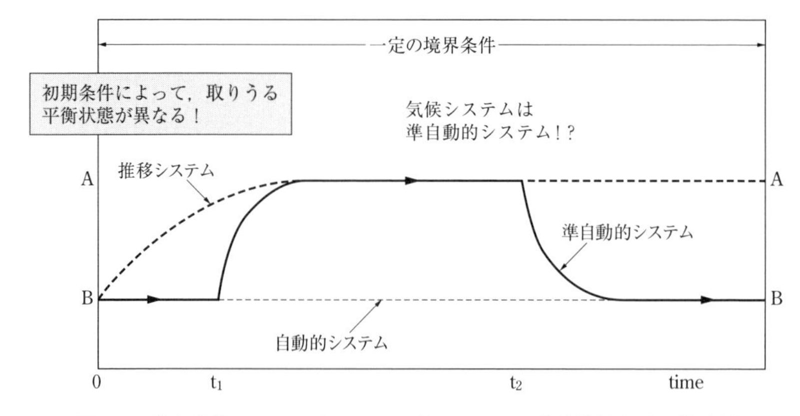

図 3-4　準自動的システムとしての気候システムの変動特性を示す模式図

なったり，状態Bになったりする初期値依存性があることになる．

準自動的システムとしての気候システムには，この図の時間軸に示された t_1 や t_2 のように，（大きなゆらぎなどの新しい初期条件により）短期間に気候の平均状態が大きく変わってしまう気候変化あるいは気候の遷移が起こることになるが，このような変化を引き起こすタイミングのことを，tipping points（臨界点）という言い方もされている．ただ，絶えまなく変動している現実の気候の中では，このような「気候の遷移」と「気候のゆらぎ」の判別は非常に難しいケースが多いかもしれない．また，気候変動には，太陽活動の変化や温室効果ガスの変化による放射エネルギー収支の変化に伴う変化など，システムの境界条件や外力そのものの変化に伴う気候変化も当然重要である．氷期サイクルなども，実際には10万年スケールのかなり周期的な変動を示しており，外力が準自動的システムとしての気候システムに，変動のペースメーカーとして働いているとも考えられている（3-4節参照）．

ここで留意すべきは，準自動的な気候システムでは，たとえ外力の変化がなくても存在する自励的な変化とゆらぎという特性をもっていることであろう．私たちが毎年のように体験している気候の年々変動や，季節の中で起こっている毎日の天候の変動は，実はある種の気候のゆらぎである．後述（第5章）する「地球温暖化」問題における不確定性も，外力の変化に伴う実質的な気候変化（変動）と，ゆらぎとしての気候変動が混在していることに起因している（第5章参照）.

気候変動のダイナミクスの理解にとって重要なことは，第1章でも述べたように，気候システムは1つではなく，さまざまな時間スケールにより異なった構成要素をもつシステムとして理解することである．まず，どのようなシステムによる変動なのか，そして，そのシステムにおける「変化」と「ゆらぎ」をどう見極めるかことも必要であろう．そのうえで，システムへの外力（要因）や構成要素（パラメータ）の変化がどのようにその気候システムの変動に影響しているかを洞察することが重要である.

3–2　地球規模の気候変化を引き起こす4つの要因

ここで，地球表面あるいは地球大気の平均的な温度はどう決まっていたか，再度，地球全体の平均気温（有効放射温度）を決める放射平衡の式（1–3）に立ち返ってみよう．この式から放射平衡温度は，以下の式で求められる.

$$T_e = \{(1-A)S/4\varepsilon\sigma\}^{1/4} \tag{3–1}$$

この T_e を変化させる要素として，式からも明らかなように，気候システムへの元々の外力エネルギーとしての**太陽入射エネルギー**（S）と，それをどの程度システムに取り込むかを決める**地球表層のアルベード**（$\boldsymbol{A}$），それに，地球からの赤外放射エネルギーの効率を決める**大気の赤外射出率**（ε）がある.

したがって，地球規模スケールの気候変化を引き起こす要因は，少なくともこの A，S，ε のどれかの変化が密接に関係していることがよくわかる．実際には，地球外の原因としての変動は，S のみであり，A の変化には，雪氷面積や雲量・ダスト量などの地球表面あるいは大気圏内の変化が，ε の変化には，大気中の温室効果ガスの変化が，それぞれ最も寄与している．ε は，第5章で詳しく述べるように，人間活動によって大きく変化しているが，A は，積雪や海氷などの雪氷，雲の有無や量など，気温や水蒸気量などの気候システムの状態量そのものが密接に関係して変化する内的要因である．しかも，その変化は，これらの状態量と非線形な関係でつながっている．したがって，外的要因である S（あるいは ε）がたとえ変化しなくても，たとえば気候システムの平均気温変化と雪氷量のあいだの正のフィードバックにより,全球的な気温変化をさらに大きくする可能性は十分にあるわけである．後述する氷期・間氷期サイクルは，このようなプロセスが重要とされている（図3–10参照）．

以上は，地球全体の平均気温としての T_e に関わる3つの要素であるが，現実の地球は少なくとも南北（極域と赤道域）での気温をはじめとする気候要素の分布があり，後述の氷期・間氷期サイクル（3–5節）のしくみでは，気温の南北分布が重要な役割を果たしている．上述の3つの要素がまったく同じでも，南北の気温分布が大きく違えば，たとえば，極域に雪氷が存在できるかどうかが大きく左右されることになり，ひいては地球全体の平均気温 T_e にも大きく影響することになる．この南北の分布を決めているのは，大気・海洋・陸面からなる地球表面系での**南北の熱輸送の効率**である．この効率が大きければ南北の温度差は小さく，小さければ南北の温度差は大きくなる．地球規模での気候状態を決めているのは，上述の A, S, ε の3要素と，2次元としての地球表面系がもつ南北の熱輸送効率を加えた4要素であるといえる．

3–3　気候変動を引き起こす外力――太陽放射

3–3–1　全太陽放射照度（TSI）の変動と気候への直接的な影響

気候システムを駆動する唯一の外力は太陽放射であることは，すでに述べた（1–3節参照）．前節の地球表面に入射する太陽エネルギー量 S は，全太陽放射照度（TSI）として定義されている（2–2節参照）．TSIは，太陽定数ともよばれていたように，変動量は非常に小さい．TSIの長期変動については，17世紀頃から知られている太陽表面の黒点数を指標に推定されている．

図3–5（a）には，1600年からの黒点数の変動が示されている．この図からわかるように，黒点数には明瞭な10～11年周期とより長周期の変動があり，TSIもこの周期で変動し，気候変動にも11年周期がありうるとして，これまで多くの研究がなされてきた．1600年代の後半にはマウンダー・ミニマムとよばれる，ほとんど黒点がみられなかった時期もあった．このような黒点数の少ない時期は，北半球各地域で小氷期（Little Ice Age）とよばれる寒冷な気候とも対応しており，太陽黒点数は太陽活動度の指標となり，

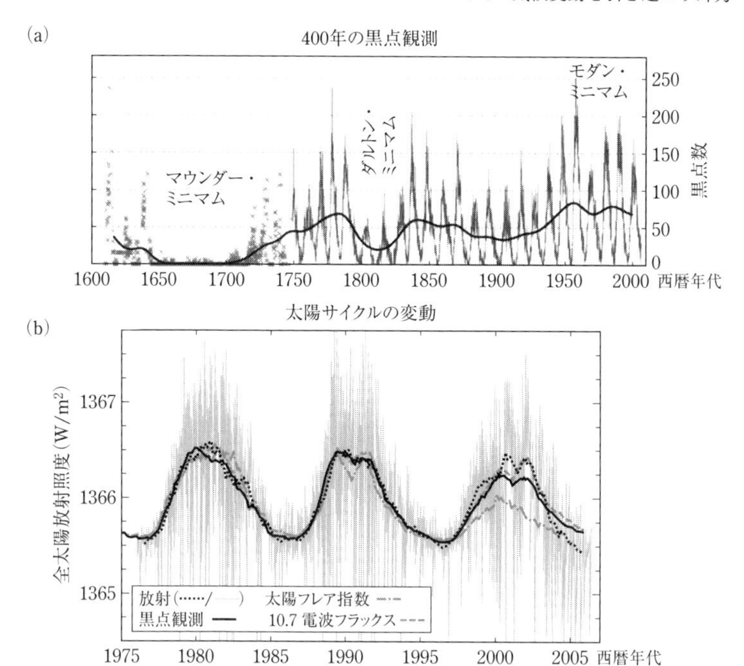

図 3-5　(a) 過去 400 年の太陽黒点数（ウォルフ黒点相対数）の変動と (b) 過去 30 年の人工衛星観測による TSI の変動，太陽フレア数および 10.7 cm 波長帯の電波フラックス

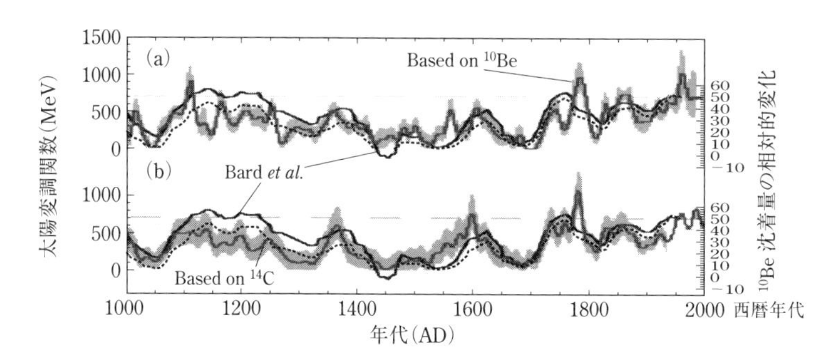

図 3-6　(a) 南極点氷コア解析から得られた ^{10}Be 沈着量（灰色実線）から求めた太陽放射変調関数（太陽放射強度の指標）（点線）および Bard ら（2000）による太陽放射変調関数（太実線）(b) 同じカーブ群 (Muscheler *et al*, 2007)

ただし，^{10}Be の代わりに年輪による ^{14}C から求めた値（灰色実線）をプロットしている．

気候変動を引き起こす可能性があると考えられてきた．

1978年以降のNASAなどの人工衛星によるTSIの直接観測図3–5（b）は，確かにこの周期の変動があり，黒点数とTSIの間には正の相関があること，ただし，その全放射エネルギーの変動幅は，図3–5（b）のように，1 Wm^{-2} 程度であり，平均放射量の0.1% 程度以下であることが明らかになった．

1600年よりさらに過去のより長期的なTSI変動の推定は，氷床コアや木の年輪中の放射性同位元素（^{10}Be，^{14}C）量から行われているが，これらの量は，TSIだけでなく，地磁気強度にも依存しており，不確定な部分が大きいが，地磁気強度の変動などによる元素量生成などの補正をして，TSIを過去約1000年について復元したのが図3–6である（Muscheler *et al.*, 2007）．この時系列から，TSIには，数十年から200年の周期性と，より長期的なトレンドがあるようにみられる．ただ図3–5（b）で示されるように非常に小さい変動であり，これらの周期や長期トレンドに直接対応した全球的な気温変動の検出は非常に難しい．1600年代のマウンダー・ミニマム期以降の北半球平均の気温とTSIの長期変動傾向に限れば，よく対応しているように見え，そのことを主張する研究（たとえば，Christensen and Lassen, 1991など）もあるが，TSIの極小であった1700年前後や1800年前半は，火山活動も活発であったことがわかっており，火山噴火による大気中のエアロゾル増加が，小氷期といわれたこの時期の地表気温の低下をもたらしている効果がむしろ大きいことが気候モデルの推定で示されている（IPCC, 2013）．

3–3–2　太陽活動の気候影響——間接的なしくみの可能性

A や ε が現在の地球に対応する値を入れたとき，上述のTSI（すなわち S）の変化による全球平均気温（放射平衡温度）の変化は，せいぜい0.05〜0.1℃程度であり，TSIの変化による直接的な全球的な気候影響はほとんど無視できる．ただ，TSIによる変動を増幅するしくみが気候システムにある可能性も指摘されている．

その1つは，紫外線変動の影響である．たとえば11年周期に伴う可視光線域での放射エネルギー変動の幅は，前述のように0.1% 程度であるが，紫外線領域では，波長300 nm帯では3%，200 nm帯では10%，120 nm帯以下の波長では50% 程度と，非常に大きい．紫外線領域全体では，TSI 全体のエネルギーの 30% 程度を占めており（Rottman, 2006），紫外線が大気の温度場に重要な役割を占める成層圏ではこの変動は無視できない可能性が高い．実際，TSI の 11 年周期に伴い，成層圏温度の変化→成層圏循環の変化→成層圏・対流圏間の波の伝播特性などの力学結合変化→対流圏循環への影響，という一連の過程が起こるとする仮説（Kodera and Kuroda, 2002; Kodera and Shibata, 2006; Kodera 2006 など）も提唱され，その観測証拠も示唆されている（Miyazaki and Yasunari, 2008 など）．ただし，この効果は対流圏での大気循環パターンの変動に伴った，ユーラシア大陸や，太平洋・インド洋域，北大西洋域など，地域的な気温変動として現れており，必ずしも全球平均気温変化に影響しているわけではない．

もう 1 つは，太陽活動に伴い，太陽風（太陽表面からの高温高速のプラズマ流）が変動することにより，太陽・地球磁場の変動を通して地球に降り注いでいる銀河宇宙線（Galactic Cosmic Rays: GCR）の強度を変化させる過程である．GCR は大気圏でイオンを生成するが，このイオンが雲の凝結核生成量を変化させ，ひいては雲量を変化させ，地球レベルでのアルベード変化を通して気候も変化させるという仮説である（Svensmark and Friis-Christensen, 1997; Marsh and Svensmark, 2000 など）．たとえば太陽活動が強化されると GCR が弱まり，雲の凝結核生成が弱まり，雲量が減少し，地球規模でのアルベードの減少により，放射平衡温度は上昇することになる．近年の地球温暖化は，太陽活動の強化がこの過程により引き起こされているのではないかと主張する研究者もいる．しかし，GCR →イオン化→雲凝結核生成の過程がまだ不明なことや，地球温暖化の顕著な最近（2000 年前後以降）については太陽活動や GCR 強度に，必ずしも対応するトレンドがみられないことなど，否定的な証拠も多い．

3-4 氷期・間氷期サイクルの謎

地球の過去の気候変化については，第 4 章で詳しく述べるが，ここでは，気候システムの変化の典型的なケースであり，現在の気候状態にも密接に関わっている，第四紀の氷河時代の氷期-間氷期サイクルの実態とそのダイナ

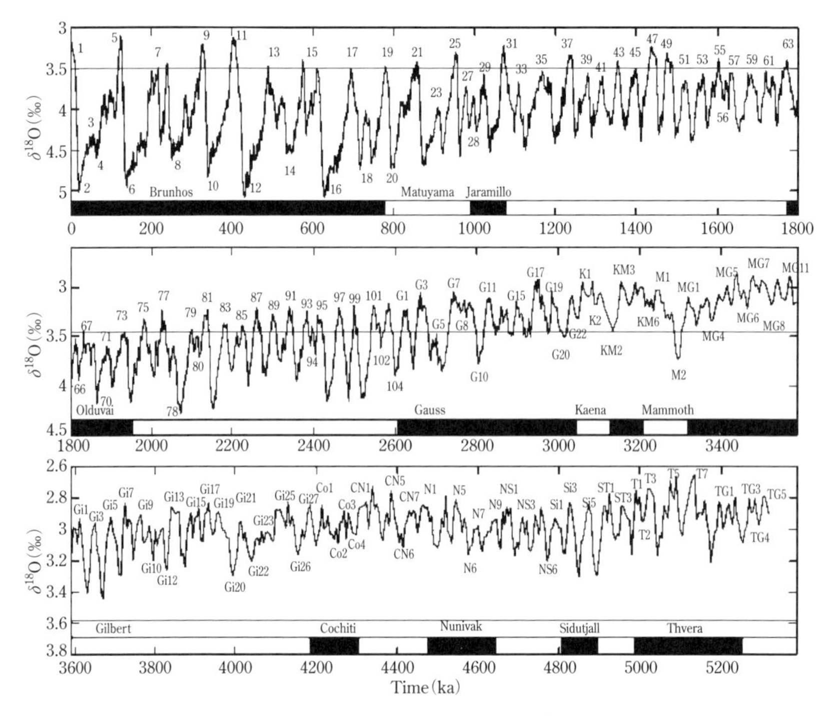

図 3-7　海洋底コア堆積物（炭酸塩）の酸素同位体比（δ^{18}O）から推定した過去約500万年（第三紀末〜第四紀）の地球の平均気温指標の推移（Lisiecki and Raymo, 2005）

3つの時系列の縦軸の値が異なることに注意（各時系列の3.5per milに線に着目）．気温変化のスケールは図4-19を参照．各時系列の下には、地球磁場の正磁極期（黒）と逆磁極期（白）が示されている．

ミクスについて，考えてみよう．

3-4-1　氷河時代の開始と2〜4万年周期の気候変動

新生代の最も新しい地質時代区分である第四紀とは，現在を含む地球史の中で最も新しい時代で，人類が出現し爆発的な進化を開始した以降の時代として定義され，その始まりは，それまでの1.8 Maとされていたのが2.6 Ma（正確には258万8000年前）に最近修正された（Gibbard *et al*., 2010）．ほぼ同時に，この時期は全球的に気候が寒冷化し，北半球にも氷床・氷河の拡大縮小が繰り返されている氷河期（Ice Age）に対応している．人類の進化

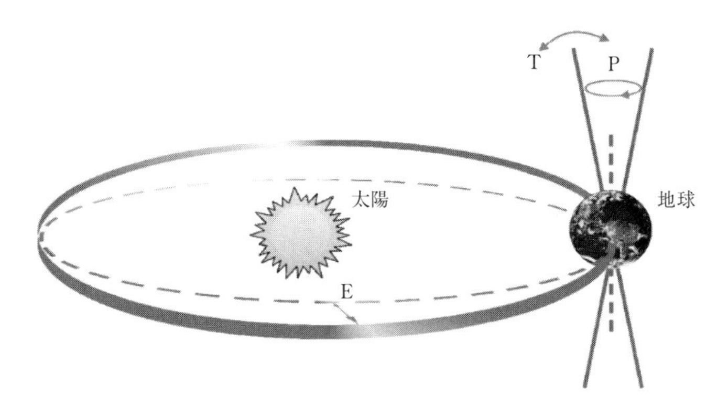

図 3–8　ミランコビッチ・サイクル（IPCC, 2007）
地球軌道の 3 要素である公転離心率（*E*），軌道傾斜角（*T*）および歳差運動（*P*）の組み合わせで生じる地球表面での日射量変動.

の時期と氷河期が対応しているのは，しかし，後でも述べるように，単なる偶然ではなく，むしろ必然的な関係と考えるべきである（4–6–2 項参照）.

図 3–7 は，5.5 Ma 以降の全球的な気温変化を示すが，3〜2.5 Ma 頃から気温の低下傾向はさらに強まり，また，変動も大きくなっていることがわかる．5.5 Ma から 2.5 Ma の前半には 2〜3 万年周期で振幅も小さかったのが，第四紀前半の 2.5〜1 Ma には 4 万年周期が，そして 1 Ma 以降現在まで，10 万年周期が卓越し，振幅も非常に大きくなっている.

このような氷河期の気候周期の変調がどのようなしくみで生じているのか，現在も多くの議論があるが，図 3–8 に示すように，地球と太陽および太陽系の他の惑星間の引力の非線形相互作用で生じている地球の軌道要素（公転運動の特性を決めている要素）である公転離心率，軌道傾斜角，歳差の周期的運動の組み合わせで，地球表面への日射量の季節変化と緯度分布が複雑に変動することが基本のメカニズムであることが指摘されている．このメカニズムを最初に指摘したミランコビッチの名前を取って，この変動はミランコビッチ・サイクルといわれている（Milanković, 1941; 安成・柏谷，1992）.

公転離心率は約 10 万年と約 40 万年，軌道傾斜角は 4.1 万年，歳差運動は約 2 万年の周期が卓越しているが，それぞれの周期に対応した気候変動が，図 3–7 のように，なぜ時期ごとに変化・変調するのだろうか．ミランコビッチ・サイクルによる日射量変動が，地球内部のしくみで変化している海洋・

大陸系の分布や雪氷分布，さらに大気組成変化などと複雑にからんで，このような変化・変調を引き起こしているという説（Lisiecki and Raymo, 2005）もあるが，まだ決定的な答えは出ていない．

さて第四紀前半（2.6〜1 Ma）には約4万年周期の軌道傾斜角（地軸の傾き）変動に対応して北半球高緯度に氷床が拡大縮小する氷期サイクルが続いていたが，第四紀の寒冷な氷河時代に突入したきっかけは何か．4–6節で述べるように，ヒマラヤ・チベット山塊の隆起に伴う風化・侵食による大気中の CO_2 濃度の減少（温室効果の弱化）と寒冷化傾向が1つの重要な条件にはなっていたと考えられるが，氷期サイクルの出現など，まだ決定的な答えは出ていない．地軸の傾きは現在23.5° であるが，22.5°〜24.5° の範囲で変動しており，傾きが小さい時期は日射量の極大緯度がより低緯度側に来るため，南北の温度傾度が大きくなる可能性があるが，極地域がより低温になるためには，南北の熱輸送効率（熱輸送の強さの程度）を小さくするような気候システム内の何らかのしくみの変化が必要であろう．

この時期（3 Ma前後）に起こったテクトニックな変化としては，パナマ地峡の成立（大西洋・太平洋の分離）やオーストラリア・ニューギニア大陸の北縁が赤道にまで達したことがある．前者は赤道東部太平洋での湧昇流の強化（と東西の水温差の増大）により，熱帯域での大気・海洋が結合した東西循環（ウォーカー循環）系を成立させたこと（Maslin and Christensen, 2007），後者は太平洋からインド洋に流れ込むインドネシア通過流（throughflow）を南太平洋起源の暖かい海水から北太平洋起源の冷たい海水に変化させ，赤道インド洋全体の海水温を低下させたこと（Cane and Molnar, 2001）が，氷河時代の開始に関連しているとも推定されている．

3–4–2　10万年周期の氷期・間氷期サイクルの特徴

特に最近100万年近くは，10〜12万年周期の氷期・間氷期サイクルが顕著になっている．南極氷床コアの解析からわかったこの期間の変動を，図3–9に示す．10〜12万年周期の氷期・間氷期サイクルはきわめて特徴的なのこぎり型の変動を示している．すなわち，間氷期から氷期へはゆっくりとした寒冷化を示す一方，氷期の最盛期から間氷期への戻りは非常に急激で，1万年程度で間氷期に戻っている．間氷期の期間は短く，1〜数万年程度に対

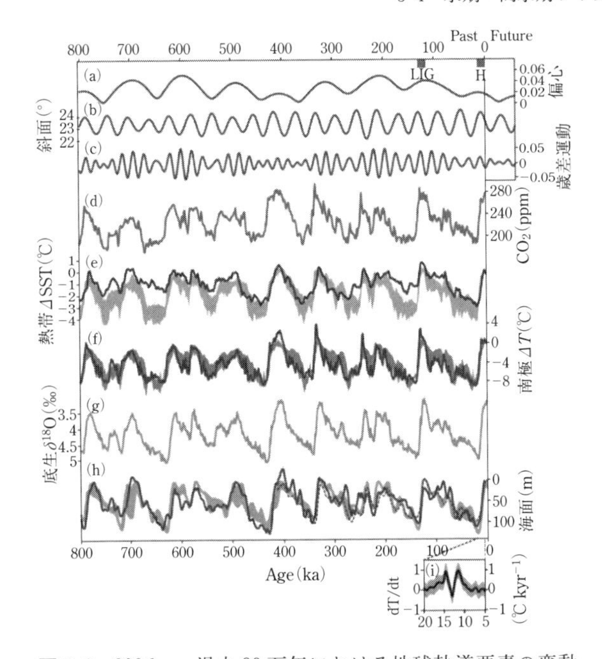

図 3–9　800 kyr. 過去 80 万年における地球軌道要素の変動と気候変動の指標となる時系列データ（IPCC, 2013）

（a）公転離心率,（b）軌道傾斜角（地軸の傾き),（c）歳差,（d）大気の CO_2 濃度,（e）熱帯の海面水温,（f）南極の気温,（g）底生生物の酸素同位体比 $\delta^{18}O$ による全球的な氷の量と深層水温,（h）気候モデルから推定した海水準,（i）最終氷期以 BP 2 万年〜BP 5000 年における気温変化率.

し，氷期は長く，かつ 1000 年程度の周期変動が卓越する気候となっている.興味深いことは，温室効果ガスである二酸化炭素（CO_2）やメタンなども，気温とほぼ同期した変動を示しており，これらの温室効果ガス変動も，氷期サイクルのメカニズムに密接に関係している可能性を強く示唆している.

さらに，氷期の最盛期には大気中のダストも増加しており，氷期における火山活動の活発化や大気循環（風）の強さの変動を示している．ダストが氷期に多いことは，太陽放射に対する日傘効果が強化されて寒冷化をさらに促進・強化するという正のフィードバックとして働いた可能性もある.

さて，氷期と間氷期の気候を特徴づけるのは，全球平均で 10℃ も変化した大きな気温の変化に関連した氷河や氷床などの雪氷圏の広がりの変化であ

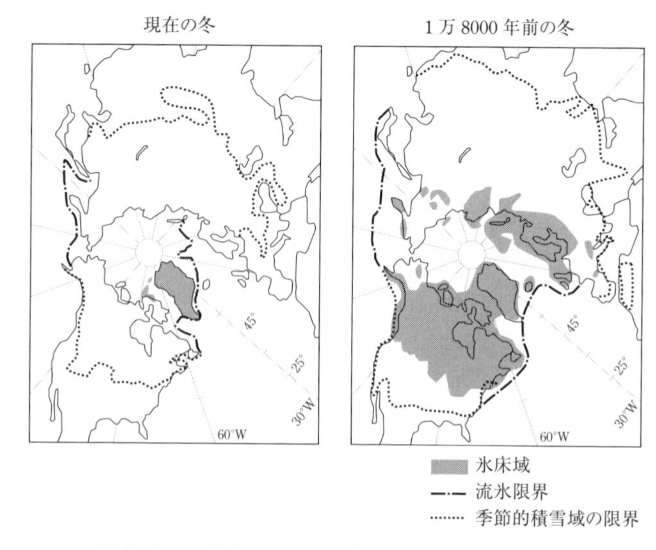

図 3-10　北半球における氷期と間氷期の雪氷圏変化

る．たとえば，1万8000年前の，最新の氷期には図3-10に示すように，北半球では北米大陸の北半分，現在のカナダ・アラスカに対応する地域全体とヨーロッパの大部分が氷床に覆われていた．冬の積雪域も北米大陸の大部分，ユーラシア大陸も中高緯度の大部分に拡大しており，左の現在の状況と比べると，非常に大きかったことがわかる．

3-4-3　氷期・間氷期サイクルのメカニズム

前項でみてきたような地球全体の気候の大変動はどのようなメカニズムで起こったのであろうか．あるいは，最近数十万年間続いている10万年程度の周期の氷期・間氷期サイクルのメカニズムはどのようなものであろうか．

氷期・間氷期サイクルに伴う雪氷域の拡大（縮小）そのものは，寒冷化の結果でもあるが，同時に，白い雪氷域の拡大（縮小）による大きなアルベード（反射率）変化を通して，寒冷化（温暖化）を促進あるいは強化するという，気候システムにおける正のフィードバック効果を伴っていることも重要である．この効果は，氷期にCO_2が低下し，温室効果が弱められる効果や，ダストが増加することにより強化される日傘効果などとともに，気候システム内における正のフィードバック効果として機能している.

すなわち，氷期・間氷期サイクルのメカニズムには，以下に挙げるような要素の変動が密接に関係していると考えられる.

1) 地球に入射する太陽エネルギーの変動

これは，太陽活動の変動である必要はなく，地球の万年スケールの公転軌道要素の変動により，地表面で受ける太陽エネルギーの季節変化と緯度方向の分布の変化により生じる変動，すなわち先に説明したミランコビッチ・サイクルが考えられる.

2) 温室効果ガス濃度の変動

3) 雪氷面積変動によるアルベード変動

4) ダスト量の変動による日傘効果の変動，など.

これらの要素の変動は，実際には，海洋全体の循環（深層水循環）の変動や海洋生態系の変動を通した光合成活動の変動，あるいは偏西風の強弱などを伴う大気大循環の変動などが関与して引き起こされている可能性が高い．いずれにせよ，氷期・間氷期サイクルの気候変動には，全地球的に気温を10℃程度も変化させるしくみが必要である.

ここで，地球表面あるいは地球大気の平均的な温度はどう決まっていたか，再度，式（1–3）に立ち返ってみよう．この式から放射平衡温度は，$T_e=\{(1-A)S/4\varepsilon\sigma\}^{1/4}$ で求められるが，この T_e を変化させる要素として，アルベード（A），太陽の入射エネルギー（S）と大気の赤外射出率（ε）がある．氷期・間氷期サイクルスケールの気候変動を引き起こす要因として挙げた上記の4つの変動は，それぞれ，この A，S，ε のどれかに密接に関係していることがよくわかる．すなわち，雪氷面積の変動とダストの変動は A を，太陽入射量の緯度と季節分布の変動は S を，温室効果ガスの変動は ε を直接的に変えるわけである．ここで，S は太陽活動そのものやミランコビッチ・サイクルで説明されたように，地球の公転軌道要素の変化など，気候システムへの外因として大きく関わっている．しかし，この S がたとえ変化しなくても，図3–10に示すアルベード（A）や温室効果ガス濃度の違いによる大気の温室効果の程度（ε）といったシステム内の変動だけでも，図3–9に示したような全球的な気温変動を引き起こす可能性は十分にあるわけである.

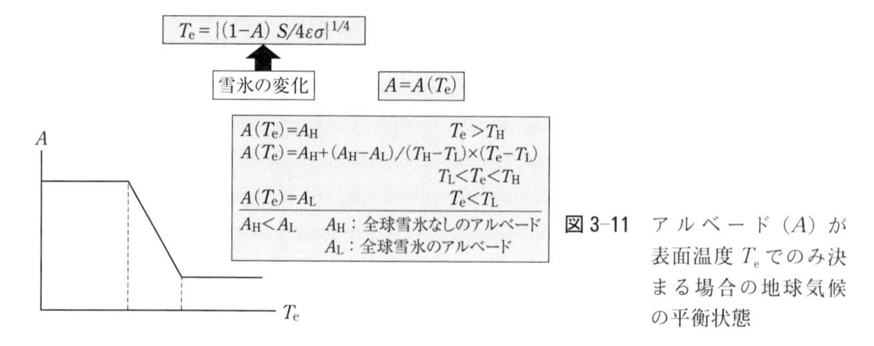

図 3-11　アルベード（A）が表面温度 T_e でのみ決まる場合の地球気候の平衡状態

3-4-4　シンプル気候モデルによる氷期・間氷期サイクルのしくみ

ここで，気候システム内部のパラメータの変化だけで，氷期・間氷期サイクルのような大きな気候変動が起こる可能性を議論しよう．

旧ソ連（ロシア）の気候学者 M. I. ブディコ（M. I. Budyko）とアメリカの気候学者 W. D. セラーズ（W. D. Sellers）は，図 3-10 にみられたような雪氷面積の地球（半球）規模の変化によるアルベードフィードバック効果が氷期の形成には重要ではないかと考え，ほぼ同時に論文を発表した（Budyko, 1969; Sellers, 1969）．

彼らの議論の出発点は，式（1-3）の放射平衡温度の関係である．この式のアルベード（A）が，このような時間スケールの気候変化では基本的には図 3-11 にみられるような雪氷の拡大（あるいは縮小）で決まるという洞察であった．そして，その雪氷面積は地球全体の表面気温の関数であると仮定した．表面気温と放射平衡温度 T_e は，温室効果ガスの変化などがないとすると，比例関係にあると考え，$A=A(T_e)$ と仮定した．T_e と A の関係として図 3-11 に示すような問題を考えた．すなわち，T_e が低ければ，雪氷面積が拡大して，アルベード（A）も増える，T_e が高ければ雪氷面積は縮小あるいは消滅して，アルベード（A）も減る，ただし，この関係は，高すぎると雪氷はなくなるし，低すぎると全球雪氷に覆われてそれ以上雪氷は増えないという状態を想定し，気温との比例関係はある温度の範囲に限られる，という仮定である．すなわち，2 つの気温の閾値 T_H と T_L を考え，T_H より高ければ雪氷なし，T_L より低ければ雪氷のみ（全球雪氷），T_e がこの T_H と

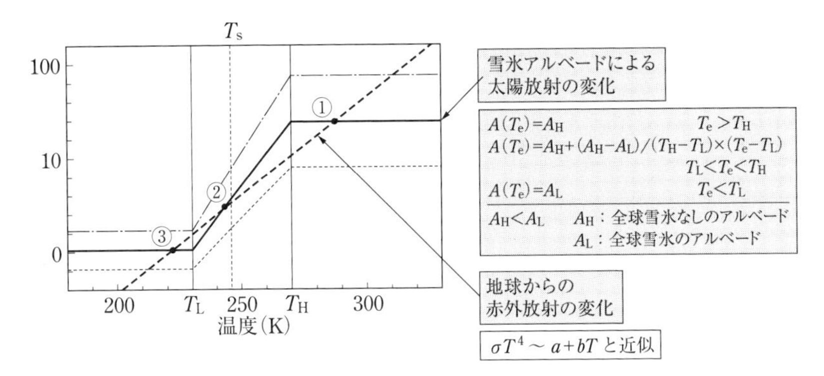

図 3-12　雪氷（アルベード）が気温に対し非線形に変化する気候システムによる氷期-間氷期の説明

T_Lのあいだの場合は温度に比例して雪氷面積が変化するという過程となる．このような関係があった場合，地球気候にはどのような平衡状態（定常解）を取りうるかを調べるわけである．

まず，簡単のため，赤外放射の式σT_e^4は，T_eの限定的な範囲を考えているので，直線近似が可能であり，$\sigma T_e^4 \sim a+bT_e$と近似する．そうすると，図 3-12 で示すように，式（1-3）の左辺と右辺はいずれも 2 つの簡単な直線のグラフで表すことができ，

$$(1-A(T_e))S \sim 4(a+bT_e)$$

となる解T_eを，グラフ上で求めることができる．その結果，A（T_e）の関数の与え方によっては 3 つの交点，すなわち 3 つの平衡状態としての気候が存在できることになった．まず 1 つの解は$T_e>T_H$で地球表面に雪氷がまったく存在しない高い気温の気候（図中の①），もう 1 つは$T_e<T_L$で，全球雪氷に覆われた低い気温の気候（図中の③），そして，そのあいだの気温条件$T_L<T_e<T_H$で，部分的に雪氷が存在する気候（図中の②）である．すなわち，太陽からの入射エネルギーや大気の温室効果が同じでも，雪氷が地球表面に部分的に存在する温和な気候以外に，場合によっては，雪氷のない暖かい気候やすべて雪氷に覆われた寒い気候が平衡状態としてありうるということになる．

この地球気候モデルは確かに非常にシンプルではあるが，地球表面の気温と雪氷面積のあいだの非常に簡単な非線形関係のために，太陽エネルギーな

どの条件が同じ下でも，3つの気候の平衡状態がありうることを示している．

ただし，これら3つの平衡状態のうち，$T_L < T_e < T_H$ の雪氷が部分的に存在するケースは，気候のゆらぎに対して非常に不安定な解（状態）であることがわかる．たとえば少し気温が高いほうにゆらげば，入射する放射エネルギーが出ていく赤外放射より多くなり，より高い気温で雪氷のない平衡状態へ走ってしまい，少し気温が低いほうにゆらげば，入射エネルギーより放射エネルギーが多くなり，全球雪氷の平衡状態へと走ってしまう，という不安定な解の特性をもっている．これに対し，高温（＋無雪氷）と低温（＋全球雪氷）の平衡状態は，気温のゆらぎに対し，平衡状態に戻すという方向で入射エネルギーと放射エネルギーが変化するため，安定な平衡状態である．

彼らが用いた，簡単な気温・雪氷の非線形性を前提としたシンプルな放射平衡気候モデル（以後，Budyko-Sellers モデルとよばれている）による研究は，入射する太陽エネルギーの変化がなくても，気候変化を引き起こすプロセス（履歴）次第では，アルベード（A）による正のフィードバック効果により地球の気候が，雪氷のない高温の気候にも全球雪氷の低温の気候にも移行しうるという驚くべき結果を示したのである．

3-4-5　気候の南北分布を考慮した氷期・間氷期サイクルのしくみ

Budyko-Sellers モデルは地球気候を0次元，すなわち，全球平均のみの非常にシンプルな気候の変化特性を議論したものであり，そのまま，現実の2次元あるいは3次元の地球気候に適用するには，かなり問題があるともいえる．

現実の地球気候は，図2-10で示したように，南北に入射エネルギーも赤外放射エネルギーも分布をもっており，低緯度側の入射が放射を上回る地域と，高緯度側の放射が入射を上回る地域のあいだを，南北方向の熱エネルギー輸送で補償するバランスで成り立っている．すなわち，模式的に描くと，図3-13のように，極域でのマイナスの放射エネルギーを赤道域でのプラスの放射エネルギーの差を高緯度への熱輸送で補って，平衡状態を保っているのが，現実の地球の気候である．熱輸送は，大気と海洋による熱輸送の合計で保たれている．むしろ，極での正味の放射エネルギー収支，赤道側での正味の放射エネルギー収支は，この大気・海洋系による熱輸送がどの程度かに

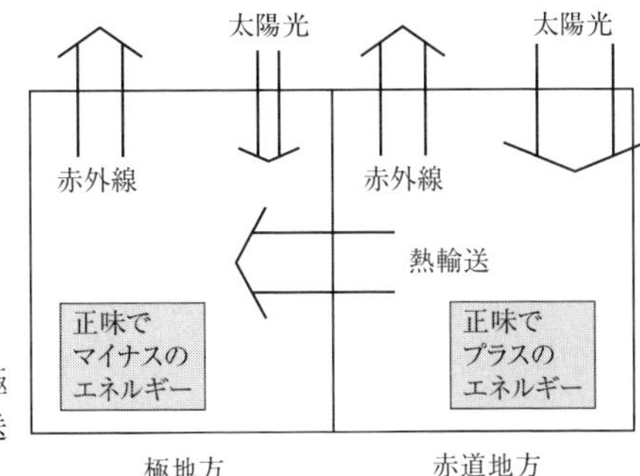

図 3–13 地球気候の南北分布を決める極と赤道の間の放射収支と熱輸送のバランス

よっている．そして，この熱輸送の量と効率を決めているのは，2–2–3 項でも議論したように，大気と海洋の構造・構成と循環系の強さであり，それらは大気組成や海陸分布などが実際には大きく関わっている．すなわち，南北断面でのエネルギー収支と輸送という 1 次元分布がどう決まっているかという問題は，結局，海陸分布や大気組成など，地球表層の 2 次元および 3 次元的な分布と構成がこの南北のエネルギー分布に深く関係していることになる．

そこで，Budyko-Sellers の 0 次元の気候モデルを，より現実に近い南北分布を考慮した 1 次元分布の気候モデルに拡張して，平衡状態としての気候がどうなるかを考察してみよう．この場合，太陽エネルギーの入射，地球からの赤外放射それに南北方向の熱輸送の収支を，式（3–2）のように，南北の緯度ごとに計算して求めることになる（Held and Suarez, 1974; Hartmann, 1994）．

$$A+BT_{\mathrm{s}}+\gamma(T_{\mathrm{s}}-\tilde{T}_{\mathrm{s}})=\frac{S_0}{4}s(x)a_{\mathrm{p}}, \tag{3–2}$$

この式では，左辺第 2 項の南北の熱輸送は，全球平均気温（$\tilde{T}_{\mathrm{s}}$）と各緯度の気温（T_{s}）の差に比例するかたちで決められている．また，右辺の $s(x)$ は緯度 x における太陽放射量，a_{p} はその緯度の温度で決まるアルベードを考慮した太陽放射の吸収量である．

この式からの計算の詳細は省略するが，この式を，太陽エネルギー強度（太陽定数）S_0 をパラメータとして変えていった場合，どのような平衡状態としての気候（氷床）分布がありうるかを北半球の緯度の関数として調べたダイアグラムを図 3–14 に示す．現在の太陽定数（＝1.0）の場合，氷床の南

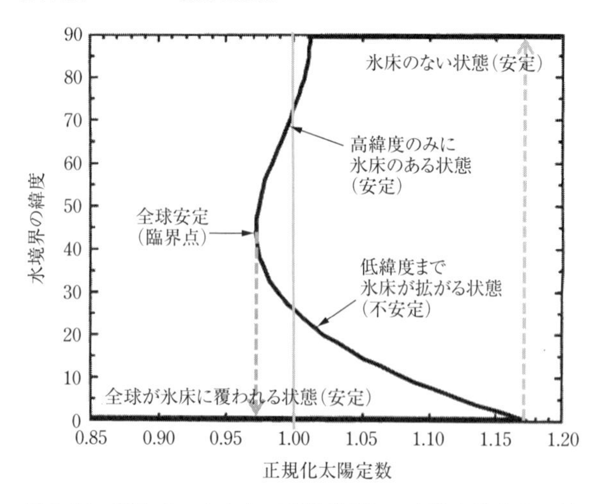

図3-14　極氷床の大きさ（南限緯度）の太陽定数変化に対する依存性（Hartmann, 1994）

限は，70°N 付近と 25°N 付近の 2 つの緯度にありうることになる．ただ，先ほどの 0 次元モデルのときと同じような議論で，25°N 付近に氷床の南限が来るケースは不安定な平衡状態で，ちょっとしたゆらぎで，一挙に，赤道まで氷床限界が南下する全球凍結の状態になってしまう．一方，70°N 付近に氷床限界がある場合は安定な解となる．これはちょうど，現在の地球の南極やグリーンランドなどの氷床の低緯度側の限界緯度に非常に近く，より現実的な解を示していることになる．また，太陽定数が 0.98 付近まで下がると低緯度側に安定的に下がってきた氷床の限界が一挙に赤道まで下がり，全球凍結の地球になることを示している．

南北の熱輸送は，雪氷域とそうでない地域の大きな温度差に伴う大きな熱輸送が，負のフィードバックとして氷床の低緯度側への拡大を強く抑制しているが，ある限界緯度（図 3-14 中の臨界点）より低緯度側まで雪氷が拡大すると，熱輸送量より，雪氷のアルベードによる（低緯度側で相対的に大きな太陽エネルギーの）反射量が増加し，したがって，低緯度側の入射量が大きく低下し，一極に赤道まで雪氷が広がってしまうということをこのモデルは示している．全球凍結の平衡状態は現実の地球気候で起こりうるのか，大きな課題であるが，原生代といわれる 5 億年以上前の地球では，スノーボールアースとして現実にあった可能性が20世紀末に指摘され，現在もなお，議論が続いている（4–3節参照）．

以上のように，これらの0次元，あるいは1次元の簡単な気候モデルによる数値実験は，地球の気候システムが，そのシステムに内包する非線形なフィードバック効果により，外因の変化に対し，ある閾値（tipping point）を超えると，まったく別の平衡状態に遷移してしまう特性をもっていることを強く示唆している．

地球の気候は，負のフィードバックにより，比較的安定した時期もある一方，正のフィードバックにより，変わるときは大きく，そして劇的に変わりうる特性をもっている可能性が示唆された．そして，これらのフィードバックには，水とその相変化が重要な役割をしているのが，地球気候システムの特徴でもあろう．

3–4–6　10万年周期のメカニズム——氷床–気候モデルによる解明

さて，図3–9でも示したように，人類が進化してきた第四紀後半の最近約100万年間は，海水準変化に換算して約130 m相当に及ぶ大氷床の拡大・縮小と地球規模での気候の変動を伴う，氷期・間氷期サイクルが約10万年周期で繰り返されてきた．この大変動の重要な支配要因の1つは，この章（3–4–1項）でも述べてきたように，地球の軌道要素の長期変動に伴う地球に入射する日射変動（ミランコビッチ・サイクル）と考えられている．この日射変動に地球自転軸の歳差運動に伴う約2万年，地軸の傾きの変動に伴う4万年，および地球公転軌道の離心率の変化に伴う10万年の変動周期がみられ，特に2万年，4万年周期の振幅がきわめて大きい．しかし，図3–9にみられるように，氷床の拡大縮小を伴う氷期・間氷期サイクルは約10万年周期が顕著で，しかもその変動パターンは，ゆっくりと寒冷化（氷床拡大）し，急激に温暖化（氷床縮小）という時間的に非対称なのこぎり型の変動をしている．このような氷期・間氷期サイクルの10万年周期の発現には，気候システムの内部フィードバックメカニズムが働いているはずである．前項（3–4–5項）で紹介したようなシンプルな気候モデルに，内部フィードバックとして，氷床拡大に伴うアルベードフィードバック，海洋深層水循環に関係した海水温と大気のCO_2濃度などを適当にパラメータ化して組み込んで，この問題に取り組んだ研究（Oerlemans, 1980; Pollard 1982; Maasch and Saltzman, 1990 など）はあったが，気候システム内でのより現実的なプロセスを組み込んだ気候モデル（GCM）と氷床モデルを組み合わせた最近の研究（Abe-Ouchi *et al.*, 2013）をここで紹介したい．

Abe-Ouchi *et al.*（2013）では，種々の気候要因に対して地球システムが応答する際に起こるフィードバック効果を，あらかじめ GCM で見積もり，その結果と氷床に対する地殻のアイソスタティックな粘弾性応答も含む 3 次元氷床力学モデルを組み合わせた氷床–気候モデルを過去 40 万年にわたって積分し，過去の氷床変動の再現実験を行ったうえで，各種気候要因の役割を別個に調べる感度実験を行った．その結果，10 万年周期の氷床変動や，氷床拡大期における氷床の量やその地理的分布の再現に成功している．さらに大気の CO_2 濃度や，地殻の変形応答特性を個別に変えた感度実験の結果からは，2 万年，4 万年周期の短い日射量変化に対して大気・氷床・地殻の非線形的な相互作用が生じ，それが 10 万年周期を生み出していることや，大気中の CO_2 は氷期–間氷期サイクルの振幅を増幅させる働きのあることも示唆された．

特に（2 万年＋4 万年の）短周期の日射強度変動に対して氷床変動（と気候変動）が 10 万年周期になるしくみは，氷床の平衡応答解が，氷床の大きさ（氷床量）の初期条件の違いによって 2 通りに分かれるという多重応答性が北米大陸の氷床にあり，そのことが 10 万年周期出現にとって決定的であることを発見した．そのしくみを図 3–15 で説明しよう．この気候モデルは GCM であり，海陸分布や地形に伴う偏西風波動の定常波も再現できる．ロッキー山脈の存在する北米大陸では，65°N 付近で夏季の日射量が極小となる 2 万年周期変動に対応して，相対的に北米大陸北東部に寒気が入りやすい定常波パターンが強化されて夏季でも低温・多降雪となり，年間を通して雪の質量収支がプラスとなり，氷床が大きく成長する．いったん積雪域が広がり氷床が形成されると，2 万年周期の日射量が極大となる夏でも雪は消えることなく，氷床が拡大する．図中の日射量・氷床量には，2 万年周期での日射量変動に対応した氷床量の時間発展が，氷床がなかった約 120 Kyr BP から 2 Kyr ごとの点で示されている．10 万年周期で変化する離心率が最大で日射強度が極大だった 120 Kyr BP から極小となる 20 Ky BPr となるあい

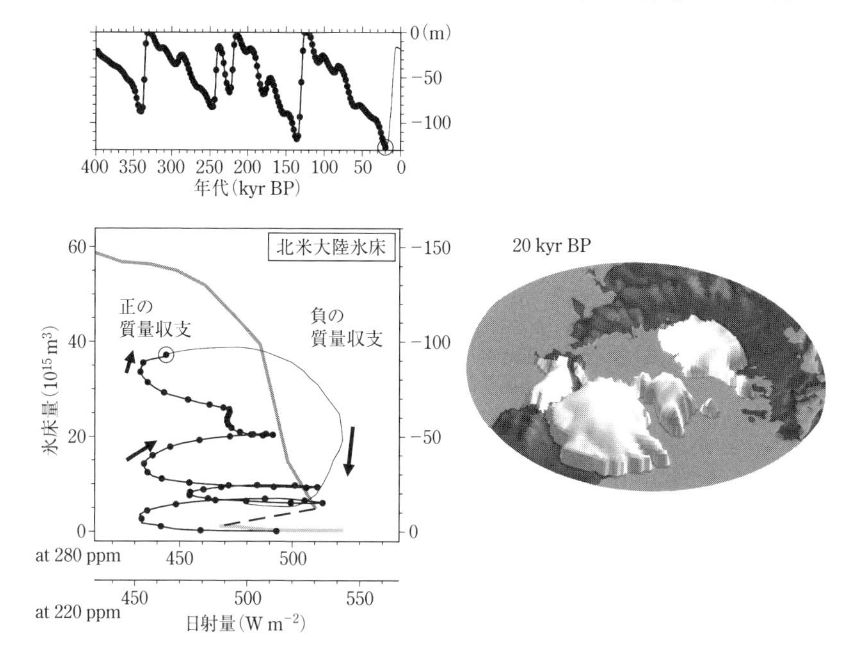

図 3-15 氷床-気候モデルによる氷期・間氷期サイクルの再現実験（Abe-Ouchi *et al.*, 2013）

上図は再現された海面変動．下図は日射量変動と北米の氷床量変動．右図は，氷床が極大となる 20 Ky BP（下図○印）の再現された 3 次元分布．

だは，左図下に示すように質量収支はプラスのままで氷床成長は加速し，やがて 20 Kyr BP に氷床が極大サイズに達する（図 3-15 右）．しかし，大きく成長すればするほど氷床の末端は低緯度へと南下するため質量収支は減っていき，離心率がふたたび増大を始め，夏の日射が強くなると，質量収支は負に転じ，急激な氷床の後退が始まる．ひとたび氷床が後退を開始すると，深く沈み込んだ大陸地殻の応答の遅れのために表面高度は低いままで融解が一気に進むという，大気・氷床・地殻にわたる非線形な相互作用も加わり，氷床は急激に縮小・消滅することになる．その結果，左図上に示すような 10 万年周期ののこぎり型の氷床量変動となる．この氷床-気候モデルでは CO_2 濃度変動そのものは再現していないが，実際の氷期サイクルでは 10 万年周期で変動しており，海洋の水温と深層水循環などを通して，氷期には

CO_2 濃度が低く，間氷期には高くなるということは，この変動をより増幅する方向で働いていた可能性は強い．

日射量変動をペースメーカーとしつつも，低緯度へと氷床が拡大することが，氷床の質量収支を劇的に変化させるという tipping point が，現実に近い地球気候システムでも起こりうることをこの研究は示している．

このような変動・変化の特性は，氷期サイクルのような長期的な気候変動変化だけでなく，現在の地球温暖化問題でも，同様の特性が顕在化しうることを示唆している．もちろん，気候システムのしくみは複雑であり，私たちはまだそのしくみの一端しか知らないことも確かである．

3-5　短周期の気候変動——気候システムにおけるゆらぎ

3-5-1　気候システムにおけるゆらぎとは

3-1節で述べたように気候変動には，太陽活動の変化や温室効果ガスの変化に伴う放射エネルギー収支の変化に伴う変化と，そのような気候システムへの外力の変化がなくても起こる，非線形な気候システム特有の自励的な変動があり，それらは区別して理解する必要がある．特に後者の変動には「ゆらぎ」も含まれている．私たちが毎年のように体験している気候の年々変動や，季節の中で起こっている天候の変動では，実はほとんどがこの気候のゆらぎ要素が非常に大きい．

短期的な気候変動の予測が難しいのは，この「ゆらぎ」のしくみを理解せねばならないからである．そのゆらぎにも，いくつかの時間スケールがあり，それぞれのスケールに対応して，変動に関与するシステム内の要素（サブシステム）も異なっている．以下にいくつかの異なる時間スケールでの気候のゆらぎについて述べる．

3-5-2　大気循環系のゆらぎ

(a) 偏西風の波動

大気の流れは常にゆらいでいる．その中でも中緯度の偏西風の蛇行パターンは日々めまぐるしく変化している．その最も短い時間スケールは数日から1週間程度の周期で，気圧の波動の振幅変化と位相の伝播として現れる．その気圧の峰（相対的に気圧の高い地域）と，気圧の谷（相対的に気圧の低い地域）は，地上ではそれぞれ高気圧，低気圧に対応し，総観規模擾乱ともよばれている．東西方向に数千〜1万km程度までの波長スケールをもつこの波動は，南北の温度勾配（気圧勾配）とコリオリ力のバランスによる地衡風波動による南北の熱輸送を担う重要なプロセスである（2–2参照）．この波動の力学（理論）は，1950年代からのJ. G. チャーニィ（J. G. Charney）やE. イーディ（E. Eady）らの研究などによる傾圧不安定波として確立された．現在の数値天気予報は，この理論を前提とした中緯度での大気運動の方程式を高精度に数値積分することで可能となっている．ただ，日々の天気予報では，海洋や陸面からの熱的・力学的な影響が固定とみなされる時間スケールを前提としていることや，大気運動内の非線形効果により，初期値問題としての予測の限界は1週間程度とされている（詳しくは，浅井他（2000）などを参照）．

偏西風循環の変動は，偏西風のさまざまな蛇行（と気圧の谷・峰の分布）を示すが，海陸分布や山岳地形などに影響されて地域的に独特の循環（および気圧の）空間パターンを示すことが多く，それぞれの地域における特徴的な空間パターンにより，北大西洋振動（NAO），北極振動（AO），太平洋・北大西洋パターン（PNA）などが定義され，テレコネクション・パターン（teleconnection pattern）とよばれている（Horel and Wallace, 1981; Wallace and Gutzler, 1981）．

図3–16にテレコネクション・パターンの例として，PNAパターンとNAOパターンを示す．PNAはロッキー山脈を偏西風が越える際に，風上側の北太平洋で高気圧（あるいは低気圧），ロッキー山脈上で低気圧（あるいは高気圧），そしてロッキー山脈の風下側で高気圧（あるいは低気圧）と，高—低—高あるいはその逆の気圧偏差の組み合わせが出現しやすいことによって同定できるパターンである．同様に，NAOは北大西洋上で，グリーンランド付近の低気圧と亜熱帯の大西洋（アゾレス）高気圧が南北のシーソーのように変動することに伴うパターンである．これらのパターンは空間的には固有のパターンをもつわけであるが，時間的には日々の変動から年々変動までカオス的な変動をしており，まさに大気循環変動のゆらぎがいくつかの特有の空間パターンをもって存在していることを示している．同時に．熱帯

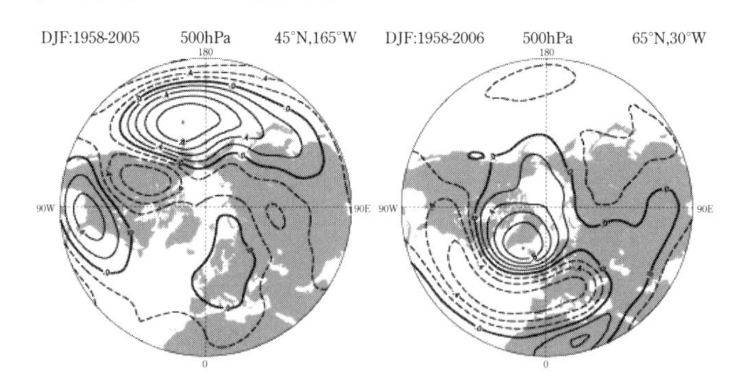

図 3–16　大気循環変動におけるテレコネクション・パターンの例（IPCC, 2007）

（右）PNA，（左）NAO．実線は気圧の正偏差，破線は負偏差を示す．

の ENSO（3–5–3 項参照）などからのストカスティックな強制を受けてもこれらのパターンは強化されたり弱められたりして出現する．

(b)　熱帯の季節内変動

一方南北の温度傾度も小さく，コリオリ力も小さい熱帯では，水平方向ではなく鉛直方向の温度と湿度の勾配に起因する対流活動が大気中の熱輸送過程として重要になる．特に大気下層に水蒸気が多い熱帯では，常に潜在不安定（2–2 参照）な状態にあり，この不安定の解消過程が，雲・降水を伴う積雲対流活動と大気循環におけるゆらぎの源である．台風などの熱帯性低気圧は，潜在不安定な大気が，地表面状態（海面水温，地形など）の地理的分布によるモンスーン循環（2–3，2–4 節参照）や，コリオリ力の（絶対値は小さいが，）大きな南北勾配による大気の大規模な収束・発散の場と相互作用して発生し，組織化されて発達するため，その時間発展の予測は難しい．

熱帯・亜熱帯を中心とする大気循環のゆらぎとして，10 日から数十日程度の時間スケール（周期性）をもつ季節内変動（Intraseasonal variation）とよばれる現象がある．特に 30〜50 日程度の長周期の変動は，その発見者の名前をとって，マッデン・ジュリアン振動（Madden-Julian Oscillation：略して MJO）とよばれている（Madden and Julian, 1971; 1972）．この振動は赤道インド洋西部で低気圧と対流活動域を伴って発生し，赤道沿いに発達しながら東進し，海面水温が最も高い西部熱帯太平洋で最も発達し，海面水温が低くなる東部熱帯太平洋で衰えるというライフサイクルをもって

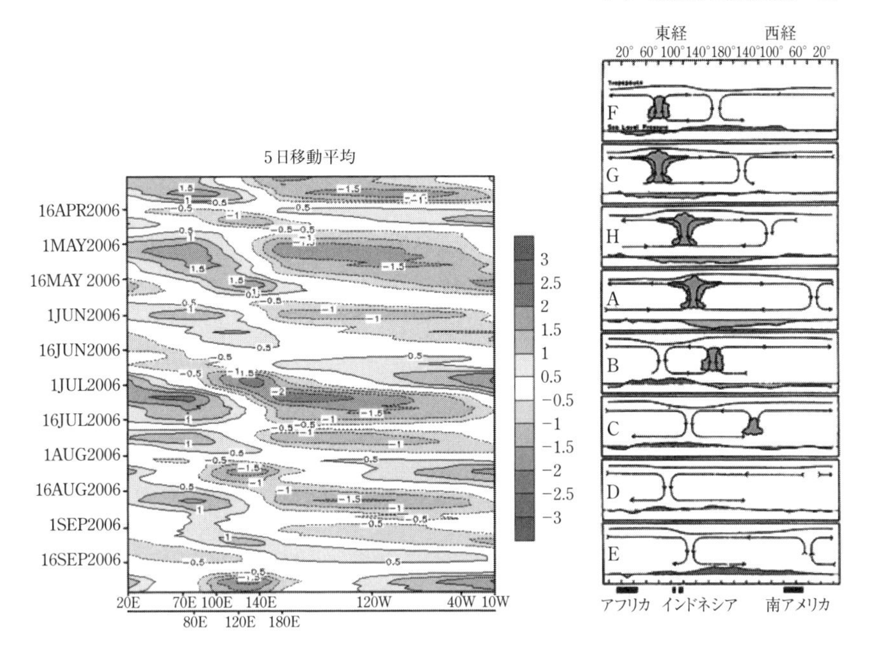

図 3–17　マッデン・ジュリアン振動（MJO）の東西構造（Madden and Julian, 1972）
（左）2006 年の MJO 指数（OLR の 5 日移動平均偏差）の東西・時間断面．（アメリカ気候予報センター）．（右）赤道沿いの対流活動，気圧，大気循環の時間発展の模式図．

いる（図 3–17）．ただ，気圧や大気循環の変動は赤道上で地球を 1 周する周期的振動となっている．この大気振動ほぼ年を通して存在するが，南半球夏季により顕著となる．北半球夏季にはインドモンスーン循環と結合して南北に変動するモンスーンの季節内変動をもたらしていることが筆者らの研究により明らかにされた（Yasunari, 1979; 1980; 1981）．

このMJO のメカニズムはまだ完全には明らかにされていないが，赤道付近で局所的に発達した積雲対流活動と，この対流活動に励起された赤道沿いの大気中の波動の相互作用が重要な役割を果たしている．特に高い海面水温に伴って存在する非常に湿った大気下層は積雲対流活動を引き起こすが，いったん発達した積雲対流群はその場で上昇し，周囲で下降する大気循環を形成する．赤道上の上昇気流で形成された大気循環により水蒸気はさらに積雲対流群に送り込まれ，積雲対流群は組織化され 500〜1000 km 程度のスケールをもつクラウド・クラスターとよばれる一種の熱帯低気圧となる．ただ，赤道付近の大気では，赤道沿いにはケルビン波を，赤道から少し離れた近傍にロスビー波を励起するため，上記のケルビン波とロスビー波の構造により東西非対称な大気循環系を形成する（Matsuno, 1966; Gill, 1980）．したがって水蒸気輸送も東西非対称となり，積雲対流群は，水蒸気とその収束がより強化される方向にゆっくりと動く．実際には東進するケルビン波の影響をより強く受けるかたちで，大気の潜在不安定と積雲対流活動が維持される限り，ゆっくりと（毎秒5〜10 m 程度で）東進する．この時間スケールの大気変動では大気・海洋間の相互作用（フィードバック）は顕著ではなく，大気中の水蒸気分布と輸送・収束などが，MJO の基本的な振る舞いを決めているといわれている．ただ，このような赤道付近の大気循環は，風の応力により海洋表層での湧昇流や沈降流を引き起こし，海面水温を変化させ，積雲対流活動にも影響して，MJO をコントロールしている可能性も指摘されている．MJO の周期性や活動度が何によって決まっているのか，まだ未解決な部分が多い．

この熱帯の MJO のもう1つの重要な働きは，図3–16に示した大気中のテレコネクション・パターンを励起することを通して中高緯度の偏西風循環に影響を与えることである．日本の夏季・冬季のこの時間スケールの天候のゆらぎは，特に西部熱帯太平洋上での MJO に伴う対流活動の変動に伴うテレコネクションによる部分が大きい．

3–5–3　大気・海洋系のゆらぎ——ENSO 現象

長期的な気候の変動あるいは変化の中では，気候の年々変動は，いわば気候のゆらぎであるが，私たちが「今年の夏は雨が多い（少ない），あるいは今年の冬は寒い（暖かい）」など，季節ごとに最も感じている気候の変動でもある．この気候の年々変動を，熱帯においても中高緯度においても地球規模においても最も支配しているのは，熱帯太平洋を中心とする大気・海洋系の変動であるエル・ニーニョ／南方振動（El Niño/Southern Oscillation：略して ENSO）である．

まず地球儀を目の前に置いてみると，地球表面の海洋でも太平洋が圧倒的に大きいことがわかる．地球の全表面積のざっと半分の16万 km^2 を実は太

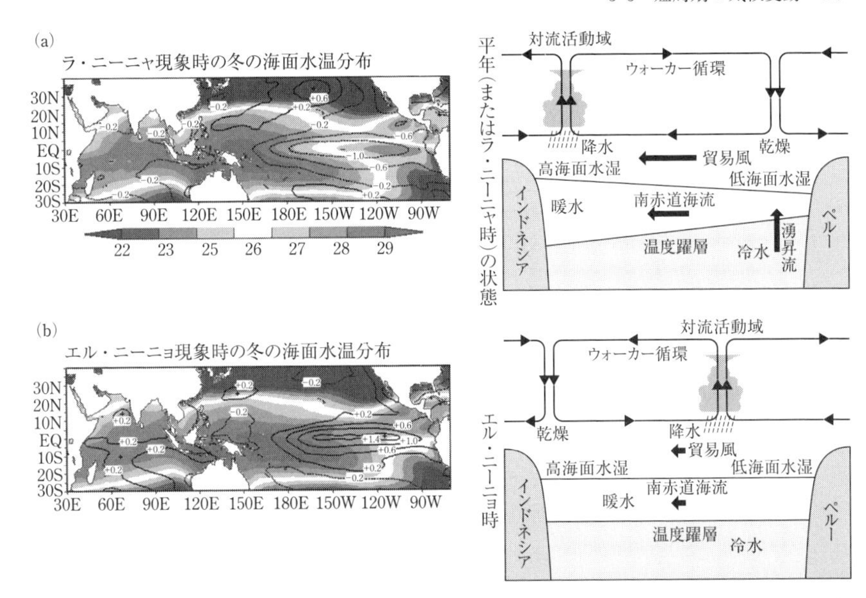

図 3-18 (a) ラ・ニーニャ時（平常の強化された状態）の北半球冬季の海面水温分布（左）と大気・海洋系の状態の模式図（右）．海面水温分布は実際の値と平年偏差の値が示されている（気象庁 HP）．(b) はエル-ニーニョ時の同様の図．

平洋が占めている．この太平洋の中でも，南北約 20° 以内の熱帯太平洋の部分は特に大きく，太平洋全体の面積の約半分，あるいは熱帯域全体の約半分の面積を占めている．

ENSO はこの海洋域での大規模な大気海洋相互作用に伴う気候のゆらぎである．すでに 2-4 節で述べたように，チベット高原を含む最大のユーラシア大陸の存在により，西部熱帯太平洋域には，地球上最大の暖水プールが形成されている．一方，南米近くの東部熱帯太平洋では，赤道沿いの偏東風によるエクマン効果により赤道湧昇流が生じるため，海水温は低く赤道直下でも水温は 25℃ 以下となっている．そのため，熱帯太平洋には西部と東部のあいだに数度（以上）の海水温の勾配が存在している．暖かい西部熱帯太平洋では，対流活動が活発で平均的に上昇流が卓越し，一方，東部の冷たい海洋上では下降気流が卓越し，赤道沿いの東西で見ると，図 3-18（口絵 1）(a) のように赤道太平洋スケールでの東西循環（ウォーカー循環）が平均場として形成されている．この大気循環により，赤道沿いには西向きの赤道海流が海洋表層の暖水を西に運び，西部太平洋では暖水が蓄積して対流活動が維持・強化され，東部太平洋では湧昇流の維持・強化により大気の下降流が維持・強化される．これらの大気循環と海洋循環はお互いに強化し合うという正のフィードバックによる大気・海洋系の1つの状態が，いわば動的平衡として維持されていることになる．

ただ，熱帯太平洋の全域スケールでのこの大気・海洋循環系の動的平衡状態は，どこかのバランスが崩れると一挙に変わってしまう可能性を有している．たとえば，何らかの原因で，赤道沿いに吹いている偏東風が弱まるか，西部の対流活動が弱まると，東風の応力で維持されていた暖水も，また湧昇流も弱まり，東西の海面水温（と気圧勾配）も弱まり，対流活動域はより東へ移動することになる．この状態がエル・ニーニョ現象の発現である（図3–18（口絵1）(b))．

この現象は，もともとペルー沖の冷たい海水温が数年程度の周期でクリスマス頃に高くなる現象を現地の漁民などがエル・ニーニョ（神の子キリスト）と名づけたことに由来している．ただ，この現象はローカルな現象ではなく，実は熱帯太平洋全域における大気の変動（南方振動）と赤道太平洋全球の海水温変動が結合して上述のような大気・海洋相互作用系の変動として現れていることが1980年代以降の多くの研究で明らかになった（Rasmusson and Wallace, 1983)．先の西部の海水温が高い典型的な状態を海洋学者G. フィランダー（Philander, 1990）はエル・ニーニョ現象とは反対の状態ということでラ・ニーニャ（La Niña）現象と名づけた（ただし，この名称はエル・ニーニョの名称を昔から使っていたペルー沿岸で用いられていたわけではない)．

このエル・ニーニョとラ・ニーニャが繰り返す熱帯太平洋の大気・海洋系変動は，現在ではENSO（エル・ニーニョ／南方振動：El Niño/Southern Oscillation）とよばれている．ENSOサイクルは，図3–19に示すように数年（3～7年程度）の周期でエル・ニーニョとラ・ニーニャが繰り返されているが，メカニズムとしては基本場として維持あるいは強化されているラ・ニーニャ的状態が数年程度の間隔で崩れてエル・ニーニョ状態が発現すると考えられる．

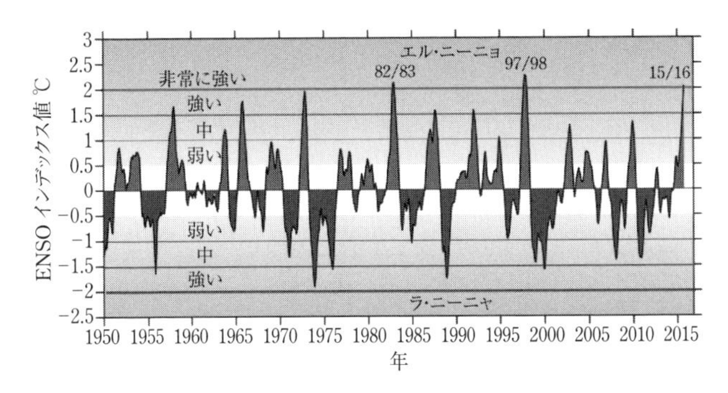

図 3-19　ENSO インデックス値の時系列（SST Nino 3/4）

では，数年程度の周期で生じるエル・ニーニョ発現のきっかけは何であろうか．海洋側に原因があるのか，それとも大気側に原因があるのか．特に 1980 年代以降，多くの理論研究・観測研究がなされてきたが，まだ完全には理解されていない．しかし，図 3-18 からもわかるように，東風（貿易風）の応力による赤道西部太平洋域での海洋表層での暖水の蓄積過程とその容量限界が数年程度の周期性を決めていること，またエル・ニーニョの具体的な発現には，たまたま発現する大気側での東風の弱化あるいはインド洋・インドネシア付近での強い西風（西風バースト）の発現が海洋表層での状況をエル・ニーニョ状態に変える引き金として大きな役割を果たしていることが強く示唆されており，現在，ENSO の予測はこのようなプロセスを導入した大気海洋結合大循環モデル（GCM）により行われている．

赤道沿いの西風バーストの発現は，先に述べた大気側の季節内変動である MJO に伴う雲システムが，図 3-17 に示されているように，インド洋上から西太平洋上に東進してくることに伴って生じていることが多い．すなわち大気側のゆらぎのプロセスも関与するため，ENSO の予測は難しくなっている．このほか，風の変化などに伴い励起された赤道から亜熱帯側に少し離れた海洋中を西進する速度の遅いロスビー波が大陸沿岸で反射し赤道沿いの東進するケルビン波となってエル・ニーニョのきっかけをつくるという海洋中での過程の重要性も指摘されている（Cane and Zebiak, 1985; Schopf and Suarez, 1988 など）．

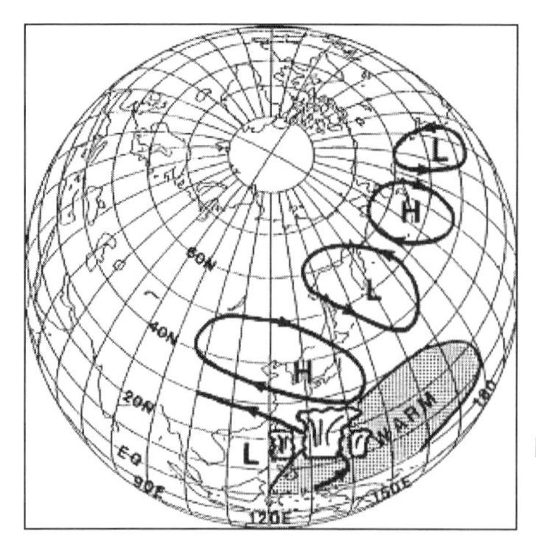

図3–20　熱帯西太平洋で対流活動が活発な場合の日本付近の気圧偏差分布（Nitta, 1987）

ENSOは，ラ・ニーニャ時には西部熱帯太平洋で，エル・ニーニョ時は中部熱帯太平洋で大規模な対流活動が活発になり，それに伴い，中・高緯度の偏西風帯に定常ロスビー波応答を引き起こし，先に述べたPNAパターンなどのテレコネクション・パターンを持続的に強化して，北半球中高緯度の各地に異常気象を引き起こすもとになっている．たとえば，ラ・ニーニャあるいはそれに近い状況で，夏季における西部熱帯太平洋域での対流活動が活発な場合は，図3–20のように，この地域から東アジアにかけての南北循環を強化し，日本付近の亜熱帯高気圧（太平洋高気圧）を強めて，暑い夏を日本付近にもたらす（Nitta, 1987）．一方冬季には，偏西風ジェットの南下（蛇行）を強め，日本付近に強い寒気団の南下を促し，日本付近の寒い冬をもたらす傾向が強くなる．

3–5–4　大気・海洋・陸面相互作用系のゆらぎ

さらに，西部熱帯太平洋の暖水域形成には，アジアモンスーン循環も密接に関与している（2–6節参照）．アジアモンスーンは，（チベット高原などの山岳の効果も含めて）大陸と海洋の熱的コントラストで生成される大気循環であることはすでに述べたが，大陸と海洋のあいだをつなぐモンスーン循環の変動は海洋の状態にも大きく影響する．

たとえば，夏季アジアモンスーンと太平洋の亜熱帯高気圧は，大陸・海洋

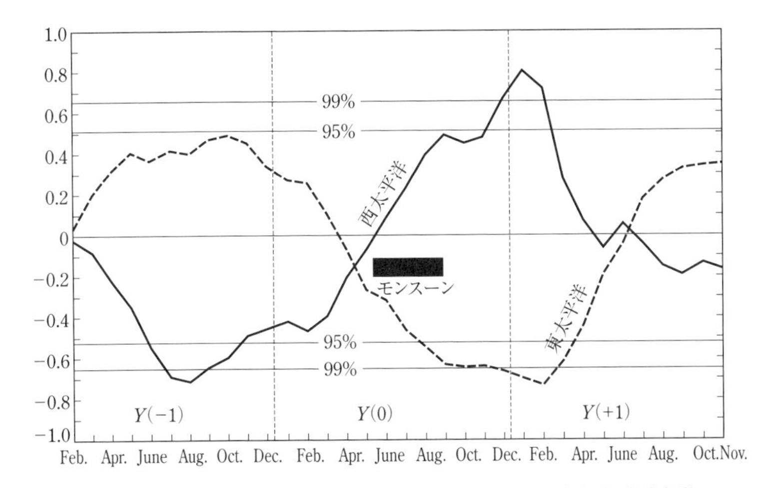

図 3-21 夏季アジアモンスーンの変動と熱帯太平洋の大気海洋系変動の時差相関（Yasunari, 1990）

6-8 月のインドモンスーン降水量と赤道域の西太平洋（実線）と東太平洋（破線）の前年 *Y*（−1）から翌年 *Y*（+1）までの毎月の海水温との相関係数を示す．

の熱的コントラストを通して同時的に形成されている（Abe *et al.*, 2003）．したがってモンスーンが強まると，亜熱帯高気圧も強まり，高気圧から吹き出す偏東風（貿易風）も強化される．この貿易風は，熱帯太平洋上では，赤道沿いの東風となり，ペルー沖に近い東部赤道太平洋沿いには赤道湧昇流を引き起こし，水温を低くし，一方西部熱帯太平洋には暖かい海水を蓄積して海面水温も高くする．すなわち，強いモンスーン循環といわゆるラ・ニーニャ状態とは結合しやすく，反対に弱いモンスーン循環とエル・ニーニョ状態は結合しやすい関係にある．古くから知られていたエル・ニーニョの年にはアジアモンスーンが弱いことと対応している（Walker, 1923; 1924; Walker and Bliss, 1932）．

しかし，1990 年代頃からの研究により，夏季アジアモンスーンが強い（弱い）と，その後の北半球冬における海洋大陸（西太平洋）の対流活動が強く（弱く）なり，ラ・ニーニャ（エル・ニーニョ）状態になるという，アジアモンスーンの変動が，むしろ熱帯太平洋の大気海洋系の変動を強く決めているという季節の差を伴った時差相関（図 3-21）があることが明らかになった（Meehl, 1987; Yasunari,1990 など）．すなわち，アジアモンスーンの変動は，熱帯太平洋域での大気・海洋結合系の状態を決める方向で密接にリンクしており，著者はこれをモンスーン／大気・海洋結合系（Monsoon/Atmosphere/Ocean System：略して，MAOS）と名づけた．このMAOSは，準2年周期の振動特性をもっており，年々の偏差は，図3–21の相関の値からも示されるように，アジアの夏のモンスーン頃から始まり，約1年持続するという特異な季節性を示すことも明らかになった．

このMAOSの変動特性は，亜熱帯高気圧の強弱やロスビー波の伝播という機構を通して，北太平洋の亜熱帯・中緯度の夏から冬にかけての大気循環の変動に，大きな影響を与えていることがわかった．たとえば，夏季アジアモンスーンの弱い年には，PNA（図3–16参照）とよばれる北太平洋から北米大陸で偏西風が大蛇行する大気循環パターンが卓越する．そして，引き続く冬の半球スケールの偏西風循環は，その秋の大気循環が初期条件（きっかけ）となって，より風下側の北米東岸あるいは極東で大きな気圧の谷が発達し，一方でユーラシア大陸上は蛇行の少ないより帯状流的な流れのパターンとなる．

反対に，モンスーンが強いと，引き続く冬には，北太平洋から北米域の偏西風はより帯状流的となる一方，ユーラシア大陸上では気圧の谷が発達しやすくなる．すなわち，夏季アジアモンスーン変動が秋から冬の熱帯太平洋の大気・海洋系の状態を変化させ，変化した冬の熱帯海洋が中・高緯度での大気循環変動に大きく影響し，次の夏のアジアモンスーンに影響するという，熱帯太平洋の大気・海洋系と中・高緯度の大気循環系のあいだの双方向の気候のゆらぎがアジアモンスーンを介して存在していることがわかる．

一方で，ユーラシア大陸での冬から春の積雪の変動は，引き続く夏のアジアモンスーン変動に大きく影響することが古くから知られていた．これは2–3節で指摘した夏の陸の加熱にその前の冬から春の積雪の多寡が影響するという物理過程を考えれば当然考えられ，いくつかの気候モデル（GCM）による数値実験などでもその可能性が指摘されている（Barnett *et al.*, 1989; Yasunari *et al.*, 1991;Verneker *et al.*, 1995など）．したがって，冬のユーラシア大陸上の気圧の谷の発達・未発達は，大陸上の積雪の多寡を決め，さらに，そこでの冬から春の積雪面積の偏差の形成という物理過程を通して，次の夏のアジアモンスーンの偏差に影響することになる．すなわち，

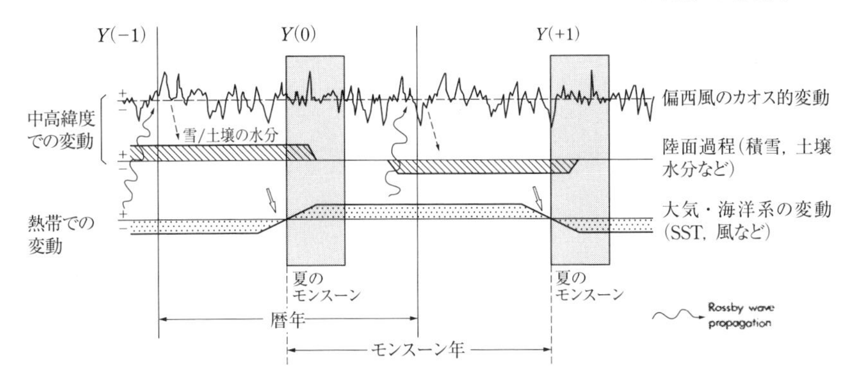

図 3-22 アジアモンスーンと大陸での大気・陸面相互作用を介した熱帯の大気・海洋系と中高緯度循環の相互作用（Yasunari and Seki, 1992）

MAOS と中・高緯度の偏西風循環を含む気候システムの準 2 年振動的変動の機構には，図 3-22 に示すように，弱い（強い）夏季アジアモンスーン→エル・ニーニョ的（ラ・ニーニャ的）熱帯大気海洋系→中緯度偏西風循環変動→ユーラシアの少ない（多い）積雪→強い（弱い）夏季アジアモンスーンという，熱帯と中・高緯度のあいだの，季節を違えた相互作用に依存している物理過程の存在が強く示唆された（Yasunari and Seki, 1992）．このような気候の年々変動の物理過程には，モンスーン，大気・海洋相互作用，積雪・大気相互作用など，水の相変化を含む水循環が大きな役割を果たしていることがわかる．

いずれにせよ，地球気候システムの中におけるアジアモンスーンは，熱帯の大気・海洋系変動と中・高緯度の偏西風循環の変動を，積雪変動や土壌水分変動などの陸面状態の変動を介して年々変動のスケールでつなぐ重要な機能を有している．なお，ENSO とモンスーンの結合などについての詳しい解説は，植田（2012）を参照されたい．

3-5-5 10 年から数十年周期の気候変動

地球気候のゆらぎには，ENSO に関連した数年程度の周期変動だけではなく，10 年から数十年程度の，より長い時間スケールをもつ変動が存在することも過去 100 年程度の大気・海洋系の観測データの解析から明らかにな

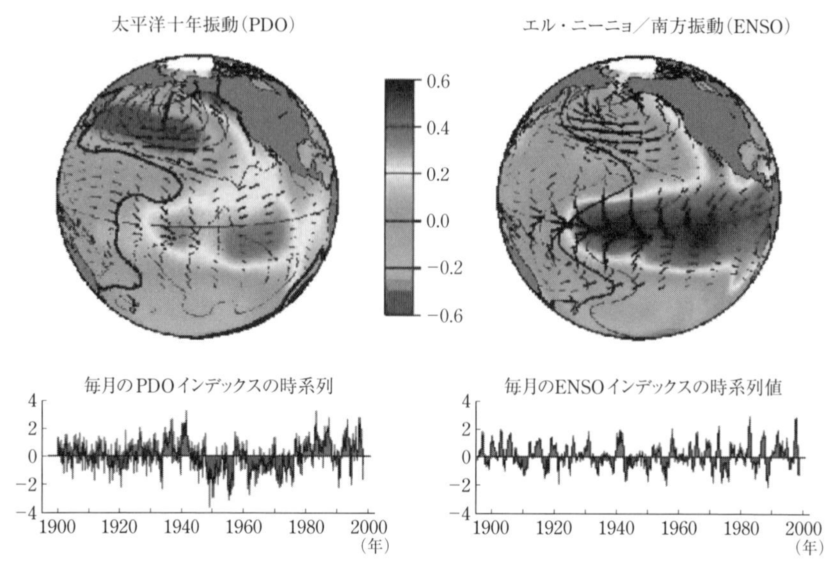

図 3–23　PDO（太平洋の数十年スケール変動）とENSO（エルニーニョ／南方振動）の空間パターン（上）とその時系列変動（Mantua *et al*, 1997）

ってきた．その典型的な1つがPacific Decadal Oscillation（PDO）あるいはInterdecadal Pacific Oscillation（IPO：太平洋十年規模振動）とよばれている大気海洋系の振動である（Mantua *et al*., 1997; Newman *et al*., 2003）．PDOの空間パターンとその時間変動を図3–23（口絵2）に示す．同じ太平洋スケールの大気・海洋系変動であるENSOの空間パターンとその時間変動も，比較のために示されている．これらの図は太平洋域の海面水温データと大気表層の風データを合わせて，主成分分析（経験的直交関数系展開）を行って抽出されたそれぞれ独立の変動モードである．空間パターンは一見似ているようにも見えるが，PDOは北太平洋と熱帯中部太平洋での海面水温のシーソー・パターン（とそれに伴う風系変化）が顕著なのに対し，ENSOモードは赤道太平洋中部・東部の変動が圧倒的に大きく，やはりシーソー的に現れる北太平洋の偏差はかなり小さい．時系列を比較すると，PDOは，1900年頃，1930年頃，1940年代，1960年頃，1980年頃，2000年頃に極大が見られ，不規則ながら，20年程度の周期的振動が卓越している．ENSOモードには数年周期の変動が顕著であり，それより長周期的な変動

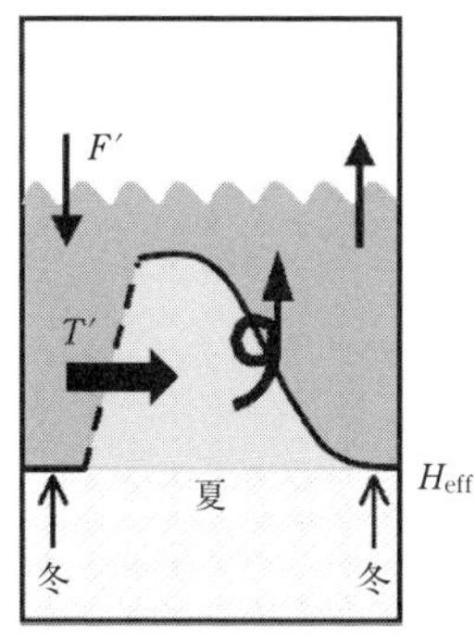

図 3–24 大気のホワイトノイズ的な変動が中緯度の海面水温の年にまたがった長期的な変動を与えるメカニズム（Deser *et al.*, 2003）

混合層の大きな季節変動を通して，大気からの放射変動（F'）による表層水温変動（T'）が積分されて深層に影響することを示す．

はほとんどみられない．

このPDOのメカニズムについては，まだよくわかっていないが，短周期あるいはホワイトノイズ的な大気変動が，風ストレスなどを通して海洋表層にストカスティックな強制を与えたとき，長周期の表層海洋の変動をつくり出すというハッセルマンらの理論（Hasselmann, 1976; Frankignoul and Hasselmann, 1977）に基づく説がいくつか提出されている．

特に，PDOは卓越する空間領域がENSOとその影響が現れる北太平洋域であり，空間パターンの類似性などから，ENSOによる大気の影響が北太平洋のアリューシャン低気圧付近の深い表面混合層に影響を与え，それが次ぎの夏を越して翌年（および更に後年）の混合層の温度全体を保持して，より長期的な表層海洋の偏差をつくり出すというしくみが1つの有力な説（Deser *et al*, 2003）として提出されている（図3–24）．アリューシャン低気圧（や北大西洋のアイスランド低気圧）は，特に低気圧が発達する冬季に深い海洋混合層を形成すること，さらにこの低気圧の変動はENSOに影響された時間スケールをもっているが，このENSOスケールよりも長周期の深い海洋混合層（エクマン層）の変動がアリューシャン低気圧付近の海洋を中心に出現するというものである.

さらに，海洋表層中に形成された遅い速度で伝播するロスビー波などが長周期変動を強化するという海洋力学的効果も提出されている（Jin, 1997).いずれにしても，大気循環の変動が，特に深い混合層を有する冬季の中緯度海洋に作用するとき，一種の積分効果により長周期の海洋表層変動が生じるというメカニズムが基本となっている．とすると，図3–18に示されたENSOモードとPDOモードは，物理過程としては完全に独立のものではなく，大気・海洋間が，熱帯と中緯度における応答過程の違いにより，より短周期成分とより長周期成分が出てきたものとの考えられる．実際のENSOには非常に強いエル・ニーニョ年や弱いエル・ニーニョ年などがあり，より長期的な振幅変調的な要素が入っているが，これはPDOにより変調されたのか，あるいは別のメカニズムによるENSOの変調が，PDOという中緯度の大気海洋系の長周期の変調として出現したものなのか．さらに課題として残されている.

このような短周期の大気循環の変動が風ストレスにより中緯度の海洋表層に，より長周期の変動を励起するという過程は，大陸スケールの陸面において，ある季節における短周期の大気循環変動の結果が積分されて生成された季節的な積雪や土壌の水分が気候の経年変動を生じるという，大気・陸面相互作用で述べた過程（図3–22参照）に相通じるものがある.

10〜数十年スケールの気候の変動は，最近の100年程度の気候のトレンド（線形的な長期傾向）と時間スケールが近いため，近年の地球温暖化問題で，1つの議論を引き起こしている．全球の平均気温は，温室効果ガスは増加しているにもかかわらず，21世紀に入ってから10年程度，ほとんど上昇しておらず，温室効果ガス増加による地球温暖化は，本当に引き起こされているのか，という懐疑的な議論も出てきた．これに対し，この最近の10年はPDOが負の状態が続いており，赤道東部太平洋での低い海水温（と気温）が全球的な気温上昇を抑えていること，また20世紀末の10年程度はPDOが正の状態で，温暖化傾向をより強くしていることも，大気大循環モデルと大気海洋結合モデルを併用した数値実験で示唆されている（Watanabe *et al.*, 2014; IPCC, 2013).

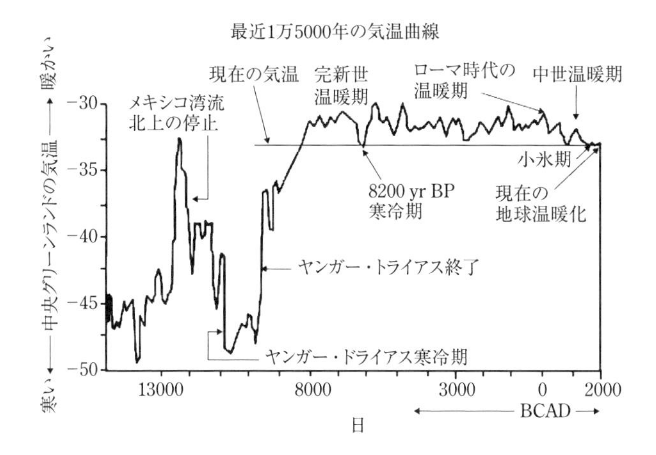

図 3-25 最終氷期から A.D. 2000 年までの完新世の気温変化 (Alley, 2000)

3-5-6 より長周期の気候変動――ゆらぎか，外力による変動か

さて，3-4 節で氷期・間氷期サイクルを，基本的にはミランコビッチ・サイクル（地球軌道要素の永年変化による日射量の緯度・季節分布の永年変化）を一種のペースメーカーにして，地球システムの氷床量（と関連した地殻のアイソスタシー），海洋変動も関係する温室効果ガス，非線形な組み合わせでかなりうまく説明できることを述べた．

最終氷期が終了し，約 1 万年以降の完新世（Holocene）の気候変化（図 3-25）も，特に約 8000 年前をピークにした時期は，ミランコビッチ・サイクルにより，北半球夏季・秋季に日射量が現在よりも 20〜30 $\mathrm{Wm^{-2}}$ も多く，図 3-26 に示すように北半球気温は現在よりも高く，ユーラシア大陸の加熱の強化などによりアジアやアフリカのモンスーンも現在より強かった（IPCC, 2013; 日本気象学会，2014 など）．その後は，北半球気温は現在に向かって数千年間のスケールでは，19 世紀後半以降の温暖化傾向を除き，全般的に低下してきている．これは，おそらくミランコビッチ・サイクルに伴う北半球夏季の日射量の減少が基本的に関係していると考えられる．

さらに，氷床コア解析や年輪分析などで復元された過去 1000〜2000 年の北半球の気温変動（図 3-26）には，弱いながら，100 年から数百年スケールでの寒暖の変動が見られるが，この変動はどう考えるべきか？　実はこの時

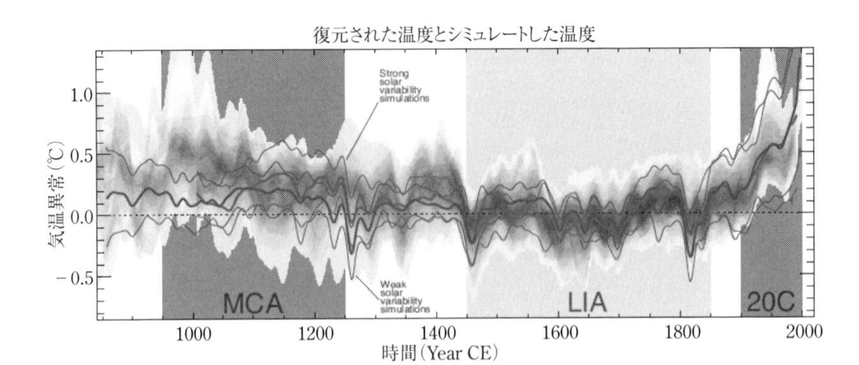

図 3-26　過去1200年における北半球平均気温の変化（IPCC, 2013）
図中のいくつかの曲線は異なるデータによる推定を示す.

間スケールの気候変動について，まだまだ謎が多い．また，復元された気候データそのものにも誤差と不確定さが避けられず，真の変動なのか，見かけの変動なのかの判別も難しい．2009年から2010年に世界を騒がせた，いわゆる「気候ゲート事件」も，過去数千年から近年までのこの時間スケールの気候変動の信憑性（要は，20世紀以降の地球の温暖化のような気候の温暖期が，過去数千年の時間スケールでも，気候の「自然変動」としてあったのか，なかったのかという問題）と密接に関わっていた．もし，純粋の気候システムにおける長期的な「ゆらぎ」として考えるならば，海洋の深層水循環やグリーンランドや（西南極氷床のような）雪氷系も含めた大気・海洋系の振動として考えるべきかもしれない．

一方，この時間スケールの変動を外力による強制的な変動とすると，長期的な太陽活動（TSI）の変動が1つの有力な原因であろうが，他に，突発的な大規模火山噴火がきっかけになった変動の可能性もある．約7万5000年前に大爆発したスマトラ島のトバ火山の大爆発による大量の火山灰はエアロゾルとして成層圏に舞い上がり，その後数十年間の地球気候の寒冷化をもたらしたともいわれている（Roboch *et al.*, 2009）．火山の大噴火は，気候システムに大きなインパクトを与えることにより，システムの状態を大きく遷移させるというトリガー（引き金）としての役割をもっているともいえる．

第4章 地球気候システムの進化

4-1 地球システムの進化という見方

約260万年前に始まり現在に至る地球気候の変動と変化の実態とそのしくみについては，すでに第3章で述べた．この章では，地球が形成されてから46億年といわれる長い地球史における気候の変化についての最新の知見を紹介したうえで，地球気候学という視点でそのような変化をどう解釈することができるか，筆者なりの見方を提示したい．この章のタイトルを「地球気候システムの進化」と,「変化」ではなく，あえて「進化（evolution)」ということばを使ったのは，第3章までで述べた「地球気候システム」の構造を決めている地球表層の大気組成や大気圏，海陸分布や地形条件要素が，固体地球および生命圏を含む地球システムの進化と密接に連環しながら変化してきたという理解に基づいている.「進化」という語は，元々生物の進化から来ており，その定義は,「生物個体群の性質が，世代を経るにつれて変化する現象」とされている．近年では，宇宙論・物理学に基づく地球などの惑星を含めた宇宙の形成と構造の変化も「進化」という語が使われている.「進化」という語には，生物学や物理学の理論に基づいた，長期的で不可逆的な変化という意味が含まれている.

注：進化（evolution）という語には，決して「進歩」という意味があるわけではない．日本語で「進化」と訳されたため，生物群は時代とともに,「進歩」していくというイメージをもたれていることに，私たちは留意せねばならない．昨今，多くのメディアなどで，進化という語を「進歩（progress)」と同義で使われている，あるいは誤用されていることが，この混同

をさらに助長しているようである．

大変興味深いことに，地球気候システムの進化は，物理学に基づく宇宙・太陽系の進化と生物学に基づく生物の進化の両方が密接に関わっている．特に，後述するように，地球気候システムの進化は，太陽系あるいは惑星系としての固体地球の進化と，生命（圏）の進化の双方が相互作用しながら変化してきた「共進化（co-evolution）」と理解すべき側面が非常に強い．言い換えるならば，地球気候の進化は，物理現象としての気候システムと生物学における生命圏の進化の双方を融合した立場に立たないと理解できないことになる．このことは，第 5 章での人間活動と気候システムの変化の議論の前提としても重要な意味をもつことに留意したい．

46 億年といわれる地球システムの形成と進化についての理解は，20 世紀末以降，飛躍的に進展した．ここではその詳細は省略するが，その成果をまとめた一般向きのすぐれた和書も多く出されている（たとえば，阿部（2015）；ヘイゼン（2014）；田近（2009）；松本他（2007）；東京大学地球惑星システム科学講座編（2004）；川上（2000）など）．特に，プレカンブリア時代とよばれる地球形成以来 40 億年を占める長い地質時代は，生物化石もほとんど出ないため，これまで表層環境と気候の変遷については，多くの謎を秘めていた．最近の野外調査に加え，同位体を用いた地層や岩石の新たな分析や物理的・化学的相平衡に関する理論と数値モデル実験は，新たな事実を次々と明らかにしてきた．

4-2　水惑星地球の誕生

4-2-1　大気と海洋の形成

地球の気候を過去と現在，そして未来を通して考えるとき，その基本的な特性として，液体，固体そして気体としての水（H_2O）が存在していること，すなわち「水惑星」であるという条件であることは，すでに 1-2 節で述べた通りである．では太陽系の中で，地球型惑星といわれ，地球から近く，その大きさ・質量や形成過程でも類似性があるとされる水星，金星，地球，火星の 4 つの惑星の中で，なぜ地球のみが，40 億年以上も水惑星として存在できているのか．

特に地球表面に液体としての水が存在できることが，気候の特性や生命の存在にとって非常に重要な条件である．そのためには，(1) 水が惑星に取り込まれること，(2) 水が惑星表面に保持されること，(3) 水の一部あるいは大部分が液体として惑星表面に存在できること，の3つの条件が満たされる必要がある（阿部，2004）．ここでは，上記の3条件と密接に関係した気候システムの基本的な要素である大気と海洋の形成がどのようになされたか，最近の研究（Hamano *et al.*, 2013 など）の議論に基づいて述べよう．

太陽系の形成過程で，太陽に近い地球型惑星といわれる水星，金星，地球，および火星は，微惑星の衝突により形成されたとされ，これらの惑星を構成する物質は，現在の隕石の成分などから H_2O，CO_2，CH_4，H_2，N_2，HCl，SO_2 などが主体であったとされている．微惑星の大量衝突の加熱で溶融・形成されたマグマオーシャン（マグマの海）が冷却していく過程で，金星，地球，火星という近接した地球型惑星は，その惑星の太陽からの距離（による放射平衡温度）により，大きく2つのタイプの表層をもつ惑星に分かれることが数値実験によりわかった．地球に相当するタイプIは，太陽からの距離が比較的遠く，100万年程度の間に N_2，CO_2，H_2O などを主成分とした大気と CO_2，SO_2 などが溶け込んだ海洋（液体の H_2O）とその下の固体物質からなる部分に分化するが，金星に相当するタイプIIは，太陽からの距離がより小さいため，表層の放射平衡温度が高く，固化するのに1億年程度がかかり，しかもその間に H_2O（水蒸気）も失われ，海洋はなく CO_2 を中心とした大気のみが分化する．

阿部（2004）によれば，惑星表面に海洋（液体の水）が安定的に存在できる条件として，現在の地球の海洋質量の30分の1程度の H_2O があり，それ以外の気体量が600気圧（atm）程度以下なら，惑星放射が70～310 W/m^2 の範囲であればいいとしている．地球が生成された頃の太陽放射は240 W/m^2 程度であり，海洋ができうる条件であった．火星は太陽からの距離が更に遠いため，H_2O は固化されてしまった可能性もあるが，最近の火星探査機は地表面に水が流れたような跡も観測しており，形成後の一時期，液体の水が存在し，海洋もあったとも推測されている．ただ，質量が地球の10分の1程度と小さく，H_2O など軽い物質は逃げやすいこと，また惑星本体の冷却も地球などより速く，その後の火山活動も弱かったと想像されている．

いずれにせよ，原始地球の象徴であるマグマオーシャンが冷却を始めると同時に，地球表層には，現在とは成分はかなり異なるにせよ，すでに大気と海洋が形成されたことがわかっている．地球の創成直後（おそらく1億年以内）から地球表層にはH_2O（液体の水）が海洋として存在し続けたことは，その後の気候，生命を含めた地球システムの進化を規定する非常に重要な条件であったと考えられる．

4-2-2　海洋地殻と大陸地殻の形成

すでに第2章および第3章で述べたように，海陸分布や大規模な山岳地形は，地球気候の状態を大きく規定している．したがって，1000万年～1億年スケールでの地球気候変化には，これらの海陸分布や大規模山岳地形の地質学的スケールでの変化が大きく関与している．これらの地球表面での大きな変化は，地球表層変化を統一的に理解するプレートテクトニクス（コラム5参照）で説明されている．では，海洋底を形成する海洋プレートに加え，大規模山岳地形を含む大陸プレートの形成とプレート運動は地球史のいつ頃から開始されたのだろうか．

マグマオーシャンが冷却する過程で，地球最表層にはまず玄武岩を中心とした海洋地殻が形成され，ほぼ同時に原始海洋もその上に形成されたが，海洋地殻の下部などで玄武岩が水の存在の下で溶けることにより，石英(SiO_2) などを中心とする軽い花崗岩質の塊が生成され，軽くなって海洋地殻の上に盛り上がるプロセスが繰り返されて次第に大陸地殻が形成されたとされている．花崗岩の形成には水が必要であり，ここでも，海洋（あるいはそれが潜り込んだ地下水）の存在が大陸の形成には前提となっている．最初の大陸地殻が出現したのは約40億年前，冥王代の終わり頃とされている(表4-1参照)．

4-2-3「暗い太陽」のパラドックス

なお，恒星としての太陽の進化過程の研究から，46億年前の太陽の光度は現在よりも弱く，太陽定数は，現在の70% 程度の「暗い太陽」であった．そのような状況でも当時の海洋は凍らず，液体の水であったが，それを可能にしたのは，現在の濃度の1万倍のオーダーといわれている大気中のCO_2による温室効果と，高温のマグマからの熱によるとされている．他に，やはり温室効果ガスであるメタン（CH_4）やアンモニア（NH_3）が大気中に高濃度で存在していたことも指摘されていたが，紫外線が直接地表面まで届いていたこの時期には，水蒸気が紫外線により分解され，OH ラジカルとよばれる化学的に活性な物質が生成されていた．この OH ラジカルによりメタンやアンモニアは容易に酸化されてN_2やCO_2に変化してしまうので，やはりCO_2による温室効果が，弱い太陽光の下でも十分（水の）海洋形成を可能にしていたと考えられる．一方で，海洋が形成されたことにより，大気中のCO_2は急速に海洋にも炭酸（HCO_3^-）として溶け込んでいき，大気中のCO_2濃度は，以後，徐々に減少していくことになる（4–3 節参照）．

地球創成後の約5〜6億年，40億年前頃までの「冥王代」とよばれるこの時期の地球気候がどのようなものであったか，まだまだ謎に満ちている．ただ，すでにこの時期に，大気中の多量のCO_2による強い温室効果により地表面には液体の水に満たされた海洋が形成されたこと，その水と海洋地殻から，花崗岩を中心とする（海洋地殻より軽い）大陸地殻が形成されたことは，プレートテクトニクスを通して，その後の地球表面の海陸分布や山岳分布の大変動と，それに伴う気候の大変動を可能にし，生命の進化を引き起こす「水惑星」地球を可能にしたといえよう．

コラム５　プレートテクトニクス

現在の地球表面は，リソスフェア（lithosphere）とよばれる硬い岩石層に覆われており，リソスフェアの下にはやや柔らかく長い時間には流動するアセノスフェア（asthenosphere）とよばれる層が存在している．リソスフェアは比較的薄い海洋地殻（厚さ 10〜100 km）と厚い大陸地殻（厚さ 100〜200 km）に分かれている．さらにそれぞれの地殻は，プレートとよばれる地域的な広がりをもつ板状の部分に分かれ，マントル対流に支配されたアセノスフェアの動きに伴って，1年間に数 cm 程度の速さでそれぞれ別の向きに流動している．プレートの相互運動によるプレート境界付近での力学的な軋轢は，地震・火山活動を引き起こしており，1000万〜1億年以上の長い時間スケールでのプレート運動は，大陸移動や造山運動を引き起こしている．マントル対流は，地球の熱的状態に密接に関係している．地球の熱進化は，高温の地球内部が次第に冷えていくというトレンドが基本であるが，マントル内のウランやトリウム，カリウムなどの放射性同位体の壊変による発熱で，冷却には一定のブレーキがかかっている．この発熱がなければ，地球は誕生してから数千万年で冷え切ってしまったと推定されている．マントル対流は放射性同位体壊変に伴う熱を地表に輸送する過程として維持されている．また，海洋地殻と大陸地殻の形成や，海洋地殻が大陸地殻に沈み込むときに水が媒介となって新たな岩石ができること，沈み込みの摩擦を軽減する過程なども含め，プレートテクトニクスの形成・維持そのものも，地球表層に水が大量に存在することが密接に関係しているといわれている．

4-3　始生代・原生代（40億年前〜6億年前）の気候進化

この節では，海洋と大陸が地表面に現れて以降の大気と気候の変化を述べる．地球創成期にあたる冥王代を含めてプレカンブリア時代とよばれる始生代＋原生代のこの時代は，地球史の大部分の時間を占め，現在の地球を理解するうえでも重要な時期であるが，目で見えるような化石が現れていない時代であるため，生命活動も含めた地球の進化については，これまで謎も多かった．しかし，近年の地球科学と古生物学の進展は，この時期の地球環境変化について，多くの新しい知見を提供し，この時代の地球の描像がかなり明らかになってきた．

過去46億年の地球の表層で生じたいくつかの重要なできごとを記した年表を表4-1および図4-1に示した．これらの図表を参照しながら，議論を進めたい（これらの図表は46億年前から現在まで同じ時間スケールで表示している．プレカンブリア時代がいかに長かったがわかる）．

4-3-1　大気組成の進化

まず，地球創成以降現在までの大気組成の進化をみてみよう．現在の大気の主成分は，窒素（N_2）が約78%，酸素（O_2）が約21%，アルゴン（Ar）が0.9%，そして二酸化炭素（CO_2）が0.04%である．全地球史的にみると，N_2はほとんど変化していないが，CO_2が長期的に減少傾向，O_2が25億年前頃から急激の増加していることが特徴的である．その他に水蒸気（H_2O）が存在するが，気温などに依存し，現在は0〜3%程度以内で変動している．

表 4-1 46 億年の地球史での大気，海洋，陸面および生命圏におけるいくつかの重要なイベント

BP	地質年代	太陽光強度	大陸・海洋系	地表地質変化	気候	生物相の進化	大気組成変化	
46		0.72					CO_2	O_2
45	冥王代	(現在比)	海洋形成					
40			大陸地殻形成(玄武岩+花崗岩)					
35	始生代					嫌気性細菌（メタン菌など）		メタン生成
30		0.8	大陸(クラトン)の形成開始		(全球凍結)? Pongola		10^4	
						シアノバクテリア	10^3	
25				鉱物形成開始		光合成（酸素生成）開始		
				赤い地球 縞状鉄鉱層	(全球凍結) Huronian			大酸素イベントI
							(大気組成大変化)	
20	古原生代							オゾン層形成
						真核生物出現		
			コロンビア(ヌーナ)超大陸					10^{-2} パスツールP
15	中原生代			「退屈な」10 億年			10^2	
			硫化水素の海					
		0.9					10^1PAL	
10			ロディニア超大陸					
	新原生代				(全球凍結)			大酸素イベントII
		0.94				多細胞生物出現		
5	古生代		パンゲア超大陸（ゴンドワナ）			(エディアカラ生物群)	1PAL	大酸素イベントIII
					P/T 境界			
	中生代					大型爬虫類進化		
0	新生代	1			大隕石衝突（K/T 境界）	哺乳類の進化	CO_2	O_2

地質年代のアミの部分（46 億年前〜5 億年前）はプレカンブリア時代とよばれている．BP の単位は億年．

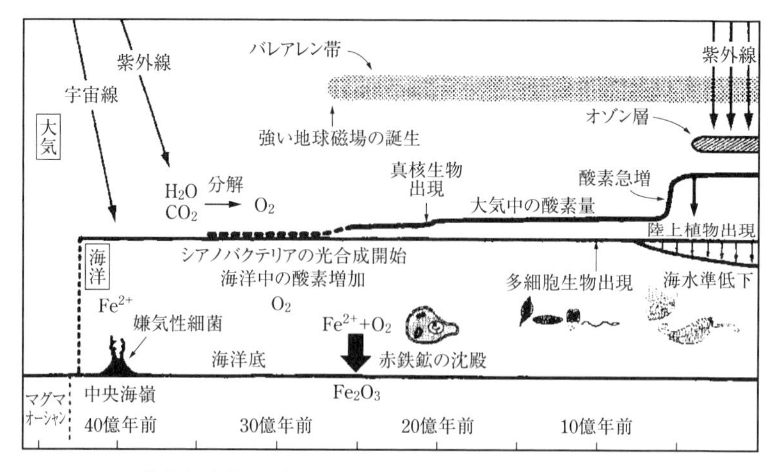

図 4-1　地球表層系と生命圏の共進化の概要を示す図（丸山・磯崎，1998）

地球気候の進化に密接に関与している大気成分は CO_2 と O_2 であり，これら2つの成分の変化を含む始生代・原生代から（現在を含む）顕生代に至る地殻活動や生命活動の指標としての炭素同位体比の変化を図 4-2 に示す．これらの成分の変化から，始生代・原生代における大気環境と気候の進化（変遷）を考察してみよう．

4-3-2　炭素循環の進化

まず，地表気温を大きく決めている温室効果ガス CO_2 の大気中の濃度変化を，地質学的時間スケールにおける炭素循環を支配するしくみを通して考える．CO_2 は，大気圏・水圏・地圏（および生命圏）を通した炭素循環の状態で決まっており，地質時代の時間スケールでの気候変化は，そのスケールでの炭素循環の変化に大きく関わっている．

CO_2 は現在の大気では大気組成の 0.04%，分圧にして 3×10^{-4} 気圧程度しかないが，40 億年前には 10〜0.1 気圧もあったと推定されている．その後の地球史では図 4-2 で示されるように，時代とともに大きく減少している．CO_2 の減少は，海洋の形成に伴う CO_2 の海水への溶け込みに加え，大陸の形成に伴う風化作用による CO_2 の地殻への固定である．大気中の CO_2 は水に溶けやすく，炭酸となる．炭酸は弱酸であるが，長い時間をかけて，化学

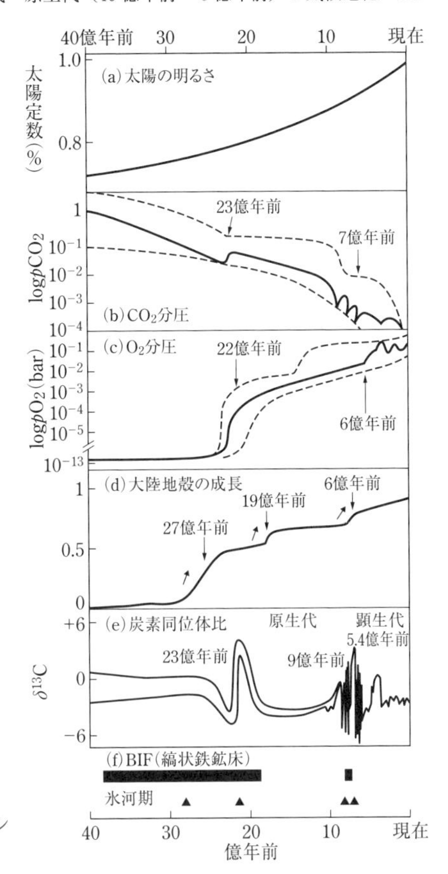

図 4–2　40 億年前から現在までの地球システムの変遷図（川上，2000）

的風化作用として大陸地殻を構成するケイ酸塩鉱物を溶かし，海洋に流し込む．海洋では海水の Ca^{+} イオンと作用して炭酸カルシウム（$CaCO_3$）として海底に沈殿する．海底に沈殿した $CaCO_3$ は，40 億年前頃からすでに機能していたとされる海洋プレートの運動により大陸地殻へもぐり込むという過程を通して，CO_2 を正味で（地殻に）固定することになる（図 4–3）．

生命活動が開始されると，微生物による土壌形成とその流出というかたちの生物学的風化作用も強化されるため，CO_2 の固定はさらに効果的となる．一方で地殻から大気への CO_2 の放出は，大陸・海洋地殻の火山活動・火成活動に伴う CO_2 排出である．大気中の CO_2 濃度は，風化作用による CO_2 固定と火山活動・火成活動による CO_2 放出のバランスで決まるが，地質時代

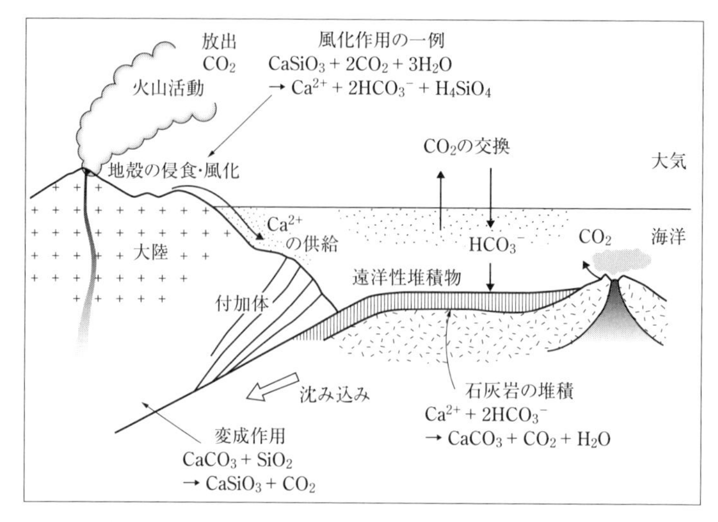

図4-3　地質学スケールにおける炭素循環に関わる地球表層でのプロセス（平，2001）

を通して，減少傾向であることは，風化作用によるCO_2の地殻への固定がCO_2放出より全般的に強かったことになる．ただ，風化作用は地球の気候状態（温度，降水）に大きく左右される．平均的には温暖で降水が多い湿潤な気候では風化作用は強く，寒冷で乾燥した気候では風化作用は弱いため，CO_2濃度が増加（減少）して温暖（寒冷）な気候になると，風化作用は強く（弱く）なるという，気候と風化作用の間には「負のフィードバック作用」が存在する．

なお，次節で述べるように，生物の光合成活動によるCO_2の生命圏と地圏への固定そのものも，もちろん，重要なプロセスである．光合成活動も基本的には，温暖な気候下で活発だと考えられるため，この「負のフィードバック」は生命圏により，全般的にはより強化されると考えてもいいであろう（最近の「地球温暖化」に関連した生命圏の役割は第5章でさらに議論する）．

始生代・原生代を通して大気のCO_2が大幅に減少してきたのは，図4-4に示すようにBP 30億年頃以降の大陸地殻の拡大に伴う風化作用によるCO_2の地殻への固定の増加が大きく効いている．さらに，次に述べる生命圏の進化に伴う光合成活動の全般的な強化によるCO_2の地表・土壌の発達

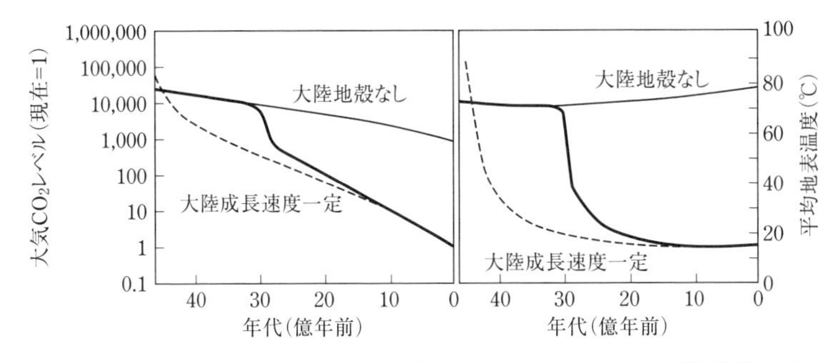

図 4-4　大陸成長モデルを用いた地球史を通じた CO_2 レベルと平均地表温度の変遷のシミュレーション（田近，2009）

細実線は大陸地殻がなかった場合，破線は大陸成長速度が一定の場合，太実線は（現実に近い）30億年前頃から急激に大陸が成長した場合．

（地表面への固定）も大きく効いているはずである．

4-3-3　「大酸素イベント」と生命圏の進化

地球上に生命が現れたのはいつか，また光合成を伴うような生命活動が始まったのはいつか，多くの研究がすでになされているが，まだ未解明なことが多い．ただ，大気中の O_2 の増加は，紫外線による水蒸気（H_2O）の分解による分もわずかにあるが，基本的に酸素を出す光合成生物の出現によっているとされている．その視点で図 4-2 の O_2 分圧の変化をみると，23億年前の前後1〜2億年間で，ほとんどゼロの状態から一挙に 10^{-3} 気圧程度にまで上昇している．この時期は「大酸素イベント（I）」といわれており，現在の酸素分圧（PAL）の1% 程度のいわゆるパスツール・ポイントに達し，光合成と酸素呼吸の両方で生きていく現在の光合成植物の急激な活動がこの時期に現れて，大気中の O_2 濃度を一挙に高めたと考えられる．これを担ったのが，シアノバクテリアといわれている．

なお，このシアノバクテリアの活動は，すでに27億年前頃から現れていたが，この時期は，大陸地殻が急激に拡大し，大陸の拡大によって，シアノバクテリアの繁殖に都合のよい海岸域が拡大し，大気と海洋を酸素で「汚染」していくことになる．当時の海洋は還元物質である二価の鉄イオンが大量に溶け込んでおり，シアノバクテリアの光合成による酸素は，これらの鉄イオンと結合して，水に溶けにくい三価の水酸化鉄（Fe_2O_3）をつくり，海底に沈殿させた．このプロセスは，海洋が完全に中和されるまで数億年という長い年月続き，海底に，厚い縞状鉄鉱床（BIF）をつくった．これが現在残っている鉄鉱床となっている．シアノバクテリアによる大気の「大酸素イベント（Ｉ）」は，海洋が中和あるいは酸性化された時点（22〜23 億年前頃）から起こったと考えられている（図 4–2）．「大酸素イベント（Ｉ）」は，光合成活動とともに，酸素呼吸を行える「真核細胞」生物の出現の条件もつくったともいわれている（表 4–1 参照）．

4–4　スノーボールアース（全球凍結）の謎

海洋と大陸が形成されて以降の地球の気候には，大陸氷床や広い海氷域が分布する雪氷圏をもつ全球的な寒冷な気候の時期（氷河時代）と，このような雪氷圏がまったく存在しない全球的な温暖な気候の時期（温暖時代）が交互に交替して出現してきた．この状況は，次節（4–5 節）でも述べるように，顕生代での気候変化に，より顕著に現れているが，原生代でも同様の気候変化の証拠が示されている．特に原生代の初め頃と終わり頃に 1 億年前後続いたとされる 2 つの氷河時代の地球は，高緯度のみならず，赤道域も含めて，ほぼ全球が雪氷に覆われるスノーボールアース（全球凍結の地球）とよばれて，その形成のメカニズムや地球史における意味が最近 20 年，大きな議論となっている．

4–4–1　原生代前期氷河時代（23〜22 億年前）

まず上述の「大酸素イベント」とほぼ同時期の約 22 億年前，当時の赤道地域地殻まで大陸氷床が拡大した氷河期が存在したことが，南アフリカの地層の調査から強く示唆された（Kirschvink *et al.*, 2000）．全球凍結の証拠は，赤道に近い緯度で氷床あるいは海氷に覆われた氷河性堆積物の地層があることや，その前後での炭素循環や生物活動を示す指標が，全球凍結という過程を入れることにより，うまく説明できることによっている．

気候の寒冷化には，温室効果ガスとしての大気中の CO_2 濃度を下げることが必要で，前述の炭素循環のプロセスでは，大陸地殻の拡大に伴う沿岸域での風化作用によるCO_2の固定が火山活動によるCO_2放出を上回ることが必要であろう．それに加え，シアノバクテリアの光合成活動を通した酸素の急上昇は，上述のプロセスによる縞状鉄鉱やマンガン鉱を形成させ，同時に海洋の酸性化を進めた．この状況はさらにCO_2の海洋中への溶け込みと炭酸塩化による海洋底への沈殿が，大気中のCO_2濃度を下げて，寒冷化をさらに促進したと推定されている．まさに「大酸素イベント（I）」を引き起こしたシアノバクテリアの大繁殖が，ほぼ同時に氷河期の形成を引き起こしたことになる．

4-4-2　原生代後期氷河時代（7～6億年前）

この氷河時代の訪れは，10億年前頃から地球史上始めて形成された巨大な大陸であるロディニア超大陸が分裂を始めた頃とされている．この超大陸は，赤道をまたいで低緯度に位置していたが，陸地の大部分が海から遠く離れていたため，内陸を中心に乾燥気候が卓越していた．その超大陸がばらばらの陸地に分かれ出すと，かつての乾燥地域が湿潤な海洋性気候に取って代わり，化学的風化作用が激しくなり，大気中のCO_2濃度が急激に下がり，温室効果の弱まりにより気温も下がった．低緯度中心の大陸で，高地・山岳地域から積雪が広がり出すと，低緯度に位置する陸地域であるため，アルベード効果は大きく，雪氷域は急激に全球的な拡大をした可能性がある．ただ，このような時期の生物活動（光合成活動）はどうであったか．

図4-5に，氷河時代における炭酸塩岩（堆積物）の炭素同位体比（$\delta^{13}C$）の変動で示す．この同位体比は，氷床が拡大し，生物活動が弱まった時期には負の値を示し，反対に生物活動が活発になった時期には正の値を示すことがわかっている．興味深いことは，原生代前期の氷河時代には，氷床拡大の後半に急激に正の値で増加して，まさに「大酸素イベント（II）」を証拠づけている．すなわち，氷床に覆われた寒冷期には生物活動は不活発であるが，氷床が融け出す過程では気温の上昇と海洋域の拡大により，生物活動は爆発的に活発化し，大酸素イベントとなると考えられる．長期間の氷床拡大により，その前の生物種の多くは死滅しているため，スノーボールアース期直後の「大酸素イベント（II）」は，新たな多細胞生物の出現などを伴う生物進化にとっても重要な時期であったと考えられる．

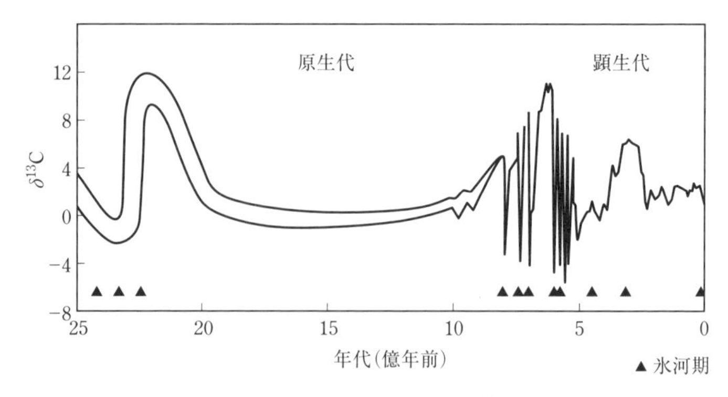

図4-5　過去25億年における炭素同位体比（$\delta^{13}C$）の変動（Kaufman, 1997）

炭素同位体比が急激に低下した時期は氷河期（▲）に対応している．

後期の氷河時代には，氷床拡大期に対応した負の値が何回か短くみられるが，氷河時代全体としては，その前の10億年以上の長い時代に比べても高い正の値を示している．このような炭素同位体比の振幅の大きい変動は，氷期拡大→生物活動の不活発化→氷床縮小→生物活動の活発化が，より短い時間スケールで繰り返されたとも解釈できる．いずれにしても，前期，後期のスノーボールアース期とも，赤道をまたがるような低緯度を中心に存在していた超大陸が分裂して浅い海に陸地が点在した地表面状態であり，氷床が融けた状態では，浅い海や沿岸を中心に生物活動が活発化しやすかったと考えられる．活発化した生物活動による風化作用の強化は，CO_2の減少（と酸素増加）のイベントを通して，やがて次の寒冷な気候に導くというサイクルになっていた可能性も高い．

4-4-3　スノーボールアースのダイナミクスと生命圏の進化

地球表層が全球凍結となりうる可能性は，第3章で議論したように，0次元や1次元の放射平衡気候モデルでの1つの平衡状態として指摘されていた（3-4節参照）．1998年のホフマンらの論文（Hoffman *et al.*, 1998）に始まるこの問題は，現実の地球史にこのような全球凍結がありえたのか，またその地球の生命史における意味も含め，現代の地球科学，気候学における第一級の問題である．ただ，この問題の解決に向けてどう取り組むべきか，課題も多い．

まず，そもそもほんとに「全球」の凍結状態が起こったのか？　また，いったん全球が雪氷に覆われて，全球のアルベードが低くなれば，全球凍結状態は，比較的安定して続きうるが，いかにその状態に入ったか，また，いかにその状態から脱出することができたかが，地球気候学的な大問題である．さらに，もう1つの興味深い，そして，おそらくより重要な問題は，「スノーボールアース」の概念をホフマンやカーシュヴィンク（Kirschvink *et al.*, 2000）らが提唱したときに，この概念をいわば作業仮説とすることにより，生命史を含む原生代の地球史の重要なイベントを統一的に説明できる，とした点である．その意味で，この「スノーボールアース」仮説は，地球における気候と生命がどのような連関をもって発展（あるいは進化）してきたか，という，本書のもう1つの趣旨にもからむ重要な問題提起をしている．

さて，地球気候学の課題としてのスノーボールアースの形成や崩壊の条件とその安定性については，放射平衡気候モデルや全球気候モデル（大気大循環モデル）などにより，すでに多くの議論がなされている（たとえば，Crowley *et al.*, 2001; Chandler and Sohl, 2000; Hyde *et al.*, 2000; Tajika, 2003; Pierrehumbert, 2004, 2005; Pollard and Kasting, 2005）．この時期の気候の寒冷化は，図4-2にもあるように，太陽の明るさ（太陽定数）は，22億年前で現在の83%，6億年前で94%と小さいことに加え，温室効果ガスのCO_2がどの程度減少したかが，寒冷化への直接的な外力の違いと考えられる．ただ，再現すべき地球表層も，厚い氷床が赤道域にまで完全に覆ったとする「ハード・スノーボール」だったのか，氷床は大陸上のみで，海洋上は薄い海氷だけが覆っていたとする「ソフト・スノーボール」だったのかで，必要な外力変化も大きく変わる．そして，何よりも，当時の海陸分布がどうだったのか，炭素循環に対する生命圏の役割がどの程度であったのかなど，不明な点が多い．

この問題をまず，南北分布のみを考慮した1次元放射平衡モデルにより，スノーボールアースの形成と消滅の可能性を調べた研究を紹介しよう．図4-6は太陽の明るさの違いを考慮して，どの程度の温室効果ガス（CO_2）なら，全球凍結の解に移行できるかを調べた結果である（Tajika, 2003）．現在（$S=1.0$）の大気中のCO_2濃度は約400 ppm（$\sim 4\times 10^{-4}$ bar）なので，部分

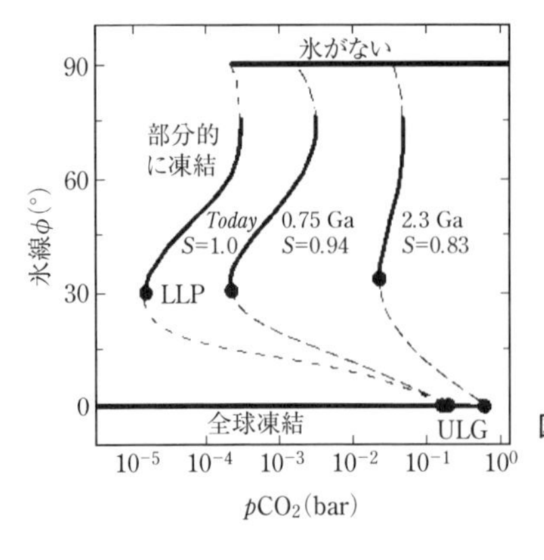

図 4-6　太陽の明るさ（S）の違いを考慮した1次元放射平衡モデルによる原生代氷河期の定常解（Tajika, 2003）

的に氷床が存在し，氷床が南下して部分凍結の南限から全球凍結にジャンプする限界（LLP）に至るには，CO_2 濃度がさらに10分の1程度に下がる必要があることが示されている．それが23億年前の氷期（$S=0.83$）なら，現在の50〜70倍程度の CO_2 でLLPに至ることと，約7億年前の氷期（$S=0.94$）では，現在の CO_2 濃度とほぼ同程度（PAL〜1）で，LLPのレベルに達する可能性がある（図4-7（b））．ちなみに，原生代前期の氷期前の CO_2 濃度は100〜数百PAL程度，後期の氷期直前の CO_2 濃度は10〜数十PAL程度と推定されているが，これらの推定値は，いずれもLLPよりも十分に高い温暖期の値であることもこの計算から示唆される．

全球凍結に至るには，生命圏も含めた風化作用の強化による CO_2 の地圏への固定が増加することが不可欠であるが，CO_2 濃度が現在の10〜数百倍程度であったこの時期は風化作用による CO_2 濃度低下も大きく，風化作用が強くなればより容易に全球凍結に至る可能性のあることも，この計算（図4-6，4-7）は示唆している．陸上生物の存在は土壌を形成し，生物活動に由来する風化作用を強化し，CO_2 の大気からの削減を強化する．この生物による風化作用がなければ，地球の表面気温は非常に高くなり，現在の地球でも大部分の生物が居住できる温度をはるかに超えてしまうと推定されている (Schwartzman and Volk, 1989)．したがって，生物活動が活発になって CO_2 を大量に固定されたことも CO_2 濃度低下には大きく効いていたと考えられる．

図4-6の1次元放射平衡モデルにより推定されたスノーボールアースの形

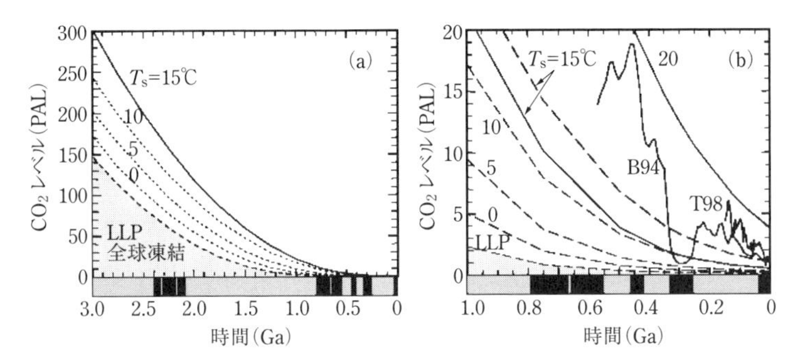

図 4-7　(a) 太陽定数が地質時代を通して増加していく条件下で，全球平均地表気温が 15℃，10℃，5℃，0℃ および全球凍結にジャンプする下限気温（LLP）となるための大気の CO_2 レベルの計算値．(b) 10 億年以降を詳しく見た拡大図．顕生代（6 億年前〜）における実際の CO_2 推定値も示している（Tajika, 2003）．

成から消滅までの気温の南北分布を図 4-8 に示す（Tajika, 2007）．部分凍結状態の限界（LLP）から全球凍結に気候がジャンプすると，全球平均気温は −40℃ となるが，CO_2 濃度が増えて温室効果ガスが増加していき，全球凍結が解除される直前には，−20℃ 程度まで気温は上昇する．その後，CO_2 濃度がさらに増えると，全球凍結は一挙に壊れ，（地質学的な時間スケールでの）一瞬にしてまったく雪氷がない温暖気候の地球に変化してしまう．そのときの全球平均気温は，+60℃ にもなり，短期間に赤道付近で 80℃ 以上，極域でも 60℃ 以上も地球の平均気温が上昇してしまうことになる．

一方，Hyde らは，氷床モデルと 2 次元放射平衡モデルを組み合わせて，より現実的なスノーボールアースの数値実験を行った（Hyde *et al*. 2000）．この実験は，約 7 億年前の原生代（後期）の全球凍結（表 4-1 参照）を想定して行った．太陽の明るさは現在の 94% で，CO_2 をこの時期で想定しうる範囲内でさまざまに変化させて実験を重ねたところ，図 4-9 に示すように，CO_2 による赤外放射強度が約 5 Wm^{-2}（大気中 CO_2 濃度で約 130 ppm に相当）で全球凍結の状態になった．さらに得られた全球凍結の地表面を境界条件にして海氷モデルを組み込み，当時の大陸・海洋分布を入れた大気大循環モデル（GCM）による数値実験を行い，（全球凍結からの離脱過程を想定して）CO_2 濃度を増加させてスノーボールアース気候の安定性を調べた結果，

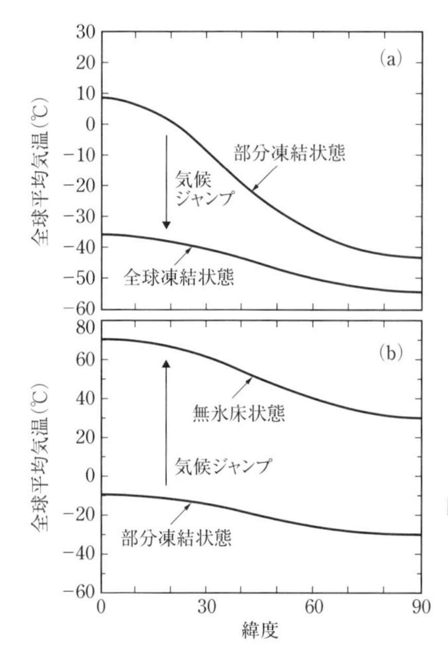

図 4-8　1次元放射平衡モデルによる（a）部分凍結から全体凍結へのジャンプ，（b）部分凍結から無氷床へのジャンプに伴う気温の南北分布（Tajika, 2007）

現在（280 ppm）のレベルの2倍程度で，（南北25度以下の）低緯度のみ海氷のない海洋が出現することが明らかになった．この原生代後期の全球凍結の時期は，表4-1にあるように生命圏進化における細胞生物の出現と密接に関係していたと考えられている．ただ，そのためには氷床に覆われた地球にどのように海洋が存在できたかが大きな問題であるが，この氷床-気候を組み合わせたモデル実験の結果は，この問題への解決にも1つの示唆を与えている．

このような地球気候の激変は，当然生命圏にきわめて大きな影響を与え，多くの生物種を絶滅に追いやったに違いない．極端な寒冷環境とその直後の極端な高温環境という過酷な条件は，生物にとって非常に強いストレスであったはずである．原生代前期と後期のスノーボールアース現象は，その発現過程では，CO_2 濃度を下げるような生命圏の活動の活発化が重要な役割を果たしていたが，終了する過程では，逆にそれまでの生命圏を壊滅状態にして，新たな生物相を生み出すことになるきっかけにもなり，原生代における生物進化を促す要因であった可能性が高い．一方で，スノーボールアースの開始

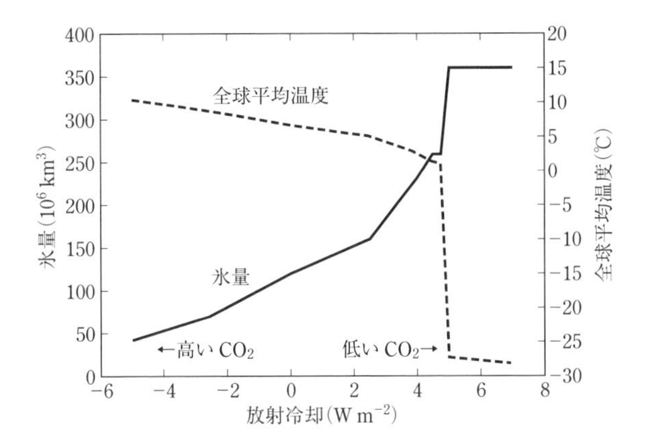

図 4-9　氷床モデルと2次元放射平衡モデルを組み合わせた気候モデルで，CO_2 濃度を変化（減少）させたスノーボールアースの数値実験（Hyde *et al.*, 2000）

CO_2 による赤外放射強度が約 5 Wm^{-2}（大気中 CO_2 濃度で約 130 ppm に相当）で全球凍結の状態にジャンプしている．

にみられるように，生物活動は逆に地球環境の変化にも大きな影響を与えうる．このような時間スケールでの地球気候変化と生命進化は「共進化」的側面が強く，切り離すことができないのである．

4-4-4　「退屈な」10 億年（20 億年前〜10 億年前）

ところで，原生代における大イベントであった2回のスノーボールアースの間は，地球はどのような気候で，生命圏では何があったのだろうか．約 22〜23 億年前に地球を襲った最初のスノーボールアースは，シアノバクテリアの大繁殖と陸域の増加に伴う風化作用による大気中の CO_2 濃度の低下が引き金になったが，その後，火山活動の活発化などにより CO_2 が増加して氷床がなくなり，海面が再び上昇すると，海洋表層のみ光合成を行うシアノバクテリアなどの単細胞生物の活動は続いた．その数 m 下には紅色硫黄細菌など，硫化水素（H_2S）が充満する海が広がり，そこでは，CO_2 と H_2O ではなく，CO_2 と H_2S による，O_2 ではなく硫黄（S）をつくり出す光合成が卓越していたとされている．このような状況は，暖かい海洋が地球表面を覆い，陸地面積が非常に小さく，陸地での風化過程が弱かったことが条件になっていたと考えられる．

地球気候システムはどう決まるか，第3章の議論をもう一度振り返る．

地球表面での全球平均の放射平衡温度は，外力エネルギーとしての太陽の入射エネルギー（S）と，それをどの程度システムに取り込むかを決める地球表層のアルベード（A），それに，地球からの赤外放射エネルギーの効率を決める大気の赤外射出率（ε）の3つの要素に加え，大気・海洋・陸面系の状態が関係する南北の熱輸送効率で基本的に決まることを述べた．

海面上昇で陸域が少なくなり，氷床や海氷がまったくなくなった海洋が広がった地球表層では，深層水循環も形成されず，少しずつ強くなってきた太陽放射が海の低いアルベードの下で効率よく吸収され，暖かい表層海流により地球全体での南北の熱輸送効率が良い，温暖な地球が続いていたと思われる．呼吸をする動物相が出現するには，大気中の酸素濃度が少なくとも10% 以上が必要といわれているが，表層のみのシアノバクテリアなどによる光合成でつくられた酸素も，すぐ下層の硫黄細菌の腐敗過程などに使われ，大気の酸素濃度の上昇はほとんど起こらなかった．

全球が暖かで，しかしおそらく地球全体で硫黄臭が立ち込めていた時代は，プレートテクトニクスが約10億年前にロディニア超大陸をつくり出すまで，地質学者や古生物学者にとって，動物の化石もみつからない「退屈な10億年」として続いたといわれている（ウォード・カーシュヴィンク，2016）．ただ，この間も微生物の世界では，原核生物から，細胞内に呼吸機能をもつミトコンドリアや光合成に不可欠な葉緑素を取り込んだ真核生物が生まれ，さらに多細胞である藻類などが生まれるなど，来る顕生代での生物の大進化への準備は，穏やかな地球気候の下で着々と進められていた．

4-5　顕生代（5.5億年前～）の気候変化

最後のスノーボールアース・イベントが終わった約6億年前，地球史における重要な生物進化イベント（エディアカラ動物群の出現）が生じた．この時期以降，さまざまな動物・植物の化石が世界中の地層から現れており，化石を中心とした生物進化と環境変化が詳細に議論できるようになった．動物群は三葉虫など硬い骨や殻をもつようになり，化石として残りやすい動物群

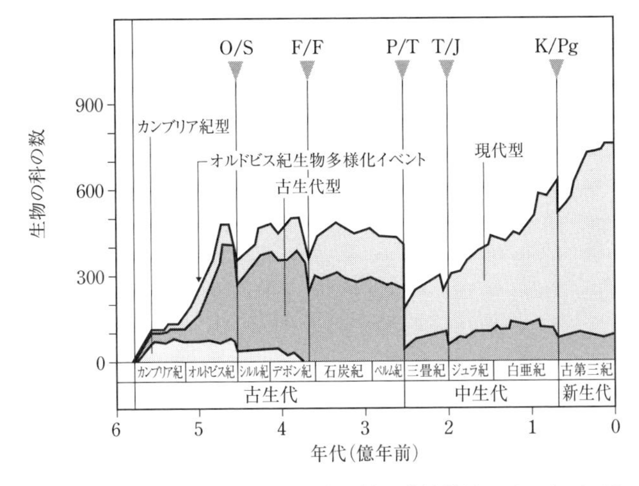

図 4–10　顕生代における生物の多様性と大量絶滅イベント（田近，2011）

が急激に増加し，化石を通して目で見える生物群が顕れた時代ということで顕生代（Phanerozoic Eon）という名前が，この地質時代にはつけられている．

顕生代は図 4–10 に示すように，卓越した生物群の違いにより，大きく古生代・中生代・新生代に分けられ，それぞれの「代」の境界では，それまでの「代」における生物群の大量絶滅のイベントがあり，そのイベントの後には，次の「代」を構成する新しい生物群が出現している．この図から，生物群の進化は，後述するように，気候あるいは大気・水圏系の環境変化に関連してそれまでの生物群の大量絶滅と，その後の新たな生物群の出現というかたちで不連続に進んでいることと，中生代から新生代の現在に向かって生物群の多様性が増加していることがわかる．

気候システムを形成する要素（大気・海洋系と大陸分布，植生，温室効果ガスを含む大気組成など）がある程度明らかになってきたのは，生物化石などによる気候・環境復元の情報が多くなった顕生代に限られるが，原生代に比べ，気候システムの変化と生物の進化の関連についても，より詳しい議論が可能となっている．

4–5–1　カンブリア爆発

古生代は，カンブリア紀の陸上を含めた生物群の爆発的な出現で開始された．この時期，海洋表層でも陸上でも光合成活動が活発化したため，大気中の酸素濃度は急激に増加し，十数％から現在の大気中の濃度とほぼ同じ20％近くになっている．酸素濃度の増加は，オゾン層形成を促し，地上に達する紫外線を大きく減少させたため，陸上での動物群の多様な進化を飛躍的に促すことにもなった．

なぜこの時期に生物群の爆発的な進化が起こったのか．多くの議論があり，確定的な答えはまだ出されていない．前節でも述べたように，スノーボールアースの終結した時期には，CO_2 濃度も非常に高くなり気候も温暖となり，沿岸地域の浅い海洋での生物群の多様な進化を促したことも事実であろう．顕生代が始まるこの時期，CO_2 濃度はまだ非常に高く，図4–11に示すように，現在の15〜20倍もあった．さらに，この時期に存在した超大陸パンゲアが実質的に赤道側に大きく移動することになる地軸の大移動があり，生物群の進化を加速した可能性も指摘されている（Kirschevink *et al.*,1997）．

4–5–2　Icehouse（氷河）／Greenhouse（温暖）気候サイクルとプレートテクトニクス

顕生代の約6億年間の大気環境（CO_2 濃度と O_2 濃度），地球気候の変化と生命圏の進化の関係は，プレートテクトニクスによる海洋と大陸の配置・分布の変化と関連させることにより，より包括的に理解することができそうである．

顕生代における気候の寒暖の変化（化石中の酸素同位体から推定された熱帯海洋域を中心とする気温変化）と海水準（水没した大陸域の割合）の変化および火成活動のおおよその変化を図4–12に示す．これに大気中の CO_2 濃度と O_2 濃度の変化（図4–11）を併せてみると，いくつかの興味深い連環がみえてくる．

大気中の CO_2 濃度は，顕生代を通して，全体として大きく減少傾向にあり，顕生代初期には現在の20倍程度あった CO_2 も，新生代が始まる頃には2〜3倍程度にまで減少している．O_2 濃度は平均すると，現在とほぼ同じ20％程度の濃度で推移しているが，古生代末（石炭紀末からペルム紀）に

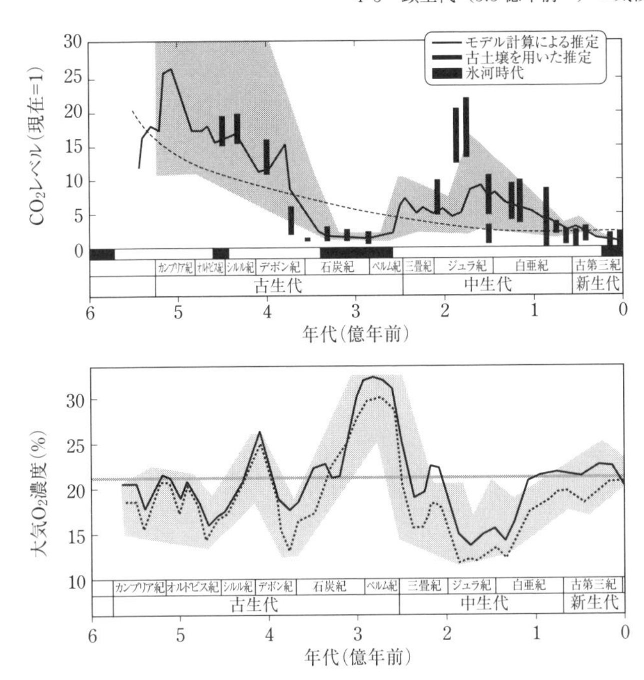

図 4-11　顕生代における大気中の CO_2 濃度（上）と O_2 濃度（下）（田近，2011）

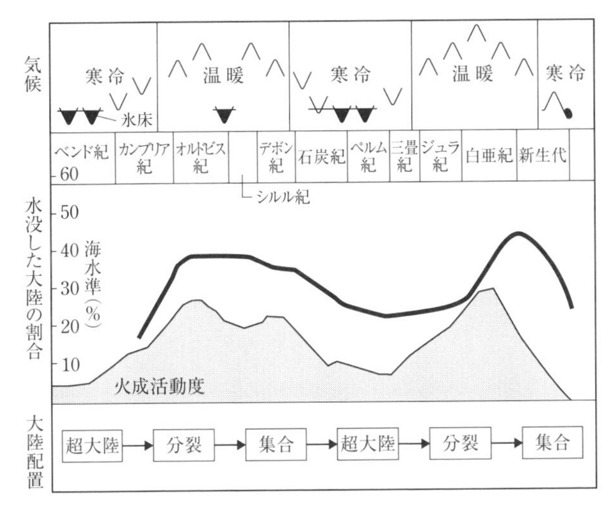

図 4-12　顕生代における気候変化と海陸分布の変化を模式的にまとめた図（Fischer, 1982）

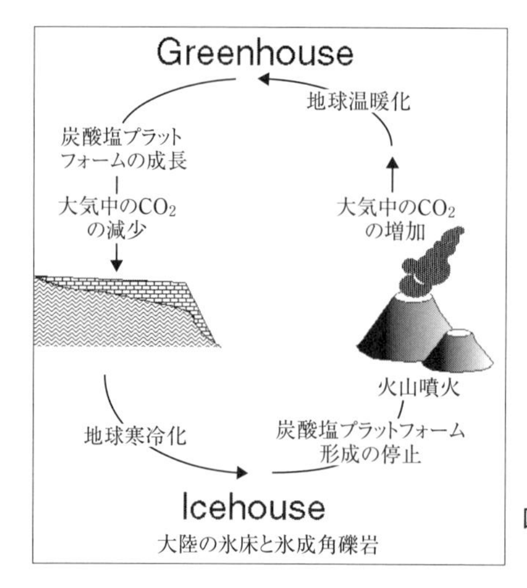

図 4-13　Greenhouse 気候と Icehouse 気候のサイクルのしくみ

は 30% を超えるような高酸素時代と，中生代中期（ジュラ紀から白亜紀）には 15% 以下に大きく減少した時期がある．気温変化には 3 億年程度の周期性がみられるが，CO_2 濃度のような顕著なトレンドは見られない．これは，太陽の進化に伴う太陽放射強度の長期的な増加傾向と CO_2 濃度減少による温室効果の弱化が相殺的に働いているためと考えられている（Owen *et al.*, 1979）．CO_2 の長期的な減少傾向は，4-3 節でも述べたように，陸域での風化過程による CO_2 の地殻への埋没に加え，図 4-10 にもみられるように活発化する生物活動（光合成活動）による CO_2 の土壌（ひいては地殻への）埋没の増加によっていると考えられる．

長期的な傾向に加え，顕生代全期間を通してみると，約 3 億年の周期で気候や大気組成（図 4-11）が変化していることがわかる．この 3 億年程度の周期は，固体地球システムのマントル対流に伴うプレート（あるいはプルーム）テクトニクスによる大陸・海洋の分布の変化と火山活動の変化が密接に関係している．すなわち，図 4-12 の一番下に大陸の分布状態が示してあるが，各大陸が集合して超大陸を形成した時期には火山活動は不活発で大気中への CO_2 放出は少なく気候は寒冷化し，プレート運動が活発で大陸が分散していく時期には火山活動が活発で CO_2 放出が多く，気候は温暖化するというサイクル（図 4-13）があることになる．気候システム変化の特徴として挙げられるのは，全体に寒冷で大規模な氷床が存在した時期と，温暖でまったく氷床あるいは雪氷圏が存在しなかった時期が，比較的長く続く，それぞれ比較的安定した地球気候の 2 つのレジームとして存在し，それらが交互に繰り返していることである．Fischer（1982）は，これらの時期を，それぞれ，「Icehouse（氷河）時代」と「Greenhouse（温暖）時代」と名づけた．Icehouse 期は極域や高山域などに氷河・氷床がある時期であり，Greenhouse 期には地球上に氷河・氷床や積雪がまったく見られない地球全体の気候温暖期であった（その意味では，現在は Icehouse 時代である）．

地球全体の気候の温暖化と寒冷化には，プレート運動に伴う大陸の集合・分散（図 4–12）が密接に関連していると考えられる．プレート運動に関係した火山・火成活動に伴う CO_2 放出量変化と，風化作用の強さを通した CO_2 の地殻への埋没量変化のバランスの結果としての大気中の CO_2 増減に加え，大陸と海洋の分布の変化に伴う全球的な海流系の変化が南北の熱輸送効率に変え，ひいては全球の気温に影響を与える可能性が大きい（2–2 節参照）．特に高緯度地域に氷床が形成されるかどうかは，南北の熱輸送効率の変化に伴う極域での温度変化が重要である（2–3 節および 3–5 節参照.）

4–5–3　P/T 境界前後の大量絶滅と気候の激変

古生代末（石炭紀〜ペルム紀）には，CO_2 濃度が極端に低下し，酸素が極端に増加した時期があり，寒冷な Icehouse 期であったことがわかる．このおおもとの原因は大西洋が閉じて各大陸が合体し，超大陸パンゲアを形成したことにある．特に前半の石炭紀の顕著な高酸素濃度期は，巨大に生長した樹木が大量に倒木したまま，（炭素として）地中に急速に埋没したために起こり，その埋没した倒木が現在の大量の石炭層となっている．陸上植物の根が深さを増していったことが，地球史の中でも最長規模の石炭紀の氷河期をもたらした（ウォード・カーシュヴィンク，2016）．海洋では（海の森林として機能していた）大量のプランクトンが海底に埋没・堆積して高酸化環境となった．高濃度の酸素により巨大な昆虫などが出現したのもこの時期である．

2.5 億年前の P/T 境界（古生代／中生代の境界）では，（種の 90% 以上に及ぶ）生物の大量絶滅が生じた．この時期，超大陸パンゲアは，後掲の図 4

–15のように北半球のローラシア大陸と南半球のゴンドワナ大陸への分裂が開始され，大陸上の氷床も融けつつある状況になっていた．大量絶滅の原因は多くの論争がある．地質学的事実としては，超酸素欠乏状態があったということがわかっている．すなわち，光合成する生物の大部分が死滅するような大気・海洋系の状態が続いたことである．

これらの事実を説明する1つの仮説は以下のようなものである．この時期，パンゲア大陸の分裂に関連して，大規模な火山活動が広がり，火山灰が地球全体を覆い，太陽光を遮って大部分の光合成生物の活動を止めた（磯崎，1995）．海洋では光合成するプランクトンの死滅による低酸素状態により硫化水素が大量発生し，海洋も大気でも硫化水素濃度が急上昇したため，生物の多くは死滅したとも推定されている．一方で玄武岩の大規模な噴出などに伴い，CO_2濃度は急激に増加し，現在の数倍以上になった．ペルム紀末から三畳紀へと，気候は寒冷なIcehouse気候から温暖なGreenhouse気候へと急激に変化していった．イベントといっても，1000万年以上続いた状況である．

P/T境界をはじめとして，顕生代には図4–10で示されるように，生物群の大量絶滅イベントが数回起こっているが，巨大隕石の地球衝突がきっかけとされているK/Pg境界（白亜紀と第三紀の境界）以外は，プレートテクトニクスによる海陸分布変化に伴うIcehouseからGreenhouse，あるいはその逆への（地質時代のスケールでみた）急激な気候変化が基本的な原因となっている．それぞれの気候と物理化学的な環境に適応・進化した生物群は，多くの場合，その環境をより持続させるように，生物群（と生態系）は気候と相互作用系をつくっていることが多い．このような系は，外からの大きな気候変化や急激なテクトニックな変化にはむしろ脆弱であり，時に大量絶滅が起きると考えられる．一方で，大量絶滅イベントは，生命圏にとって，新しい気候・環境とこれまでの生物群がいなくなったニッチェを生かして，それまでとは異質な生物群を進化させる好機となっているともいえる．

4–5–4　白亜紀の超温暖気候

白亜紀は典型的なGreenhouse期であり，全球的な温暖気候で極には氷雪はなかったと推定されている．全球平均気温は現在よりも10℃前後高く，海洋全体の平均水温も高く，17℃ 程度と推定されている（ちなみに現在は 2℃ 程度である）．高緯度（60 度）と赤道の表層水温の温度差は 10℃ 以下で，現在の 30℃ 程度と比べてきわめて小さかった（Littler *et al.*, 2011）．北極域周辺にも亜熱帯の植物群が分布していたとも指摘されている．

ただ，大気も海洋も酸素濃度は低く，生命にとっては過酷な環境であり，生物はさまざまな方法でこの低酸素状態に対処すべく進化した．この時代の巨大化した恐竜も，この低酸素大気の下での進化の結果ともいわれている．このような Greenhouse 気候の形成に最も寄与しているのは，現在よりも 4〜6 倍程度あったとされる大気での高い CO_2 濃度による温室効果であり，CO_2 濃度が高いと赤道より高緯度での温暖化が著しい（これは現在の温暖化も同様の傾向が現れている）．低緯度と高緯度の水温差（および気温差）が非常に小さかったことは，大気・海洋系の南北の熱輸送効率が現在よりもかなり高くないと説明できない（Barron *et al.*, 1995）．

4-5-5　海陸分布と海流系の役割

CO_2 などの温室効果ガス濃度の違いに加え，プレートテクトニクスに伴う大陸・海洋の分布の変化が，顕生代での気候レジームの違い，たとえば前述の石炭紀〜ペルム紀のような氷床をもつ Icehouse 気候と，白亜紀のような極・赤道間の小さな温度差の Greenhouse 気候の形成にどう作用しているのか．ヴァン・アンデルは，これらを説明できる海陸分布と海流系のモデル（図 4-14）を提示している．実際のペルム紀から白亜紀に至る海陸分布の変

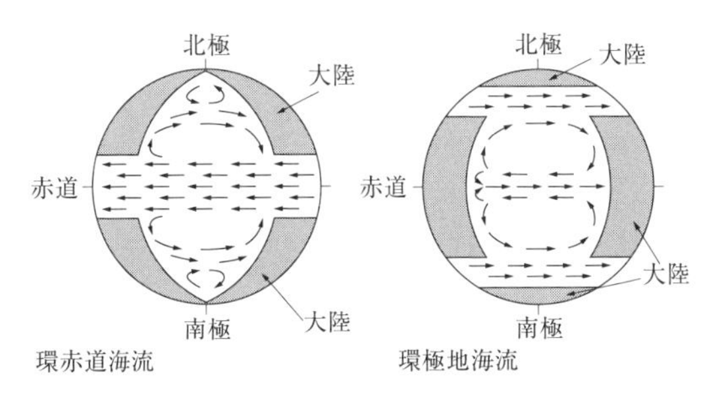

図 4-14　Greenhouse 気候と Icehouse 気候を説明する海陸分布と海流系のモデル（アンデル，1987）

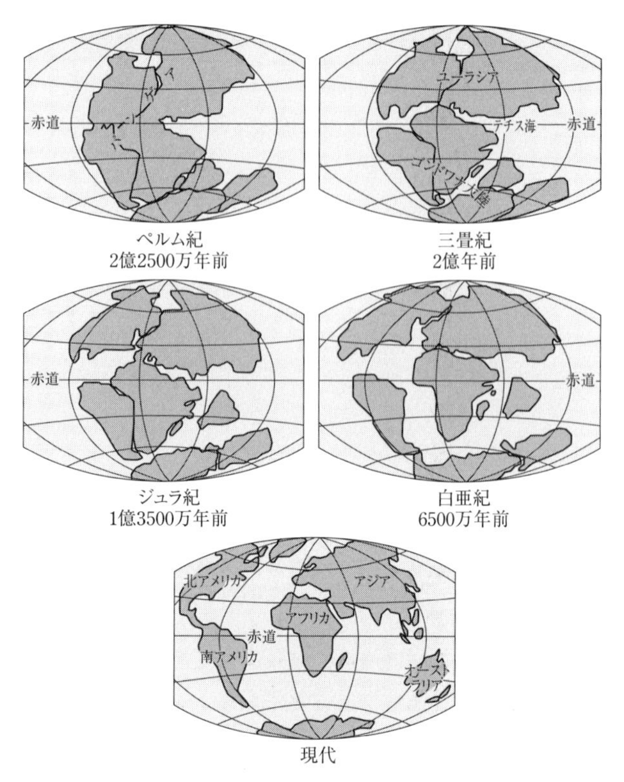

図 4–15　顕生代後半の大陸の推移

左上より 2.25 億年前（ペルム紀），2 億年前（三畳紀末），1.5 億年前（ジュラ紀末），6500 万年前（古第三紀初期），現在.

化は図 4–15 に示されている.

図 4–14 は，大陸が南北に分かれ，赤道には地球をぐるぐると回る環赤道海流のある海陸分布である．環赤道海流は地球を何回も回りながら強い太陽光で暖められるため，深層を含めた海洋全体を暖める効果が大きく，南北の温度差も小さくなる．高水温の全球の海からの水蒸気の蒸発により，大陸域も含めて多量の雨が降り，地球全体として温暖で湿潤な気候が卓越する．白亜紀には，実際に，テーチス海（現在のインド洋）から大西洋に抜ける水路状の地中海（古地中海）が存在し，南北両アメリカ大陸の間のパナマ地峡にあたる部分も海洋になっていたため，環赤道海流が存在していたとされる.

一方，Icehouse 気候であった石炭紀からペルム紀にかけては図 4–15 のよ

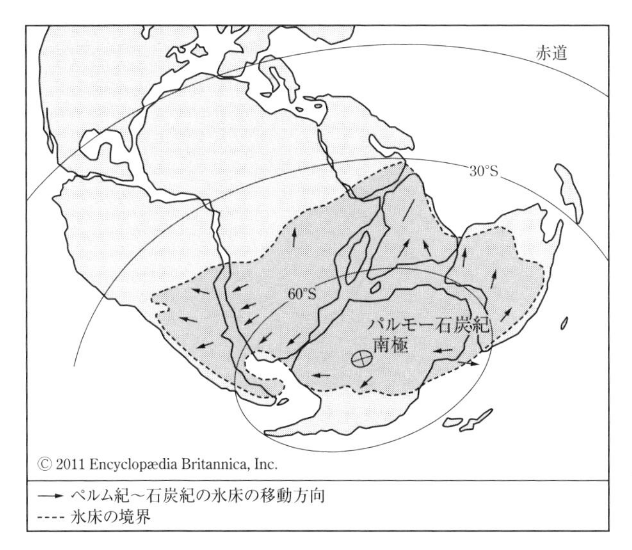

図 4-16 ペルム紀～石炭紀のゴンドワナ大陸上の氷床
(https://media1.britannica.com/eb-media/72/472-004-BAC4CABC.jpg)

うに，南北両半球にまたがる超大陸パンゲアがあり，南半球側のゴンドワナランド（衝突前のゴンドワナ大陸）の極域には巨大な氷床があった（図 4-16）．図 4-14 の右図に近いパターンであり，低緯度～中緯度の海流系はこの緯度帯で閉じて低緯度から高緯度への熱輸送の効率も悪くなる．大陸が南北両半球にまたがって海洋を分断すると，現在の太平洋のように，赤道沿いと大陸西岸に冷たい湧昇流が強化され，赤道域の加熱と中・高緯度への熱輸送も限定的となる．このモデル図には極域を中緯度と切り離す周極海流が描かれているが，このような場合は特に極域が低緯度からの熱輸送系と切り離されて寒冷な気候となる．現在の南極大陸周辺はまさにこのパターンであり，南極大陸にのみ氷床が存在できている現在気候も説明できそうである．

4-6 新生代第三紀の気候――寒冷化に向かう地球

4-6-1 PETM（暁新世-始新世境界温暖化極大イベント）

典型的な Greenhouse 時代であり，巨大な恐竜が大繁栄した白亜紀（約 1

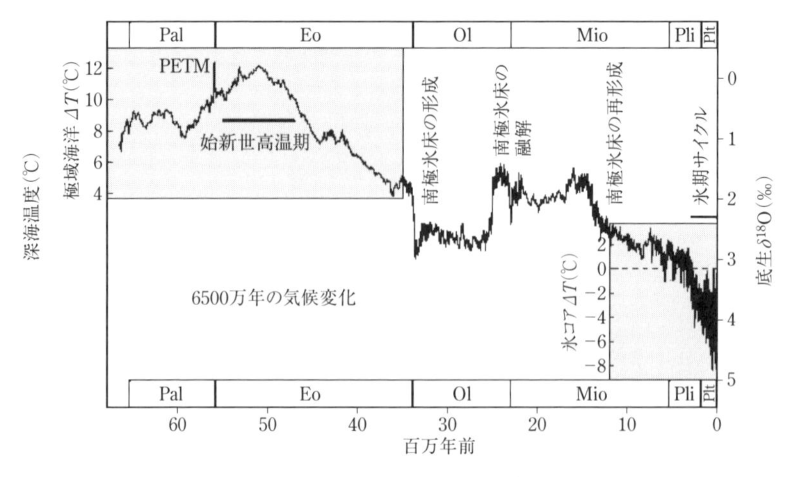

図4-17　新生代（65Ma〜現在）の全球平均の気温変化（Zachos *et al*., 2008）
（http://www.newworldencyclopedia.org/entry/Paleogene）

億4500万年前〜6600万年前）は，小惑星の衝突という稀有な大イベントにより突然終止符を打たれたことは，多くの研究（Alvarez *et al*., 1980など）で詳細に明らかになっている．恐竜が滅んだK/Pg境界とよばれる大量絶滅イベントの後，地質学的には新生代第三紀となったが，現在，第三紀という名称は公式には使われなくなった．ここで，新生代を通しての地球全体の気温の推移をみてみよう．図4-17（口絵3）は，65 Maから現在に至る，地球全体の平均気温（精確には海水温）の変化を海水の酸素同位体比（δ^{18}O）変化で推定した図である．地球は4000万年前頃まで，暖かい気候が続いた．特に，PETM（暁新世-始新世境界温暖化極大イベント）という異常に暖かい気候の時期が20万年程度（ピーク時は1〜数万年程度）続き，全球平均気温は現在より10℃以上も高く，北極域でも現在の亜熱帯系の植物が繁茂していた．現在，私たちが理解している深層水（熱塩）循環は，冷えて重たくなった海水が高緯度で沈み込む循環であるが，このPETMでは，暖かい熱帯の海水が活発な蒸発により塩分濃度が上昇し，密度が大きくなって，重く暖かい海水が沈んで通常とは逆の深層水循環が起こり，全海洋を暖かくし，海洋のプランクトンがほぼ全滅し，深海での生物の絶滅も引き起こした．

PETM イベントの原因としては，火山活動などによる CO_2 に加え海洋底のメタンハイドレートの融解による CH_4 の大量放出によっているとする説（Gehler *et al*., 2016）や，主に北大西洋の海底火山活動による大量の CO_2 放出によるという説（Gutjar *et al*.,2017）などがある．PEMT イベントにより，3000～1 万 2000 GtC（ギガトン）の炭素が海洋から大気に放出されたと推定されている．実は 19 世紀以降の人類活動による炭素放出量も，これに匹敵する量になっており，この PETM は現在の地球温暖化問題にも大きな示唆を与えている（詳しくは 5–3 節参照）．PEMT を含む第三紀初めの 2000 万年の温暖期は，環赤道海流が白亜紀のときとほぼ同様の海陸分布であり，少なくとも熱帯と中緯度は Greenhouse 気候のパターン（図 4–14 下）が維持されていたと考えられる．

4–6–2　寒冷化する気候

始新世（Eocene）の温暖期のピーク（Eocene Optimum）（50 Ma）以降，地球気候は寒冷化しその傾向は現在まで基本的に続いている．植物群としては被子植物が拡大し，動物相としては哺乳動物が卓越する現在の地球の生物相となった時代である．

ここで，温暖気候であった始新世（50 Ma）と，すでに気候が寒冷化しつつあった山岳の上昇が開始され出した頃の中新世（Miocene）（20 Ma）の海陸分布をみてみよう（図 4–18，口絵 4）．新生代初め（図 4–18 上）には，白亜紀の状態に近く，どの大陸にも赤道直下周辺にはすでに熱帯雨林があった．南米大陸は，現在のパナマ地峡付近がまだ海であり，北米大陸とは切り離されていた．アフリカ大陸もテーチス海（古地中海）によりユーラシア大陸とは切り離されていたため，白亜紀から引き続き，環赤道海流が存在しており，熱帯・亜熱帯の森林が赤道から亜熱帯まで広範に広がっていた．しかし，新生代中頃（20 Ma）になると（図 4–18 下），テーチス海（古地中海）は閉じて，アフリカ大陸とユーラシア大陸がつながり，環赤道海流は消滅し，両大陸のあいだには亜熱帯の乾燥・半乾燥地域が広がりつつあり，東南アジアとアフリカの熱帯における気候・生態系の南北方向の地理分布の違いが顕著になってきた．これは，中新世に入って顕著になってきたチベット・ヒマラヤ山塊の上昇が，東南アジアの湿潤なモンスーン気候と北アフリカの乾燥

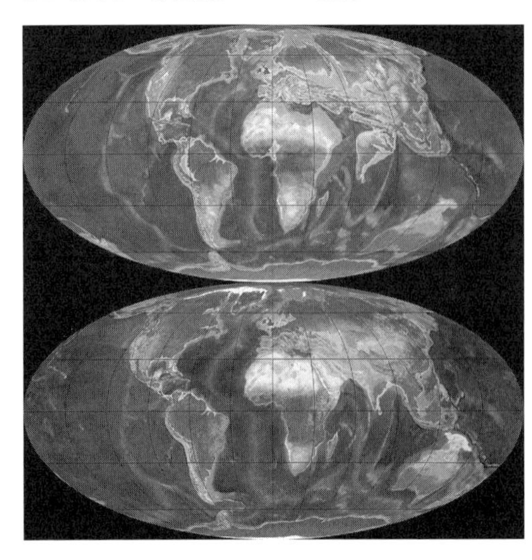

図 4-18　（上）始新世と（下）中新世における海陸分布と植生分布（口絵参照）

気候を形成してきたからである（2-3 節，2-4 節参照）．

40〜30 Ma 頃の気温の推移には南極大陸の分離に伴う南極域の寒冷化と南極氷床の形成に伴う変化が関与している．南極大陸が南米大陸・オーストラリア大陸と分離し極域に移動したことにより，図 4-14 で説明したように，周極海流が形成され，中緯度から極域への熱輸送が大きく阻害されることになり，南極大陸での氷床形成が開始された．南極氷床の形成は，アルベードの増大により地球全体の寒冷化にさらに大きく寄与したと推定される．

その後，15 Ma（中新世中期）頃から第四紀を通し，現在に至る急激な寒冷化が進んだ．これにはヒマラヤ・チベット山塊の隆起とモンスーン気候の強化が大きく関与していることが示唆される．熱帯・亜熱帯にまたがるヒマラヤ・チベット山塊の顕著な隆起は斜面での雨や河川水による激しい風化・侵食を同時に引き起こす．特に，この山塊の隆起はモンスーンを強化し，大量の雨が斜面の風化・侵食を強める．岩石の主成分であるケイ酸塩はこの化学的な風化・侵食（chemical weathering）の過程で，大気中の CO_2 を取り込み，炭酸カルシウムとケイ酸を生成して水に流し込むため，この風化・侵食を通して，山岳の隆起は地球大気の CO_2 濃度を減少させる働きをしてきたと考えられる．図 4-17 に見られる中新世後半（15 Ma 頃〜）から第四紀にかけての地球の全体的な寒冷化（図 4-19）は基本的に風化・侵食が活発

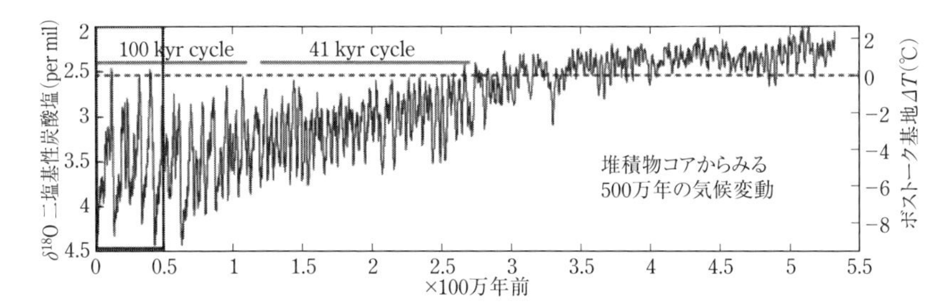

図 4-19　第三紀末から第四紀にかけての地球の平均気温の推移（Lisiecki and Raymo, 2005）

なヒマラヤ・チベット山塊が，大気中の CO_2 濃度を減少させ，温室効果を弱めるかたちで進んできた（Molnar *et al*, 1993; Raymo and Ruddiman,1992）．

プレートテクトニクスによる海陸分布の変化は，大陸での大気・海洋循環系の変化による南北の熱輸送効率の変化に加え，山岳地形形成に関連した風化過程を通した大気の CO_2 濃度の低下，さらに雪氷面積や植生が変化することによる地球規模でのアルベード変化などが加わることにより地球規模での寒冷化が進行する．

このように，新生代の全般的な寒冷化には，白亜紀を特徴づけたはずの環赤道海流の衰退，周南極海流形成と南極氷床の形成に加え，ヒマラヤ・チベット山塊が隆起することによりモンスーン循環と熱帯東西循環（Walker 循環）の形成による極向き熱輸送効率の低下，および風化過程を通した大気中の CO_2 濃度の減少などが作用したわけである．第三紀を通したこのような地球全体の気候の寒冷化は，図 4-19 に見られるように第四紀の氷期サイクルの出現の条件として重要となってくる（3-4 節参照）．人類の進化は，まさにこのような第四紀の寒冷化の中で進んだ（安成，2013）．

第5章
人間活動と気候システム変化

5-1　人間活動は地球気候にどう影響してきたか

5-1-1　急激に増大する人間活動の影響

約1万8000年前の最終氷期以降，地球全体は急激に温暖化し，約1万年前には現在に近い，あるいは現在よりも温暖な気候になった．人類による農業はこの頃に開始され，ほぼ同時に世界のいくつかの地域で人類最初の文明が開始された．米，小麦などの農耕の開始は，人類の定住生活と文明の黎明には不可欠であった．人類による地球表層環境の改変は，この時期からすでに始まっていたわけである．ただ，農耕を始めて定住した人類は，気候変動や水文環境の影響を受ける存在であり，エジプトやインダスなど，いくつかの文明の衰退や滅亡は，気候の変化やそれに伴う水環境の変化などが原因であったと推測されている．

人間活動が地球規模の気候変動に与える影響として，現在，大気中での二酸化炭素（CO_2）などの温室効果ガスの増加が大きな問題になっているが，人類は文明の開始当初から，森林を破壊し，農耕地や放牧地への転換を行って，地表面状態を改変してきた．文明化とは，別の見方をすると，原始の自然を，人間の居住空間に変換していく過程でもあった．地球の陸地表面を人工衛星や飛行機から見ると，人間の手がまったく入っていない地表面はすでに非常に少なくなっており，現在の森林面積は人類が農耕を始めた時期の約半分といわれている．その残った森林も人の手がまったく入っていない森林はほんのわずかである．

このような地表面改変は図5-1に示すような人口の増加とともに，次第に

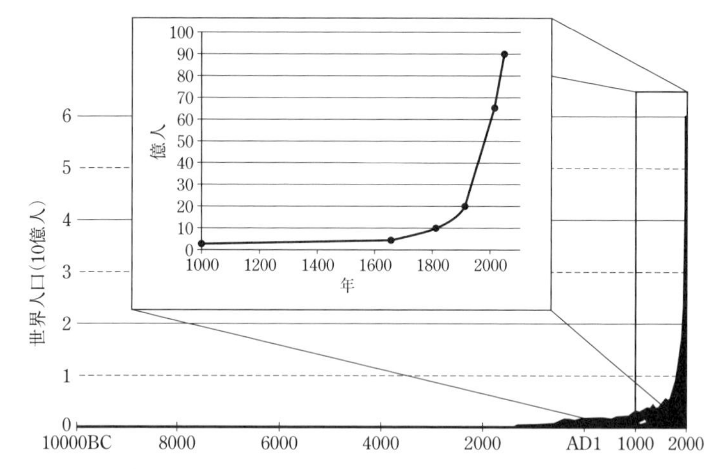

図 5-1　後氷期の1万年前および1000年前からの世界の推定人口の変化
(http//www.worldometers.info/population/)

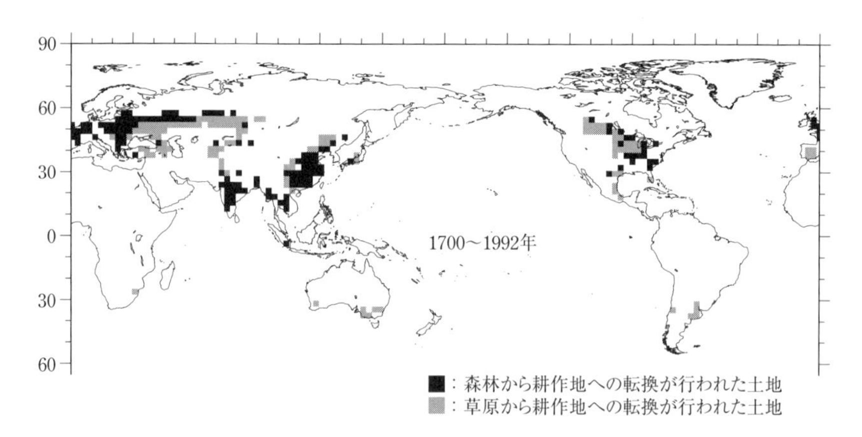

図 5-2　1700年から現在に至る地表面状態の改変（Ramankutty and Foley, 1999を基に作成）

激しくなってきたと考えられる．1600～1800年頃から人口増加率が上がってきているが，18～19世紀の産業革命以前に，ヨーロッパでもアジアでも森林から農耕地への改変は大きく広がった．図5-2は，1700年からほぼ現在（1992年）までのあいだに農耕地が拡大した地域が示されている．1700年から1850年までのアジアのインドや中国での拡大は，当時のヨーロッパの帝国主義列強による植民地化とも密接に関係している．このような森林から農耕地，都市域への土地利用変化は，アルベードや植生による蒸発散の割合などを変化させることにより，少なくとも地域的・局地的な気候変化を引き起こしていた可能性がある．この可能性を，1700 年から 1850 年にかけてのアジア南東部の地表面の変化を境界条件として，気候モデル（GCM）による数値実験で調べたところ，夏季のインドモンスーンが 1700 年から 1850 年にかけて弱まったことが示された（Takata *et al.*, 2009）．緑の森林は，農耕地よりもアルベードが小さく，効率よく太陽エネルギーを吸収することや蒸発散による潜熱の増大による水蒸気量の増加が降水量増加を引き起こしていたのである．このような森林破壊による地域的・局地的な気候の変化は，アマゾン地域でも指摘されている．

19 世紀の産業革命以降，石炭・石油などの化石燃料により，エネルギー革命が引き起こされたが，これが大気中の CO_2，CH_4 などの温室効果ガスの急激な増加を引き起こした．どの程度急激であったかは，図 5–3 の時系列変化をみれば明らかであり，たとえば CO_2 では，1850 年頃に 280 ppm 程度であったのが，（2017 年）現在では 400 ppm まで増加している．この値は，第 3 章（3–4 節）で述べた氷期サイクルに伴う CO_2 濃度変化のサイクル（180–280 ppm）をすでに大きくはみ出した値（図 5–4）であり，少なくとも過去数十万年の気候のサイクルからみても，異常に大きな変化といわざるをえない．この CO_2 増加が数十万年の氷期サイクルの中での一瞬のノイズで終われば，気候システムへの影響も小さいかもしれないが，増加が止まらず，今後も 100 年，200 年と続けば，影響は大きいであろう．もちろん，一方で，このような温室効果ガスを出す化石燃料があとどのくらいもつかという議論もある．

産業革命以降の人間活動が大気を変化させたもう 1 つの要素は，エアロゾル（大気中の微粒子）の増加である．元々，砂漠の砂の巻き上げなど，自然のエアロゾルもあるが，近年大きく増加しているのは，石炭・石油などの燃焼や，森林・焼畑などの火災（バイオマス・バーニング）によるものである．これらのエアロゾルは，図 5–5 に示すように，直接空を覆って，大気の混濁度を高めて，太陽の直達光を遮る直接効果に加え，雲の凝結核となって雲の量を増やすため，それが太陽光を遮る間接効果も問題になっている．すなわち，エアロゾルは全体としては，温室効果ガスの効果とは反対に，地球大気

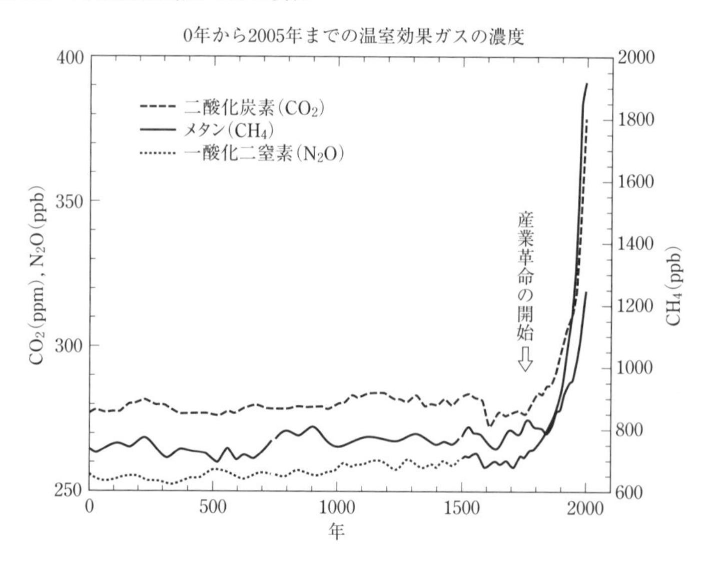

図5-3　過去2000年間の長寿命の3つの温室効果ガスの大気濃度変化 (IPCC, 2007)

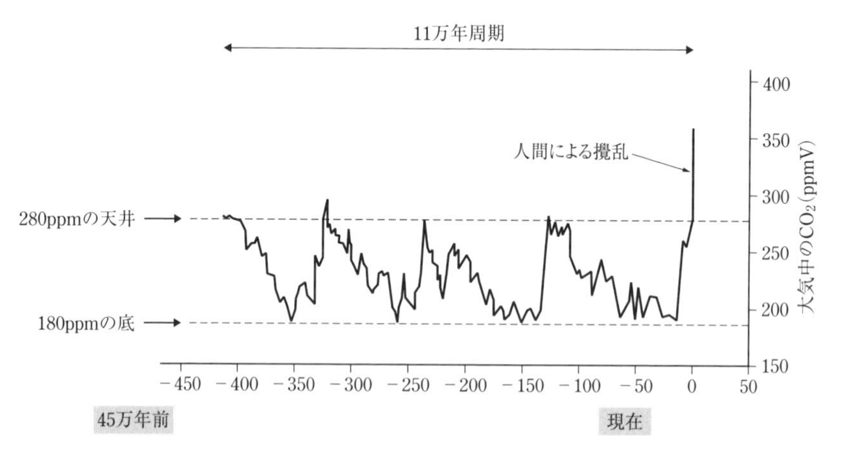

図5-4　南極氷床コアから明らかになった氷期サイクルを含む過去40万年の CO_2 濃度変化 (IPCC, 2013)

を冷却する方向に働くのである（スス（black carbon）などの一部のエアロゾルには，太陽光を直接吸収して，大気を暖める方向に働くものもあるが）．すなわち，放射平衡の式（式（1-3））で考えると，森林から農耕地などの地

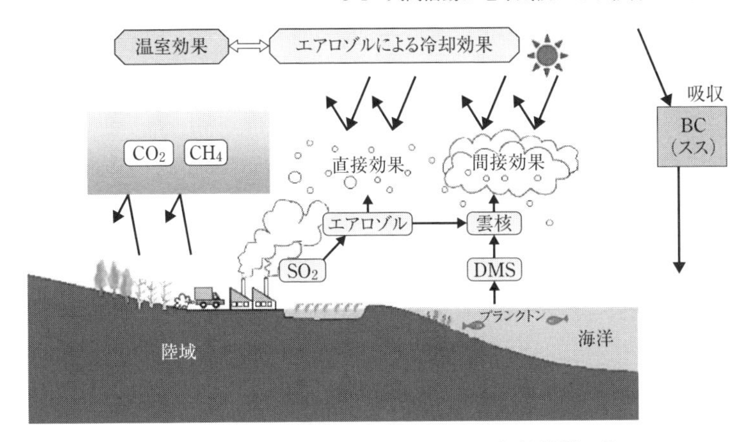

図 5-5 温室効果ガスとエアロゾルによる気候影響の違い

エアロゾルは大気汚染による混濁度を増やして日射に対するアルベード（反射率）を増加させる（直接効果）だけでなく，雲核となって雲を形成してアルベードを増加させる間接効果を引き起こす．ただし，大気中のスス（BC）は放射を吸収して温室効果を強める．エアロゾルのソースは，工場・自動車の排気ガスなど人工起源の他，森林・砂漠や海洋の DMS など，自然起源もある．

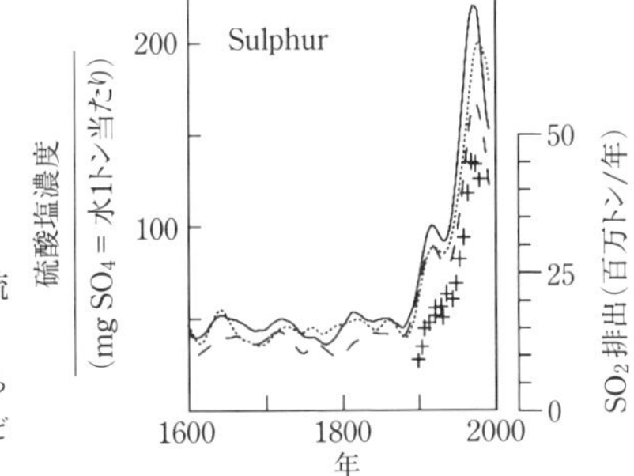

図 5-6 過去約 400 年間における大気中の硫酸エアロゾルの変化図（IPCC, 2001）

エアロゾルは人間活動により，1900 年頃から急増，1970 年代がピーク（火山活動・黄砂などによっても増加）．

表面改変とエアロゾル増加はアルベード（A）の増加を，温室効果ガス増加は射出率（ε）を増加させて，地表面付近の気温変化に影響することになる．図 5-6 は，化石燃料の燃焼によって主として増える硫酸エアロゾル（sulphate）量の変化を示しているが，特に 1900 年代後半に急激に増加していることがわかる．最近，少し減少傾向なのは，先進国による大気汚染規制などによる効果が現れているためである．

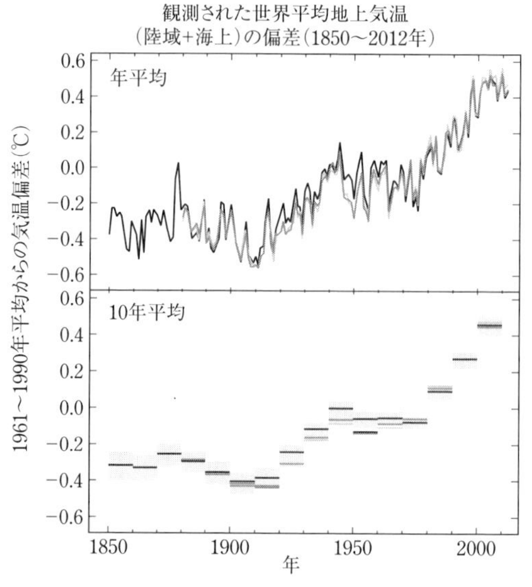

図 5-7　全球年平均地上気温の変化（1880–2016）（IPCC, 2013）

（上）年平均，（下）10 年ごとの平均．

5-1-2　人間活動による全球的な気温への影響はどう現れているか

さて，それでは，温室効果ガスの増加やエアロゾル増加，あるいは地表面改変が，地球の気候にどう影響しているのか．まず，気候の基本要素である気温の変化についてみてみよう．図 3-25，3-26 にすでに最終氷期以降の完新世といわれる約 1 万年の北半球の平均気温の変化を示した．特に図 3-26 からは，完新世全体としてあまり大きな気温変化はなかったが，1600～1800 年代は，比較的気温の低い小氷期（Little Ice Age）があり，その後 19 世紀後半以降の急激な気温上昇があることがわかる．19 世紀末以降は，全球的な気象観測網が次第に整備されてきたため，図 5-7 に示すように，より精確な基本変化がわかってきた．

この気温変化と対比されて議論されるのが，大気中の CO_2 濃度の変化（図 5-8）である．この図では，大気中の CO_2 濃度変化が化石燃料からの CO_2 排出量と対応しており，確かに CO_2 濃度の近年の急激な上昇が人間活動由来であることを証拠立てている．その CO_2 濃度の上昇と気温の上昇はほぼ対応しており，温室効果ガス増加による気温上昇が強く示唆される．ただ温室効果ガスは単調増加傾向であるのに対し，気温変化は，1940 年代～70 年代はほぼ横ばいかむしろ減少（寒冷化）傾向にあった．これについて

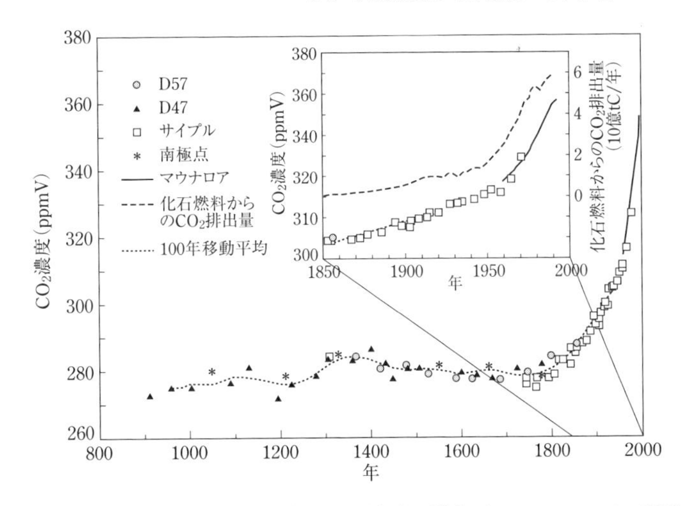

図 5-8　過去約 1000 年の大気中の CO_2 濃度の推移（Houghton *et al.*, 1995）
19 世紀の産業革命頃から急激に増加し続けている（拡大図参照）.

は，図 5-6 にあるように，1960〜70 年代の先進国を中心とした地域でのエアロゾル増加（大気汚染）による冷却効果が強化されていたのが，1980 年代以降，エアロゾル総量が抑制されたため，冷却効果も弱まったことが効いているという説明がなされている（IPCC, 2013）．この問題を，より定量的に以下に議論しよう．

5-1-3　過去 200 年の気温変動は人間活動でどの程度説明できるか

温室効果ガス増加による気温を上げる効果と，エアロゾル増加による気温を下げる効果を定量的に見積もるとどうなるであろうか．図 5-9 は，それぞれの効果があることにより，（ない場合に比べ）どれだけ放射収支を変化させるかという（放射強制（力）とよばれる）量を見積もった図である（IPCC, 2007）．温室効果ガスはプラス，エアロゾルはマイナス，土地利用変化などによるアルベード変化はマイナスになっているが，合計すると，やはり温室効果ガスの効果が卓越して，全体としてプラス，すなわち地表面を暖める方向に働いていることを示している．

温室効果ガスもエアロゾルも 20 世紀以降，特に顕著に増加しており，これらのトータルの効果として，実際に地球の気温はどう変化してきたか？

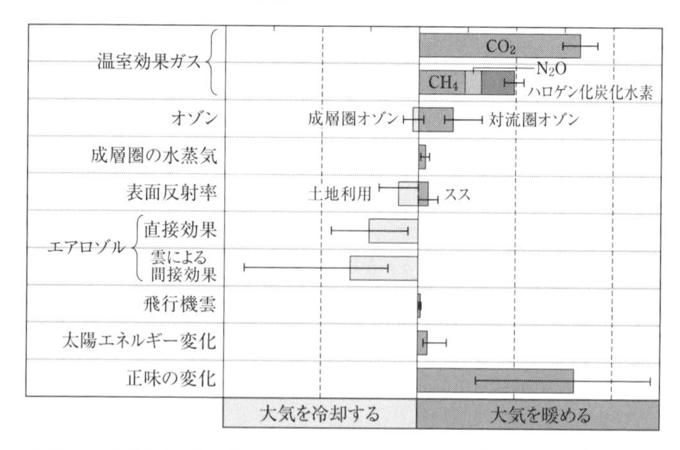

図5-9　温室効果ガスやエアロゾルが放射エネルギー収支の変化を通して，大気を暖める（冷やす）割合（放射強制力）（IPCC, 2007）

すべての要素を合わせた変化が正味の変化として示されている．

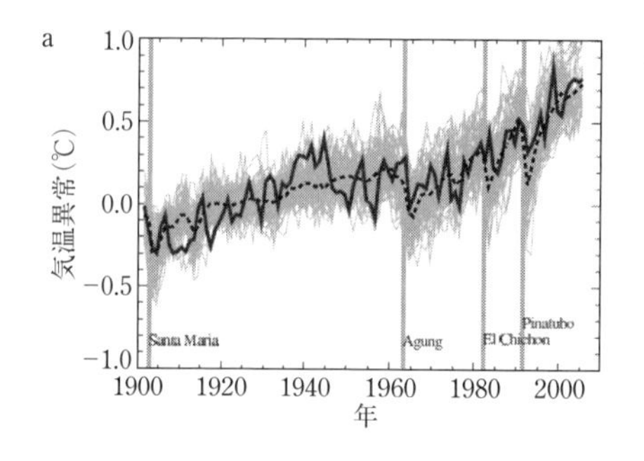

a 自然の要因と人間活動の要因をすべて入れた計算結果（▒）

━：観測値による全球平均気温の変動（1900-2005）

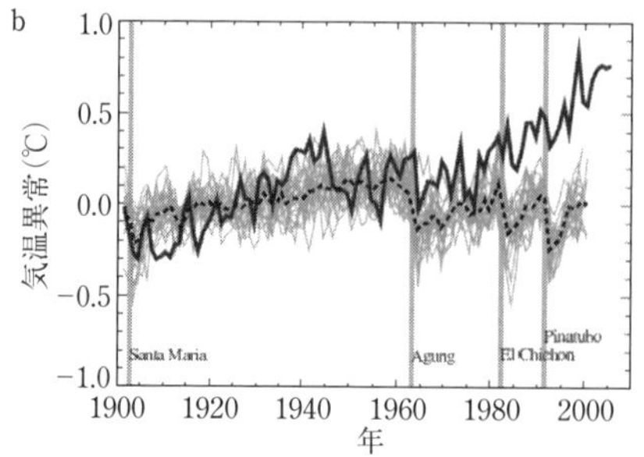

b 自然の要因のみを入れた計算結果（▒）

━：観測値による全球平均気温の変動（1900−2005）

注意：
①観測値もモデルによる計算値にも，気候の不規則なゆらぎがある
②モデル（19モデル）間のばらつきもかなり大きい

図5-10　気候モデルによる人間活動が全球気温に与える影響の評価（IPCC, 2007）

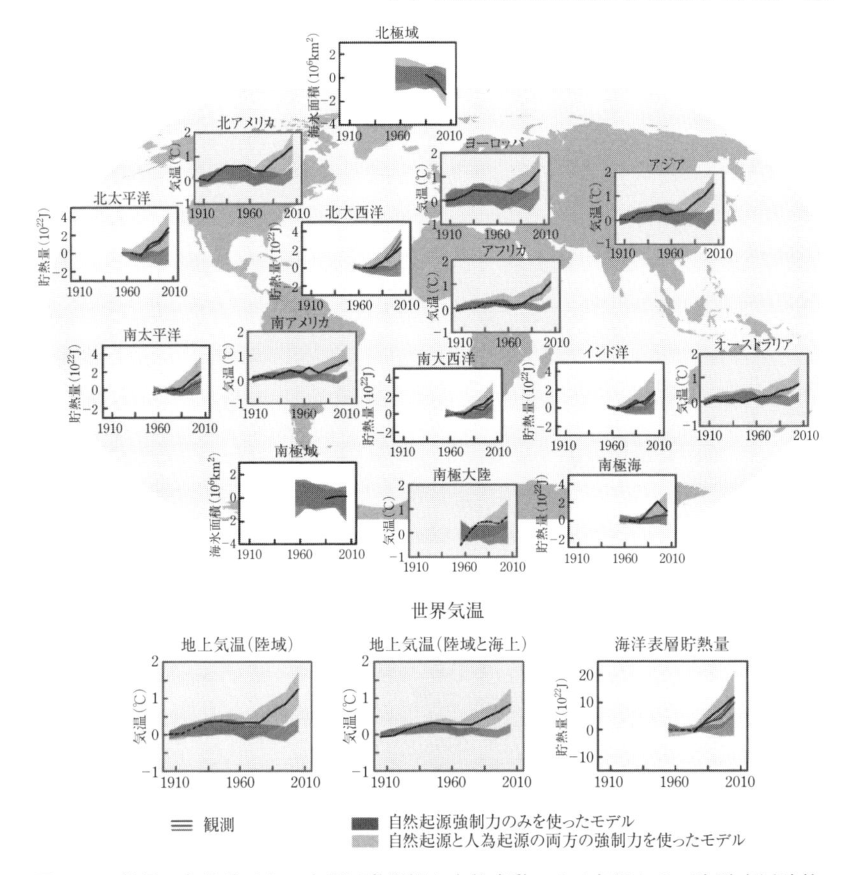

図 5-11　世界の各地域ごとの人間活動影響と自然変動による気温および海洋表層貯熱量（10 年平均値）変化の推定（濃い実線は実際の観測値による変化）（IPCC, 2013）

図 5-10 は，世界のいくつかの大気海洋結合気候モデルにより，これらの人間活動の影響を評価した結果である．太陽活動や火山噴火などの実際に生じた自然変動の要因による強制だけの 1900～2005 年の全球平均の気温変動の再現（図 5-10（b））では，現実の顕著な上昇傾向の気温変動（黒実線）とは合わないが，人間活動の影響（温室効果ガス＋エアロゾル）を含めると（図 5-10（a）），ほぼ再現されることが示された（IPCC, 2007）．すなわち，特に 1960 年頃からの顕著な温暖化傾向は，温室効果ガス増加の影響を考慮

しないと説明できないことになる．1960〜70年頃の気温の低下傾向は，先に指摘したような人間活動起源のエアロゾル増加による効果に加え，1963年のアグン火山の噴火の影響も加わっていることがわかる．

このモデルによる再現実験の結果で，世界の地域ごとの気温および海洋表層貯熱量の変化を最近約100年でみると（図5–11），南極域を除くほぼすべての地域で人間活動の影響による昇温傾向があり，特に，北米やユーラシア大陸上で，顕著な温暖化が人間活動の影響で進行していることが示唆されている．また，北極海の海氷の減少も，人間活動の影響である可能性が強いことがわかる．

5–1–4　「地球温暖化」に伴う水循環変化の可能性

気温が全球的に上昇していることは明らかになったが，気候変化として重要なもう1つの要素は降水量変化，あるいはより包括的には水循環の変化である．この問題は水惑星地球の気候変動の特性としても興味深い課題であり，ここで少し考察してみたい．

まず基本となる物理過程は，気温と水蒸気の関係である．温暖化により気温が上がれば，図5–12のように，飽和水蒸気圧（大気が含みうる水蒸気量）は，指数関数的に増加するという関係（Claudius-Clapeyron's law）がある．地球の表面の70%は海洋であり，温室効果ガス増加による温暖化では，当然海面が加熱され，海水温が上昇し，その上の大気下層の気温も上昇し，蒸発が活発となって最下層は飽和に近くなり，水蒸気も増加すると考えられる．ここで重要なことは，水蒸気は強力な温室効果ガスであり，図5–13に示すように，海面水温の上昇とともに，水蒸気増加による温室効果も強化されるという正のフィードバックが働くことである．たとえば，CO_2を倍増させると，CO_2増加のみでは1.2℃しか上昇しないが実際には水蒸気も同時に増加して2.4℃の上昇となることが気候モデルの実験で示されている（横畠，2014）．

1900年頃以降の全海洋上の水蒸気量は，増加傾向にあることが指摘されている（図5–14）（Santer *et al.*, 2007）．一方，大気下層の水蒸気量が増加すると，湿潤不安定度（2–1節参照）が増して（対流活動が生じやすくなる）ことが気象学的に知られており，雲の形成が促進され，雲量が増加する

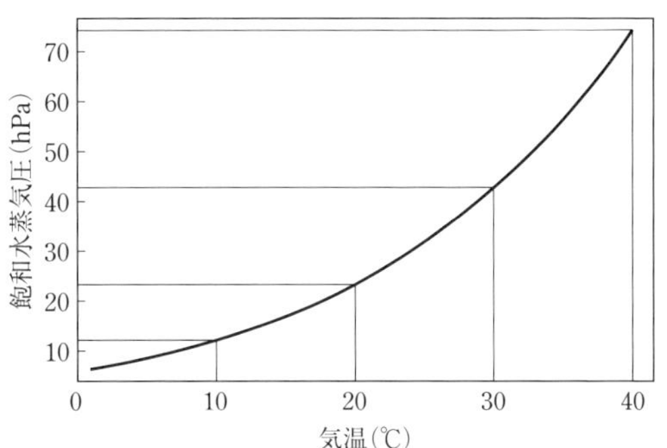

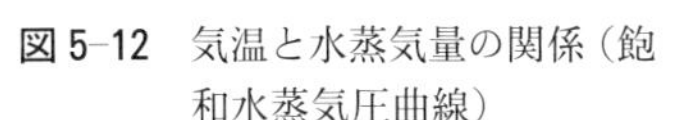
図 5-12　気温と水蒸気量の関係（飽和水蒸気圧曲線）

大気に含みうる水蒸気量は，気温上昇とともに指数関数的に増加する→温室効果ガスの増加により地表面付近の気温が上がると，水蒸気量も多くなる傾向となる．

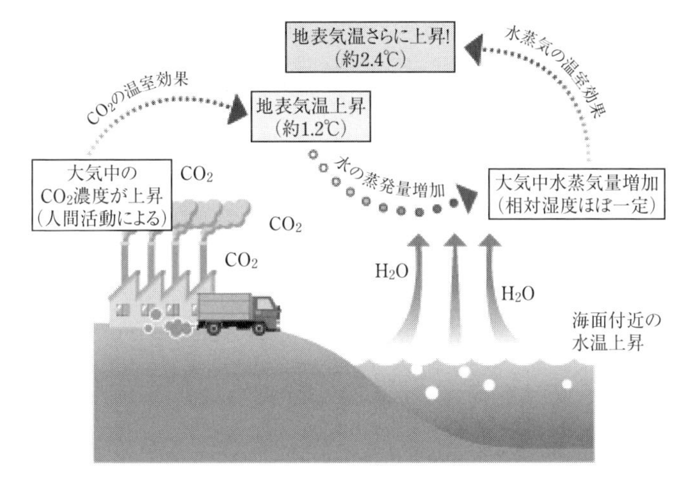

図 5-13　CO_2 増加に伴う水蒸気量の増加による温室効果の加速効果（正のフィードバック）の可能性（出典「国立環境学研究所」）

ことになる．雲量が増加すると，太陽放射の反射する量が増加し，地表面の加熱は抑制するという負のフィードバックが働くことになる．特に熱帯やモンスーン地域で増加した水蒸気は，大気の不安定化を強く促進し，対流性の積乱雲系の降水が増加する．積乱雲系の降水頻度の増加は，降水の集中化により，豪雨の頻度を増加する一方，雨が降らない地域，すなわち干ばつ傾向の地域も増加させる可能性が強い．このような地表温度の増加→蒸発の増加→雲量（積乱雲）増加に伴う正と負のフィードバックのループをまとめたのが図 5-15 である．

現実の気候システムでは，地域あるいは季節などにより，どのプロセスが

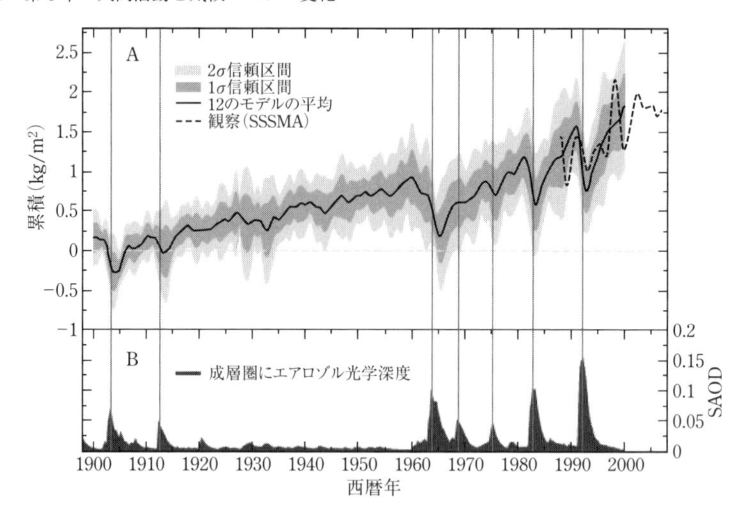

図 5-14　全球（50°N-50°S）の大気水蒸気量も増加している（Santer *et al.*, 2007）

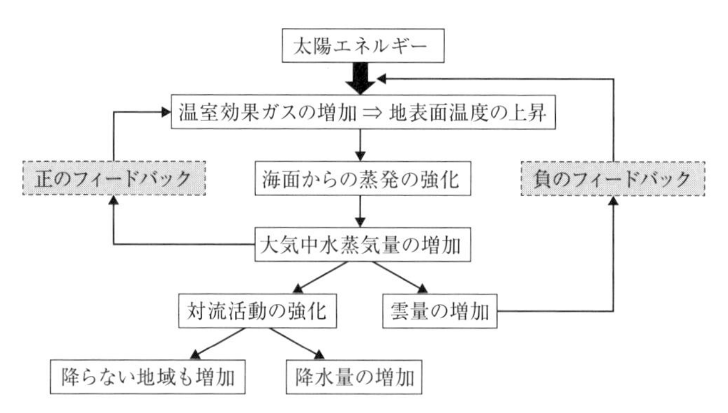

図 5-15　温室効果ガス増加が地球の降水過程に与える影響とフィードバックを示すフロー・チャート

卓越するかが異なっている可能性がある．現在の気候モデルでは，先に述べた通り，大気中の水蒸気量増加からどのように雲・降水が変化（増加）するかについては，モデルごとの雲・降水過程や雲の放射過程などのサブモデルの違いにより，ばらつきが起こっている可能性がある．

5-1-5　現実の降水量変化はどうなっているか

では，現実の降水量の変化は，20 世紀から現在まで，どう起こったか？

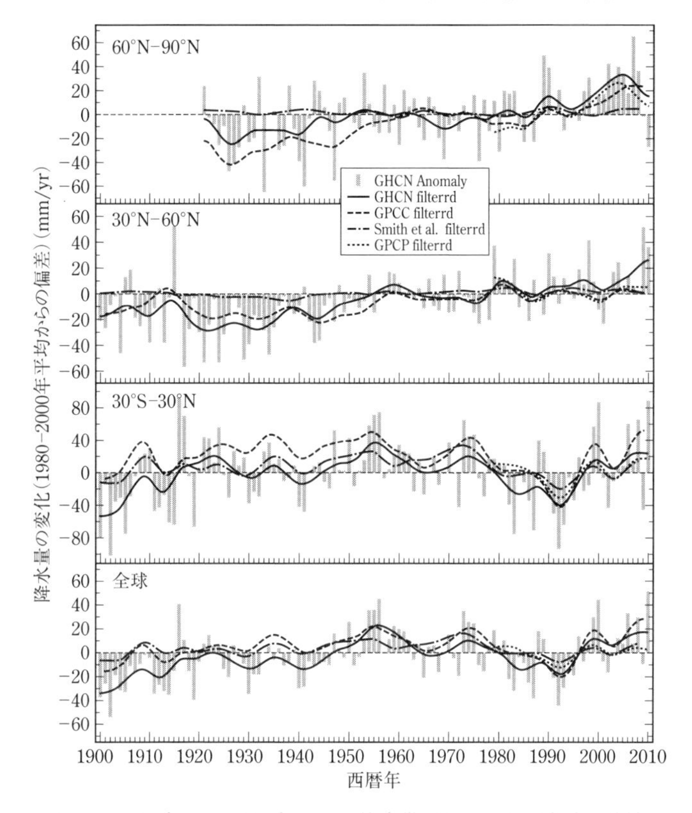

図 5-16　1901 年から 2010 年までの緯度帯ごと，および全球の陸域での降水量の年々変動（棒グラフ）とその 10 年移動平均値．それぞれの曲線は，データセットの違いを示す（IPCC, 2013）．

図 5-16 には，雨量計による観測が不均一ながら長期間行われている北半球の陸地上での緯度帯と全球で平均した年降水量の，20 世紀の 100 年間の変動を示した．低緯度（30°S–30°N）を中心に 1950〜70 年代に降水量の多い時期はみられるが，特に長期的に増加（あるいは減少）している傾向はみられない．ただ，中・高緯度では弱いながら 1970〜80 年以降，長期的な増加傾向がみられ，特に 2000 年以降については，どの緯度帯でも増加の傾向が顕著である．これらの降水量変動の傾向は，観測データの精度や密度の問題もあるが，気温が 1950 年以降，全球的に上昇傾向を顕著に示していることとはかなり異なり，北半球中・高緯度のみ顕著に上昇しているのが特徴であ

る．

一方，同じ陸地上の豪雨が年間の総降水量に占める割合の長期傾向は，図5–17のように，近年，特に1980年代以降，どの地域でも大きく増加傾向にあることが示されている．このような豪雨や強雨の頻度や降水量が増加している傾向は，日本を含むアジアモンスーン地域でも，過去数十年から100年のデータではっきり現れている．

たとえば，日本では，図5–18に示すように，気象庁（中央気象台）の1898年から2003年に観測した約60地点のデータにより，地点ごとの降水強度を10階級に分けて，降水強度別の降水量の増加・減少傾向を調べたところ，どの地域も，階級で9や10にあたる強い降水強度の降水量が増加傾向を示し，反対に，階級の1から4付近までの弱い降水強度の降水量が減少傾向であることが明らかになっている（Fujibe *et al.*, 2005）．1970年代以降のアメダス観測地点での自動降水観測でも，最近（特に1998年以降），日降水量で400 mmを超すような豪雨の頻度が急増しており，この豪雨（強雨）頻度は最近ほど増えているといえる．この傾向は，熱帯やモンスーン域，あるいは夏季の大陸において，発達した積乱雲系の擾乱や雲システムが増加していることを示唆しており，気温上昇→水蒸気量増加→対流活動強化という，図5–15で示した左側のプロセスの強化と考えることができる．

5–2　気候変化の近未来（〜100年先）予測

5–2–1　温室効果ガスはどう変化していくか——いくつかの排出シナリオ（RCP）

地球の気候は，人間活動による温室効果ガスの増加やエアロゾル増加によって，特に20世紀後半頃から顕著な温暖化や降水量の全体的な増加傾向を示していることを，前節（5–1節）で述べた．では，今後の地球気候はどうなるか．ここでは，最近の気候変動に関する政府間パネル（IPCC）第5次評価報告（IPCC, 2013）に基づいて議論しよう．

政策的な緩和策を前提として，将来，温室効果ガスをどのような濃度に安定化させるかという考え方から，その代表的濃度経路（Representative Concentration Pathways: RCP）を示している．IPCC報告では，今後（2100〜2300年頃まで）の人間活動による温室効果ガス排出量を，いくつか

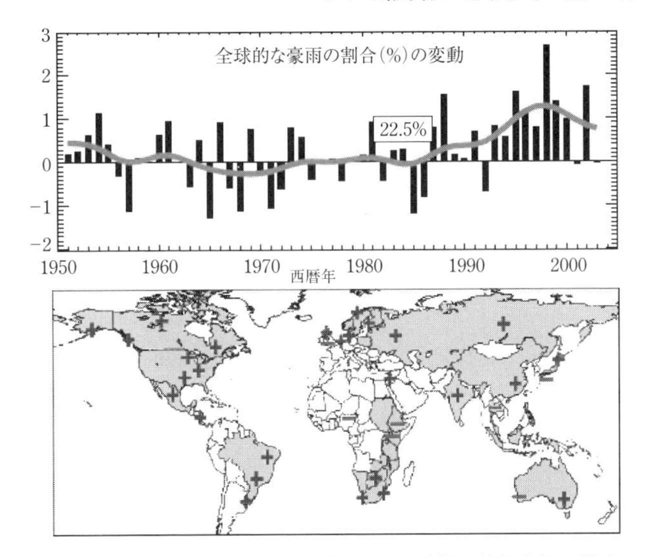

図 5-17 （上）世界全体での年（あるいは季節）総降水量に対する豪雨降水量の割合（%）の変化傾向（IPCC, 2007）

1961–90 年平均（22.5%）からの偏差で示す．（下）過去数十年（1950–2005）に豪雨降水量が顕著に増加（+）ないしは減少（−）している地域．アミは解析した地域を示す．

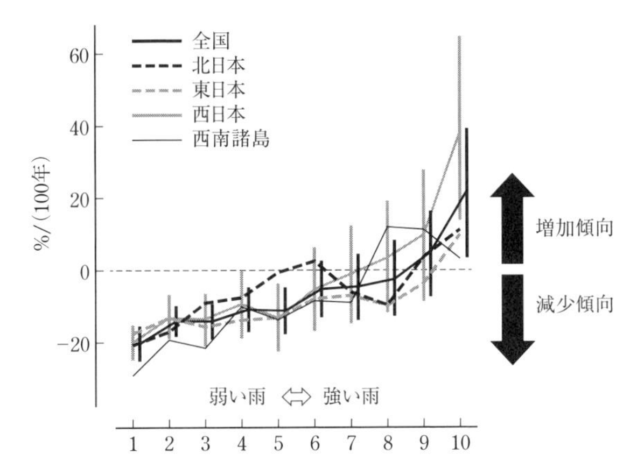

図 5-18 日本全国および地域別の各階級の降水量の経年変化率（年平均）（Fujibe *et al.*, 2005）．

全国および西日本について 95% 信頼幅を縦棒で示す．強い雨（階級 10）ほど増加傾向，弱い雨（階級 1）ほど減少傾向．

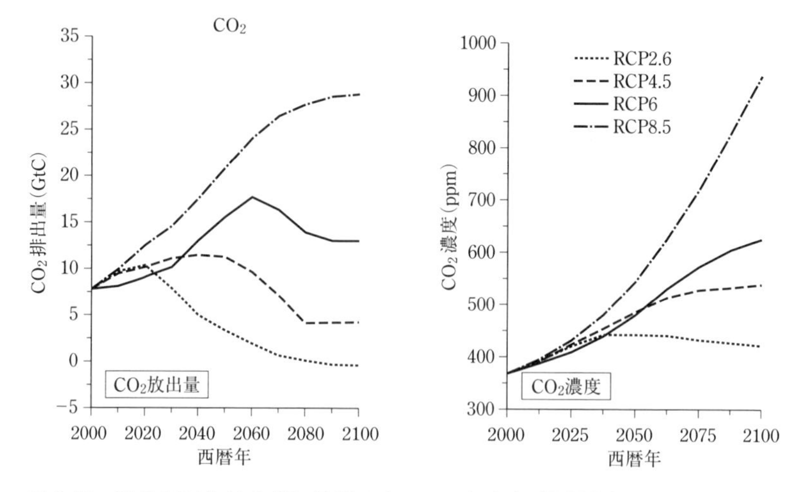

図 5-19　21世紀におけるCO_2放出の4つのシナリオ（RCP2.6，RCP4.5，RCP6，RCP8.5）に基づく総排出量（左）とCO_2濃度8右）（van Vuuren *et al.*, 2011）.

の異なる人間活動パターンに基づくシナリオ（RCP）を想定して作成した．このシナリオは，IPCCが第5次評価報告書で扱う気候予測に用いるシナリオとして作成されたものである．それらのシナリオに基づいて，世界中の多くの研究機関による気候モデルが，それぞれのモデルからの放射強制を計算して気候（気温，降水量など）の将来予測を行った結果をまとめている．

温室効果ガスの増加は，まさに今後の人間活動そのものをどのようにするかで，大きく変わってくる．図5-19に，代表的な4つのシナリオによる（CO_2に代表させた）温室効果ガス排出量の変化と，結果としての大気中の温室効果ガス濃度を示す．RCP2.6は2020年に大幅なCO_2排出規制を開始し，2070年には全世界で排出量をゼロにするという，最も規制を強くした場合，RCP8.5は規制を基本的に行わなかった場合のシナリオである．2015年12月のパリ協定（第21回気候変動枠組条約締約国会議）で合意された産業革命以降の地球平均気温の上昇を2℃以内に抑えるためには，RCP2.6に相当するシナリオに基づく排出量規制が必要と考えられる．

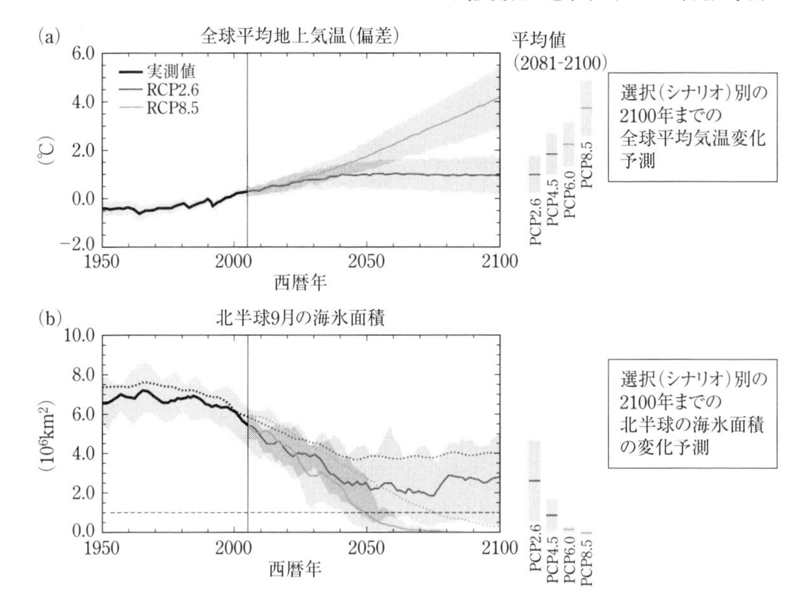

図 5-20　RCP2.6 および RCP8.5 に基づく 2100 年までの全球地表気温変化と北極海氷変化（IPCC, 2013）

異なる RCP シナリオに基づく 2005 年から 2100 年までの（a）全球地上気温変化と（b）9 月の北極域海氷面積の変化予測．2005 年までは観測（実測）値．5 年移動平均で示す．アミ域は気候モデルによる予測値のばらつき範囲を示す．

5-2-2　温室効果ガス増加に伴う全球的な気候変化予測

図 5-20 は，それらのシナリオを 2005 年から適用した場合の，2100 年までの全球平均気温変化と北極の海氷面積変化の予測結果を示している．図中の数字はそれぞれのシミュレーションを行った気候モデルの数を示しており，実線は示された再現あるいは予測値の（全モデル間の）平均を，アミで示した部分はモデルの再現（あるいは予測値）のばらつきを示している．

予測が 2100 年に近づくほど，モデルごとの予測値のばらつきも大きくなっているが，RCP8.5 と RCP2.6 では，全球気温も海氷面積も，大きく違ってくることがはっきりと示されている．RCP2.6 では 2100 年で 2005 年の値（1986–2005 年の平均値）に対して，平均で 1℃ 程度の上昇に抑えられているが，RCP8.5 では，平均で 4℃ 程度の上昇になっている．海氷面積は，モデルごとのばらつきは大きいものの，RCP2.6 では 2050 年以降は 2×10^6

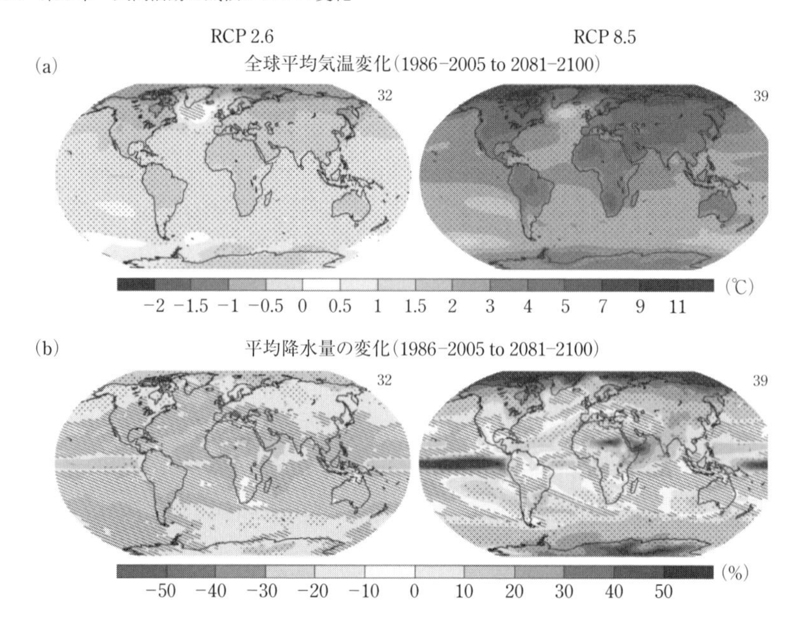

図5–21　2つの温室効果ガス放出シナリオ（RCP2.6とRCP8.5）に基づいて予測された，21世紀末の全球の気温変化，降水量変化（IPCC, 2013）

km^2程度（現在の観測値は$6\times10^6\,km^2$程度）の減少に留まっているが，RCP8.5では，2050年頃には大部分のモデルでの北極海氷はなくなってしまうことが予測されている．（図中の太破線が現在の北極海氷面積である）．

図5–21（口絵5）は，RCP2.6とRCP8.5の2つのシナリオに基づく21世紀末での気温変化と降水量変化の全球分布を示す．30以上の気候モデルの計算値をすべて平均した値が示されており，点彩で示した地域ほど，モデル間のばらつきが小さく，より有意性の高い予測値であることを示している．気温変化については，どちらのシナリオにおいても，気温の上昇は北半球の陸域，特に高緯度で非常に大きく，海洋上での上昇は相対的に小さい．RCP8.5シナリオではユーラシア大陸の高緯度や北極域では10℃近い上昇となっており，北極の海氷や積雪の消滅による正のフィードバックが大きく効いていることを示唆している．降水量変化については，全球的に増加傾向（青色）の地域が多く，全球では水蒸気量の増加に対応して降水量も増加する傾向となっている．特に熱帯収束帯の降水量の多い地域と高緯度では増加

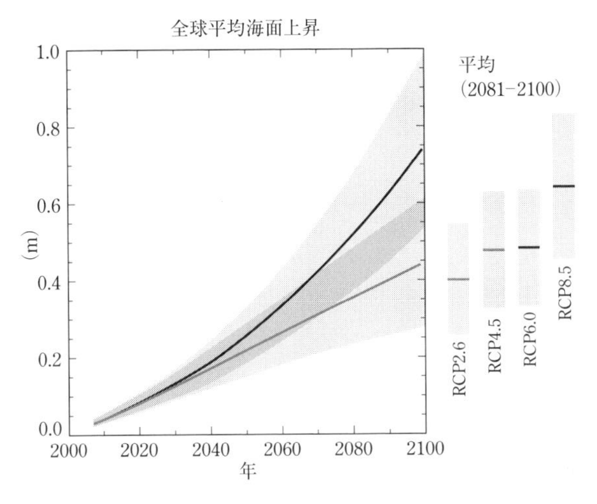

図 5–22 全球的な海面水準の変化（IPCC, 2013）

傾向が強い一方，地中海から北アフリカ，中央アジアの乾燥地域は減少傾向（赤色）が強い．すなわち，もともと湿潤な地域は降水量がより増加し，乾燥している地域はますます乾燥化が進むという予測となっている．熱帯の対流活動の強化は，図 5–15 の大気の不安定度増加に対応した変化と考えられる．また，高緯度の降水量増加も，気温の大きな増加に伴う大気水蒸気量の増加に対応している．一方，乾燥地域の更なる乾燥化は，第 2 章で議論したようなモンスーン・砂漠気候のカップリングの強化ともいえる．

温室効果ガスの増加に伴う海洋の変化は，海氷面積の変化だけではない．人間社会や沿岸の生態系にとって大きな影響を与えうるのが全球的な海面水準の変化である．図 5–22 に RCP2.6 と RCP8.5 シナリオに伴う全球平均の海面水準の 2100 年までの予測された変化が示されている．予測値にモデル間で ±20 cm 程度の予測のばらつきがあるが，2100 年には，RCP2.6 なら平均で 40 cm 程度であるが，RCP8.5 シナリオに伴う変化は 80 cm 程度となる．ただ，これは全海洋での平均値であり，海域ごとにかなりの予測値の違いがあり，特に熱帯海洋では全体的に大きく，100 cm を超える海域もある．海面水準上昇は，水温上昇に伴う表層水の熱膨張による部分が 40% 前後，次いで山岳氷河の融氷による部分が 25% 前後，グリーンランド氷床の融解による部分が 20% 前後と推定されている．

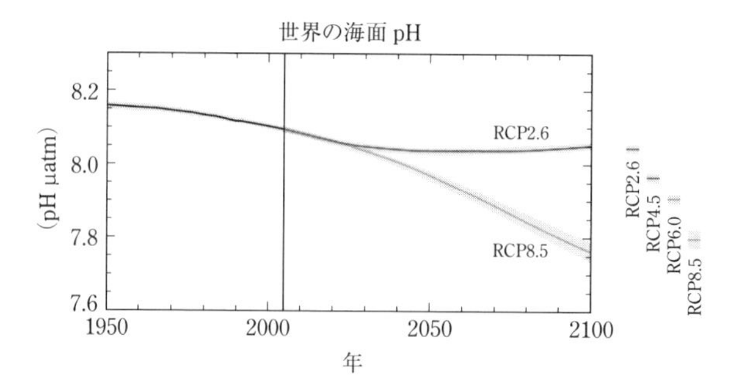

図 5–23　RCP シナリオに基づく世界の海面 pH の変化予測（IPCC, 2013）

海洋への影響として，もう1つ重要な要素は，大気中への CO_2 放出の増加により，放出された CO_2 の約 30% が海洋に溶け込むことにより，図 5–23 に示すように海洋に溶け込む CO_2 の量が増え，海洋が酸性化されることである．この海洋の酸性化の増加は，産業革命以降ですでに全海洋平均で pH で 0.1 程度減少しており，一部のサンゴ礁などに深刻な影響をすでに与えつつある．RCP8.5 シナリオ（図 5–23 の下の縁）では，2100 年頃には全海洋平均で現在の pH よりさらに 0.5 程度低くなると予想されている．

5–2–3　エアロゾル増加に伴う気候変化の予測

実は，エアロゾル増加による気候影響は，今後の人間活動によるエアロゾル排出のシナリオが立てにくいこともあり，上記の IPCC による温室効果ガス増加による気候変化予測には，ほとんど考慮されていない．図 5–6 にも示されたように，産業活動や自動車などからの人為起原のエアロゾル排出は，今後の技術改良でかなり削減されていくという想定もなされているようである．

一方で，砂漠化の進行などは，大気中へのダストの巻き上げ量を増加させ，大気のエアロゾル量を地域的に増加させる可能性もある．また，大気中のエアロゾルは気温や降水量などにも影響されるため，その量的な予測は大変難しい．ただ，エアロゾル変化は，温室効果ガス増加や地表面改変などの複合的なプロセスとして現れて，特に地域スケールの気候変化に大きな影響を与える可能性がある．たとえば，中国やインドから大量に放出されているエアロゾルによる直接および間接効果は，アジア大陸の夏の加熱の程度と分布を大きく変化させ，アジアモンスーンによる降水量の分布と強さを大きく変化させる可能性が示唆されている（Ramanathan *et al.*, 2005; Lau *et al.*, 2006 など）．

5–2–4　予測における不確定性について

ここで問題になるのが，予測に用いられているこれらの気候モデルの信頼性，あるいはモデルのもつ「不確定性」がどの程度であるかということである．図 5–20 からわかるように，全球スケールの平均気温の予測については，モデル間のばらつきはあるものの，長期的な傾向については，かなりいいパフォーマンスをもっているといえる．ただ，さらに細かい地域的な変化の予測はまだかなり問題がある．降水量など水循環指標の予測については，雲・降水過程や蒸発散過程における未解明な部分も多く，不確定性については，気温より大きくなる．

特に対流性の雲・降水が卓越する熱帯やモンスーン地域は，放射や潜熱のエネルギー過程について，気候モデルの格子点以下の（1～100 km 程度の）小さなスケールでの現象が卓越する．そのため，現在のモデルは，これらのプロセスの再現について，限られた観測データに基づく「パラメタリゼーション」という近似を行っているため，系統的な再現・予測での不精確さ，不確定性がつきまとう．当然，これらの地域での降水現象の再現と予測の精度は大きな問題として残されている．温室効果ガス増加により，地球全体が温暖化したとき，降水を含む水循環がどう変化するかについての，より定量的な評価は，今後の大きな課題である．

5–3　人類世（The Anthropocene）をどう理解すべきか

5–3–1　人類世（The Anthropocene）とは

18 世紀に始まり，19 世紀により顕著となった産業革命以来，人間活動による気候への影響は，5–1 節で述べたように，「地球温暖化」問題として，人類の大きな課題となっている．5–2 節では 21 世紀末までの地球気候の予測を，IPCC 第 5 次評価報告書をもとに紹介した．過去の気候変化復元の精

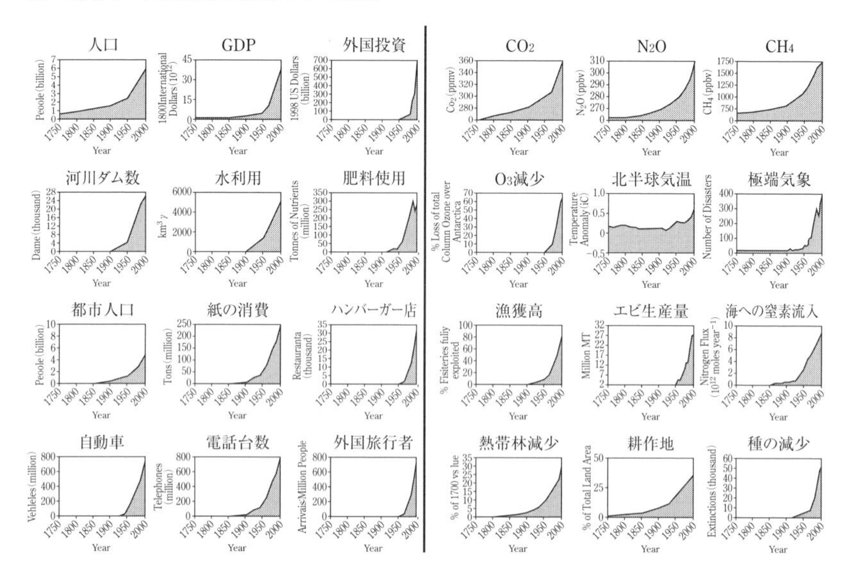

図 5-24　過去 250（1750–2000 年）年における人間活動指標の変化（左）と地球環境指標の変化（右）（Steffen, 2011）

度や，気候モデルによる気候の将来予測の不確定性などの問題もまだ抱えているが，人類が特に産業革命以降，気候を大きく変えてきた可能性は，もはや否定できないであろう．気候システムへの影響だけでなく，人類活動の影響は，生物圏や物質循環系全体に非常に顕著に現れている．

図 5-24 は 18 世紀以降の人類活動のさまざまな指標と地球システムの指標の変化を重ねているが，特に 20 世紀後半（1950 年頃）以降，すべての指標が右肩上がりの急激な変化を示している．この図には，これまで議論した大気中の CO_2 濃度と北半球気温の変化も含まれている．このような気候を含めた地球システムの急激な変化は，氷期が終了して以降，完新世（Holocene）とよばれた比較的変化の少なかった時代とは峻別して，人類によって地球システムそのものが変化されつつある新たな時代として人類世（あるいは人新世；英語では Anthropocene）と定義されつつある（Crutzen, 2002）．最近の気候変化が過去 1000 年程度の変化と比べても急激な変化であることは，図 3-25 でも見てとれるが，この図の過去 1000 年程度の変化は，氷期が終了後，約 1 万年続いてきた完新世の比較的安定した気候の一部であったこ

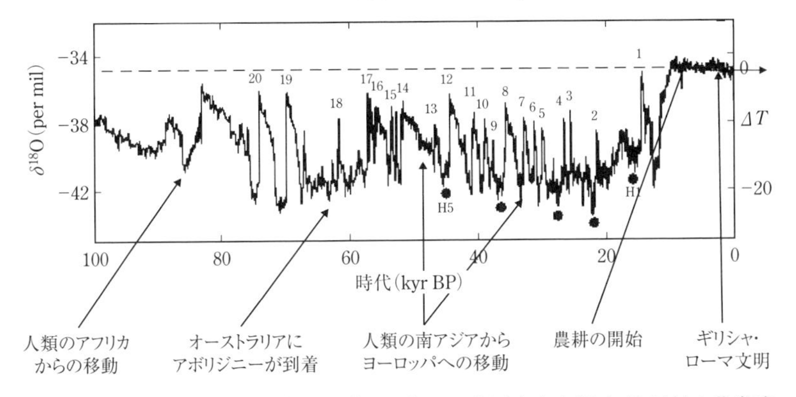

図 5-25　グリーンランド氷床コア（GRIP）から復元された過去 10 万年の北半球気温変動（Grootes *et al.*, 1993）.

図中の番号は，最終氷期中のダンスガー–オシュガー・サイクルとよばれる 1000〜3000 年周期変動の温暖期を示す．図中の H の付く番号はハインリッヒ・イベントとよばれる寒冷時期を示す．人類活動のいくつかのイベントも示されている（Oppenheimer, 2004 より引用）.

とも，図 5-25 からよく理解できるであろう．

5-3-2　人類活動による気候変化の大きさ

ただ，ここで認識しておくべきことは，人間活動が私たちの地球の気候システムに与えてきた，そして現在も与えている改変は，決して小さくないということであろう．現在の CO_2 濃度は，図 5-4 で示したように，少なくとも過去数十万年続いてきた氷期サイクルの中で，高 CO_2 濃度であった間氷期の 280 ppm をはるかに逸脱したレベルにあり，このような濃度がさらに増大し，あるいは持続するにより，非線形な気候システムの変化に，3-4 節で議論したような tipping-point 的な劇的変化を与える可能性がないと考えるほうがむしろ不自然であろう．気温の急激な上昇は，過去の地球気候にもあったことは確かである．たとえば，最終氷期から現在の間氷期に戻る過程では，図 5-25 に示すように，数千年から 1 万年程度のあいだに北半球気温で 10℃ 程度（以上）の大きな温暖化があった．この変化が 1000 年程度で起こったとすると，100 年に 1℃ 程度の昇温となる．しかし，現在進行している温暖化も，100 年間で 1℃ 程度であり，今後の予想される気温上昇も，最も抑制的なシナリオである RCP2.6 でも 100 年で 1〜2℃，RCP8.5 の場合は

4℃前後であり，氷期から間氷期への温暖化の速度よりも小さく見積もっても同じ程度の温暖化である．

これらの気候予測には，気温上昇をさらに加速する可能性のなるいくつかの正のフィードバック過程などは，まだ考慮されていない．たとえば，ユーラシア寒冷圏には，数百メートルに及ぶ永久凍土層とタイガ（寒帯林）生態系が，数十万年の氷期サイクルの過程で1つの結合システムとして形成され，維持されてきた．しかし近年の急激な温暖化は，このシステムに対し，物質循環と水・エネルギー循環の変調を通して，大きな脅威として迫っており，今後100年の時間スケールで急激に崩壊する可能性も示唆されている（Zhang *et al*., 2010）．さらに，このシステムの崩壊は，CO_2を大きく吸収してきたタイガの衰退（崩壊）により，大気中のCO_2濃度の増加とそれに伴う気温上昇をさらに加速させる可能性も含んでいる．

5-4　気候の中未来（10^3〜10^5年先）予想

5-4-1　氷期サイクルに対する人類活動の影響

ここで私たちにとって，1つの大きな関心は，人類活動は完新世という間氷期で劇的に拡大しており，地球気候の温暖化を促進している．一方で地球気候は，自然変動として過去約100万年間，図3-9に示したように，ほぼ規則的に約10万年周期の氷期サイクルが繰り返されてきている．この氷期サイクルに対して人類活動による温室効果ガス増加はどのように影響するであろうか．

過去の氷期サイクルでは，間氷期は1〜2万年から長くても数万年程度しか継続せず，後は次第に寒冷な氷期に戻っていくことがわかっている（図3-9参照）．したがって，たとえば，人間活動による温暖化影響があっても，石油・石炭などの化石燃料が枯渇してしまえば，その影響も次第に弱まり，やがて地球気候システムの自然のサイクルに戻って，また寒冷な氷期に向かっていくという指摘（Ruddiman, 2005）もあるが，果たしてそうであろうか．

ここでは，CO_2によるフィードバックや氷床モデルも組み込んだ簡略化した気候モデルを用いたシミュレーション結果（Archer and Ganopolski,

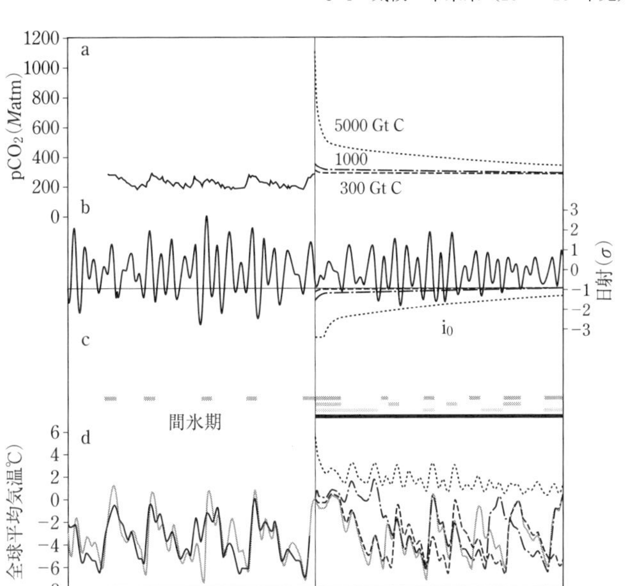

図 5–26　CO_2 濃度の違いが地球軌道要素変動（ミランコビッチ・サイクル）を考慮した未来の地球気候（と氷床）変動に与える影響の評価（Archer and Ganopolski, 2005）

（a）過去と未来の CO_2 濃度．未来は現在での放出量で 300 GtC，1000 GtC，5000 GtC に対応した濃度変化で示す．（b）過去と未来の地球軌道要素変動に伴う日射量変動（実線）と CO_2 放出量に対応した氷床開始可能下限日射量（i_0）．（c）過去と未来の間氷期期間（未来は，上から CO_2 放出なし，300 GtC，1000 GtC，5000 GtC に対応）．（d）過去と未来の全球平均気温．

2005）を紹介しよう．このシミュレーションでは，天文学的に予測されている地球軌道要素変動（ミランコビッチ・サイクル）（3–4 節参照）を前提に，いくつかの CO_2 排出量を仮定して地球気候や氷床の成長を調べている．その結果，図 5–26 に示すように，CO_2 濃度が産業革命以前の濃度（～280 ppm）に維持された状態に対応する放出量 300 GtC（以下）の場合のみ，氷床の成長を含めた次の氷期が 5 万年後に開始されるが，CO_2 濃度が 300 ppm 以上に対応する積算の炭素積算放出量が 1000 GtC を超えている限り，（次の）氷期の開始は約 5 万年以内には起こらないという結果になって

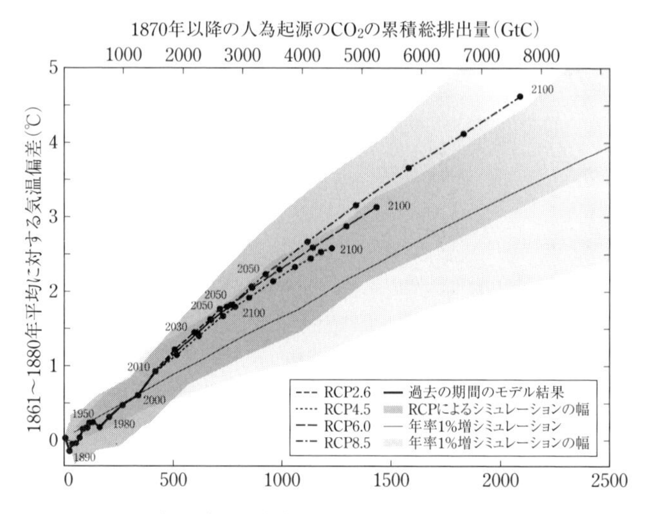

図 5-27　1870 年以降の人為起源の CO_2 の累積総排出量（GtC）と気温上昇量の関係（IPCC, 2013）

アミの部分はモデルによるバラつきの幅を示す．横軸は 1870 年から数えた年数．図中の数字は各シミュレーションにおける西暦年．

いる．図 5-27 には IPCC（2013）で計算された 1870 年以降の人間活動による CO_2 の積算放出量に加え，今後の RCP シナリオに基づく積算放出量と気温上昇の関係が示されている．1870 年以降 2016 年までの総放出量は 550 GtC 前後であり，RCP8.5 シナリオのまま放出が続くと 2100 年には 2000 GtC 以上，最も抑制的な RCP2.6 シナリオでも 800 GtC 程度となる．図 5-26 の計算結果以外にも，いくつかの気候モデルによるシミュレーション（Loutre and Berger, 2000; Cochelin *et al.*, 2006 など）でほぼ似たような結果を示している．

これらの研究を踏まえ，IPCC の第 5 次報告では，現在の間氷期の状態から CO_2 放出が最も低い RCP2.6 シナリオに沿って今後 1000 年のシミュレーションをすると，CO_2 濃度は西暦 3000 年でも 300 ppm より下がることはないことが炭素循環を考慮した気候モデルで示されており，地球軌道要素変動（ミランコビッチ・サイクル）によるメカニズムだけでは，今後 5 万年程度のあいだに次の氷期が開始される可能性は少ないと結論づけている（IPCC, 2013）．

5–4–2　人類活動による超温暖気候（Greenhouse）レジームへの遷移の可能性

寒冷な氷期への移行の心配が，数万年の時間スケールではないとすると，人類世に加速度的に進行している地球温暖化は，2100 年から更に未来にかけて，どうなるのか？　あるいは，人類としてはどう対処すべきか，という課題を私たちは突き付けられている．ここで再考すべきは，新生代に入ってからの地球気候で最も温暖であった約 5500 万年前の暁新世–始新世の時代である（4–5 節参照）．特に PETM（暁新世–始新世境界温暖化極大イベント）とよばれる暁新世と始新世の境界で起こったイベントとの相似性である．PETM イベント全期間で大気に放出された総炭素量の推定もさまざまな研究があるが，おおよそ 3000～1 万 2000 GtC（以上）と推定されている（Gutjar *et al.*, 2017; Meissner and Bralower, 2017）．

この量を現在進行中の産業革命以降の人類活動による CO_2 の積算放出量と比較してみよう．PETM での放出量は 20 万年の時間スケールでの量であり，現在進行中の人間活動による放出量はたかだか 150 年の時間スケールであることを考えると，PETM イベントと比べても現在の放出量がいかにペースの速いものであるかがよくわかる．さらに，年ごとの放出速度を見積りでも，PETM イベントのピーク年で 0.6 $\mathrm{Gt\,Cyr^{-1}}$ 程度であるのに対し，現在は 6 $\mathrm{Gt\,Cyr^{-1}}$（Le Quere *et al.*, 2016）と，PETM イベント時の約 10 倍という大きさである．

5–4–3　鍵となる深層水循環の変化

ここで，地球上に雪氷が存在している Icehouse と雪氷がまったく存在しなくなる Greenhouse の 2 つの気候レジームをもう一度思い出してみよう（4–4 節参照）．新生代初期の温暖期は，Greenhouse の気候で，PETM がそのきっかけになったと考えられる．Icehouse か Greenhouse かの気候レジームの特性の違いは，雪氷のあるなしとともに，極域で沈み込む深層水循環（熱塩循環）があるかないかも大きな条件である．温室効果ガスの増加は高緯度の気温を上昇させ，降水量も増加させる（図 5–21 参照）が，その結果，海洋表層の海水密度は水温上昇と淡水による希釈の両方の効果で小さくなり，現在の大西洋の深層水循環の沈み込み地域（グリーンランド南方～アイスラ

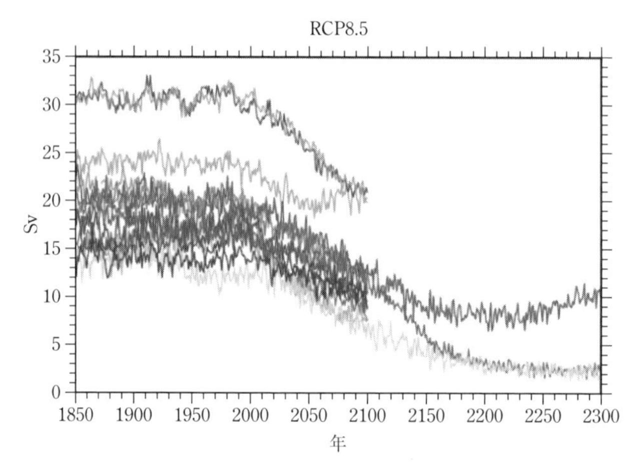

図 5-28　RCP8.5 シナリオに基づくいくつかの大気・海洋結合 GCM による深層水循環強度の変化（IPCC, 2013）

単位は体積流量 Sv＝10^6 m^3/s.

ンド沖）での沈み込み量が弱くなり，深層水循環が弱まる可能性が大きい．

図 5-28 は CO_2 の排出が 2100 年以降も引き続く RCP8.5 シナリオの場合，いくつかの大気海洋結合気候モデルで 2200〜2300 年頃には深層水循環が非常に弱くなることを示している．これらのモデルにグリーンランド氷床や南極氷床の融解に伴う海洋への淡水供給増加の効果を入れると，深層水循環はさらに弱まることになる．さらに，深層水循環の弱化あるいは崩壊により冷たい深層水への CO_2 の吸収が弱まると，大気中の CO_2 濃度はさらに増加するという正のフィードバックも加わるはずであるが，このような過程は図 5-28 に示されたモデルの結果には反映されていない．

さらに，深層水循環が崩壊し，表層の暖かい海水とその下の深層水の交換が弱まれば，深層水は酸素欠乏状態となり，海洋生態系に深刻な影響を与える可能性がある．中生代から古生代の境界で起こった P/T 境界における生物大量絶滅イベント（図 4-10 参照）も石炭紀の Icehouse 気候が活発化した火山活動などによる急激な CO_2 増加により Greenhouse 気候に遷移する過程で生じている．顕生代以降の Icehouse から Greenhouse の地球気候の気候レジームの遷移が，基本的にはプレートテクトニクスによる大陸移動（とそれに伴う大陸・海洋分布の変化）に伴う火山活動による大気への大量の

CO_2 放出がきっかけとなって起こっていることを，すでに 4–5 節で述べた．新生代の PETM でも，CO_2 や CH_4 などの温室効果ガスの大量放出がきっかけとなって Greenhouse 状態が開始・強化されている．

19 世紀末以来進んでいる人類活動による CO_2 増加が，これらの過去の地球気候の大きな気候遷移を引き起こした温室効果ガスの大量放出と比べても，その放出の速度や放出量は大きく，前節で述べたように，このままさらに 100 年以上続くと，PETM などと同規模かさらに大きなインパクトを地球気候に与える可能性が高いイベントであることを，私たちは認識すべきであろう．もちろん，海陸分布は現在と基本的に同じであり，雪氷分布は北極海氷やグリーンランド氷床は消えても，南極大陸の氷床は大部分そのままである可能性は高く，白亜紀や新生代初期のような全球的な超温暖気候になる可能性は少ないであろう．しかし，深層水循環の弱化や停止は，海洋生態系や漁業への影響のみならず，人口が集中する北半球での陸域生態系や農業への影響は深刻化する可能性が高い（IPCC, 2013）．

5–5　遠未来（100 万年先〜）の地球気候——水惑星と生命圏の行く末

5–5–1　太陽光度（solar luminosity）の長期変化

さらに遠い将来の地球気候と人類を含む生命圏は，太陽系の長い歴史の中で，今後どうなるのであろうか．本章の最後に，この問題について考えてみたい．いうまでもなく，地球気候のエネルギー源は太陽光である．その太陽は，主系列星として進化しつつ最終的には赤色巨星，白色矮星となって終わるが，その寿命は約 100 億年といわれている．主系列性としての進化過程で次第に膨張するため，太陽表面の温度はほとんど変化しないが，太陽表面から地球表面への距離が次第に縮まることにより，図 5–29 に示すように，地球表面での太陽光度（solar luminosity）は，誕生以降現在までの 50〜60 億年の間も，次第に強くなっている．現在から未来にかけては，この図から示されるように，過去 30 億年のあいだに（現在比で）20% 程度強くなっており，現在から未来も，ほぼ 10%/ 億年の率で強くなっていく．

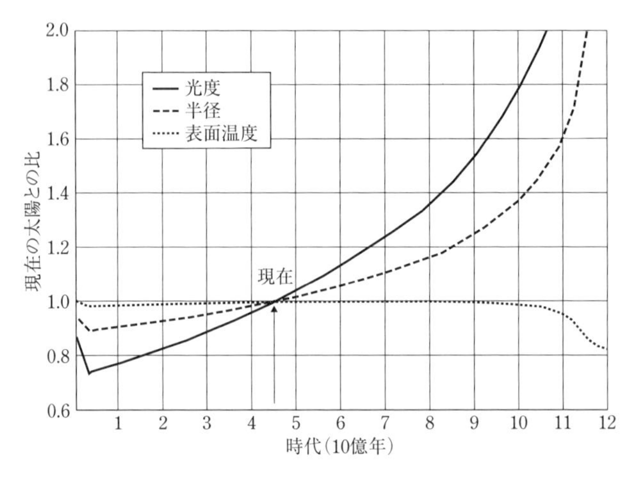

図 5–29　過去から未来における太陽の進化に伴う太陽半径，有効表面温度と地球における太陽光度の長期傾向（Ribas, 2010）

5–5–2　地球の生命圏はいつ終焉するか

すでに第4章でも議論したように，特に20億年以降，新生代初めまで，大気中の CO_2 濃度が減っていくことによる温室効果の弱まりが，太陽光度の強まりを相殺するかたちとなり，地球表面の平均気温は，長期傾向（トレンド）としてはあまり変化してこなかった（図4–4，4–11など参照）．この CO_2 濃度の長期減少傾向をどう理解すべきか．この問題に関連したいくつかの異なった説を紹介しながら，地球の生命圏と気候の関係について，さらに考えてみよう．

たとえば，J. ラヴロック（J. Lovelock）は，地質時代を通した太陽光度の強化に対して，地球の生命圏が，光合成を通して CO_2 を植生に固定し，それが土壌に埋没したまま風化すること，CO_2 を地殻に固定していくことを通して大気中の CO_2 を減少させて，図5–30のように温室効果を抑制し，地球の気温の上昇を抑えてきたとしている（Lovelock and Watson, 1982）．ただ，この結果を，生命圏が太陽光度の強化に対する自己調節の一環として光合成活動を活発化させて大気中の CO_2 濃度を「意識的に」減らしてきたのかどうかが，大きな議論となるところである．ラヴロックは，上記の CO_2 を減らしてきたプロセスを，外的環境変化（この場合は太陽光度の強化）に

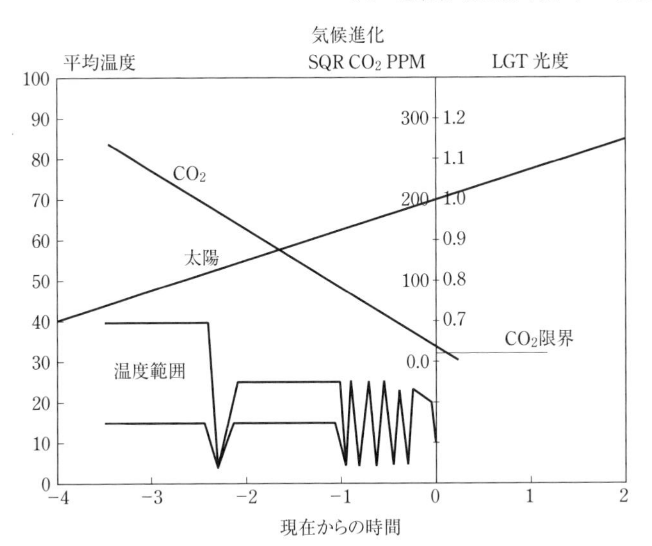

図 5–30 過去40億年から未来の20億年における太陽光度とCO_2濃度の長期傾向と全球的気温変化を模式的に示した図 (Lovelock and Watson, 1982)

対する地球生命圏の一種の「ホメオスタシス（恒常性）」機能として捉え，地球生命圏を自律的な調節機能をもつ「ガイア（Gaia）」と主張して大きな議論を巻き起こした（このことは次節でも議論する）．ただ，現在よりさらに未来にかけては，CO_2 レベルが下がりすぎて生命圏における光合成の効率が下がり気温はやや上昇傾向になるとしている．そして，低 CO_2 濃度にも強いとされる C_4 植物でも光合成ができなくなる 50 ppm 程度にまで CO_2 濃度が下がる10億年前後には，地球生命圏のホメオスタシス機能も終わってしまうと指摘している．

Franck ら（2006）は，地質時代から現在，さらに未来にかけての CO_2 濃度変化を，基本的には地殻運動の長期変化に伴う地球表層の陸地面積の増加（4–2節，4–3節参照）がその主因として，大気・海洋系，大陸・海洋地殻と生命圏の相互作用による炭素循環の変化を計算している．すなわち，陸地増加に伴い地表面風化が強化され，CO_2 の地殻への取り込みが増加し大気中の CO_2 濃度が減少していったとしている．ただ，生命圏の役割の大きさも定量的に考慮し，炭素量も原核生物，真核生物と多細胞生物の3種で風化過程へ

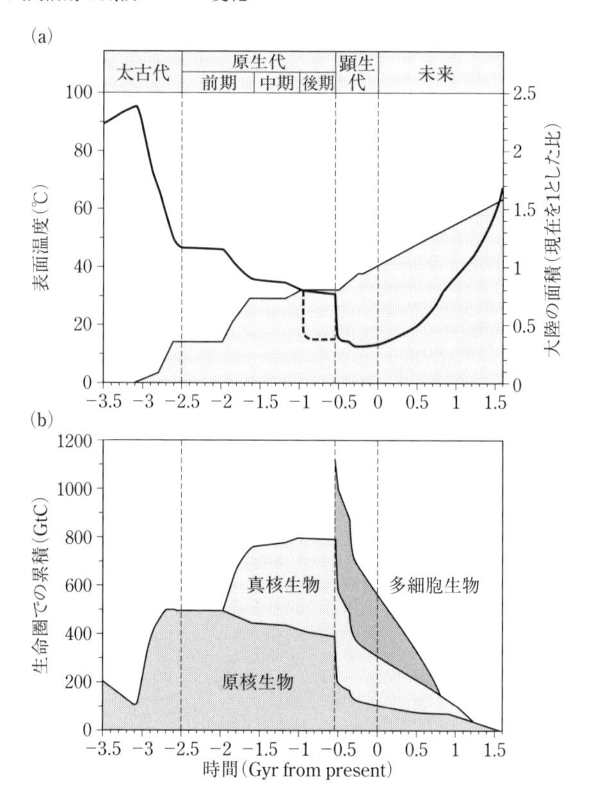

図 5–31　(a) 過去 (35 億年前) から未来 (15 億年後) までの地球の気温 (実線), 陸地面積の変化と (b) 3 種の生物群 (原核生物, 真核生物および多細胞生物群) による炭素固定量の進化 (Franck *et al.*, 2006)

の貢献の違いも考慮したモデルを構築して計算を行っている．特に，多細胞生物が中心となっている陸上植物が増加することにより，CO_2 の地殻への取り込みは飛躍的に増加するが，同時に多細胞生物は，バクテリアなどを中心とする原核生物や真核生物などに比べ，生存できる気温条件などは大きな制限のあることも考慮している．

図 5–31 は，彼らのモデルにより推定した過去 (35 億年前) から未来 (15 億年後) までの地球の気温，陸地面積の変化と 3 種の生物群 (原核生物，真

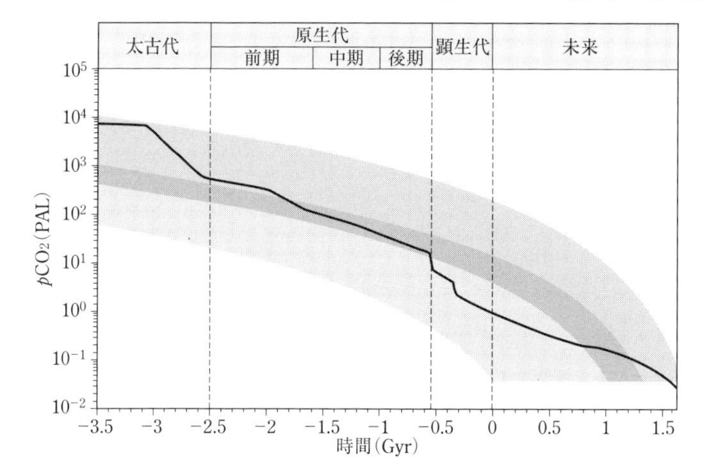

図 5–32　地殻，生命圏との相互作用を考慮したモデルによる大気中の CO_2 濃度変化（Franck *et al*., 2006）

3 つのアミは陸域生物群が生存できる範囲を示す．（上）原核生物のみ，（中）原核生物＋真核生物，（下）原核生物＋真核生物＋多細胞生物．

核生物および多細胞生物群）による炭素固定量の変化を示している．この図はいくつかの興味深い結果を示している．まず 5 億年前の顕生代開始前は，原核・真核生物による炭素固定だけであったのが，顕生代以降，森林・草原などを構成する多細胞生物群による炭素固定が大きく加わっており，現在も含め，3 種の生物群による炭素固定量はほぼ同量となっている．ただ，総炭素固定量は顕生代初期がピーク値になっており，その後は CO_2 濃度の低下に伴った光合成量の減少により減少の一途をたどり，1.5 G 年（15 億年）後頃にはすべての生命圏活動は終焉を迎える．地球表層気温は多細胞生物群が加わった顕生代以降，急激に低下し，現在の気温のレベル（〜10℃）になっているが，総炭素固定量の減少と太陽光の増加に伴い，0.5 G 年（5 億年）頃以降は，上昇傾向となり，15 億年後には 60℃ まで上昇し，すべての生命圏活動も終焉を迎える．この結果を前提にすると，人類など，維管束植物などの多細胞生物に頼る哺乳動物の生存は，せいぜい 5 億年後頃まででではないだろうか．

図 5–32 には，このモデルで推定された大気中の CO_2 濃度の変化が示され

ている．第 4 章でも議論した（顕生代初めなどの）CO_2 濃度の急激な変化の時期もよく表現されているが，未来については，C_4 植物などの光合成が可能な範囲である 5 億年後前後が，やはり人類など高等動物を含む生存圏の限界であろう．地球上の海が気温上昇とともに干上がり，消失してしまうのも，ほぼ同じ頃と推定されている（Ward and Brownlee, 2003）．

5–5–3　地球の気候と生命圏はどう理解すべきか——ガイア仮説とメデア仮説

最後に，地球の気候と生命圏の関係は，どう理解すべきか，改めて考えてみたい．先に触れたガイア（Gaia）仮説とは，よく知られているように，ラヴロックによって唱えられた説である．ラヴロックの当初の主張は，地球の生命圏は（物理・化学的環境を含む）気候に支配されるのではなく，むしろ生命圏の存続に都合のいいように，気候そのものを自己調節しており，あたかも 1 つの生命体として機能しているシステムであり，そのシステムを「ガイア（ギリシャ神話に出てくる女神）」と命名した．すなわち，あたかも生命体におけるホメオスタシス機能のように，地球生命圏を地球の気候を生命圏維持に好ましいように自己調節するシステムとして考えているといってもいいであろう．ただ，その後のラヴロックの主張は，かなり幅のあるものになっており，気候に代表される地球の表層環境と生命圏は，密接な相互作用系であるという考えがまず前提になっている．生命圏と気候が相互作用系であるということについては，その後の多くの観測的事実やプロセス解明など（たとえば，2–7 節参照）の研究を通して，多くの研究者に広く受け入れられている．

しかし，地球の生命圏は，決して狭い（後者の）意味での「ガイア」でもありえない側面ももっている．むしろ，第 4 章で詳しく述べたように，原生代から顕生代の気候と生命圏の変化の歴史をみると，固体地球由来のプレートテクトニクスによる大陸・海洋系の分布の変動とそれに伴う火山活動などに大きく影響を受けて，過去も幾度かの「生物大量絶滅イベント」があった．一方で，生命圏は大気中の O_2 や CO_2 を大きく変化させて気候を温暖化（あるいは寒冷化）させ，それが生命圏の進化そのものにもフィードバックされてきたことも確かである．このような過程を，別の見方をすると，生命圏では，気候・環境の変化に影響を受けながら，新たな生物群へと進化するが，その生物群が卓越しすぎると，その生物群の周りの気候・環境にも影響を与え，結果として自らに取って不利な気候・環境を創り出すという，自己破壊的なプロセスをも包含しているという言い方もできる．この地球生命圏のもつ自己破壊的プロセスを，P. ウォードは「メデア（Medea）仮説」として主張している（Ward, 2009）（メデアとは，やはりギリシャ神話に出てくる王女の名前であり，自分の弟や子供まで殺して生き残った魔女として描かれている）．ウォードは，人類による現在の「地球温暖化」問題は，生物種としての人類が，その発展・拡大過程で自分たちに都合の悪い地球環境を創り出している問題として位置づけ，人類は，その意味で典型的なメデアとしての役割を演じているとしている．

いずれにしても，第 4 章で概観した過去約 40 億年の地球の気候と生命圏の進化の歴史は，プレートテクトニクスなどの大陸・海洋系の進化とも連動しながら，両者が，時には生物群の大量絶滅という過程も経ながら，密接に相互作用しつつ共進化してきたことを明らかにしている．その意味で，ガイア仮説もメデア仮説も，共進化のある側面を強調した仮説と捉えることができよう．一方で，生物種が気候・環境への適応と自然選択を基本にして進化してきたとするチャールズ・ダーウィンの進化論は，それぞれの生物種と気候・環境あるいは生物種間の競争の過程を説明する論としては依然として有効であろうが，地球気候と生命圏の一体となった進化は，とても説明できないと私は感じている．

近年における研究のめざましい進展により，気候，生命圏および固体地球を含む地球システムに関する新たなデータ，情報，知見は爆発的に増加し，地球システム全体に対する理解は飛躍的に進んでいる．その一方で，地球は産業革命以降の急激な人類活動の拡大（図 5–24 参照）により，「地球の限界（Planetary Boundaries）」といわれるように，人類を含む生命圏にとって地球システムの危機的な状況をつくり出しつつある（Rockstrom *et al*, 2009 など）．今，科学は，地球の統合的理解を超えて，人類にとって地球とは何か？　あるいはどうあるべきかを問う科学へのパラダイムシフトを必要としている．

エピローグ

本書では，地球における気候の変遷を，時間スケールによって異なるしくみを持つ気候システムで起こる変動・変化という見方で概観してきた．気候の変動・変化に関わる要素として，太陽の進化に関わる太陽放射の変化，固体地球のダイナミクスによるプレートテクトニクスに伴う海陸分布や造山運動や火山活動，そして，地球生命圏との相互作用に伴う大気組成や物質循環の変化が，少なくとも1000万年スケール以上の長期的な変化には大きく関わっていることを示した．地球は太陽系惑星の中で，（今のところ）生命圏が存在できる唯一の惑星とされている．興味深いことに，最近の研究（阿部，2015など）では，生命圏の存在に必要な条件として，水の存在，プレートテクトニクスと大陸の存在が重要であることを指摘している．大陸地殻を構成する岩石の主たるものは花崗岩であり，その花崗岩の生成には水が不可欠であることも本書で紹介した．すなわち，この時間スケールでの地球気候の「進化」は，強くなる太陽光と水の存在という条件下での固体地球のダイナミクスと生命圏が表裏一体となった「共進化」の結果として理解すべきであることを示しているともいえそうである．

氷期サイクルに代表される1万～100万年スケールの気候の変動・変化には，地球の軌道要素の変動がペースメーカーとなりつつ，雪氷圏と深層水循環も含めた大気・海洋系のあいだの相互作用が重要な役割を果たしていることを紹介した．この時間スケールでの変動でも，生命圏は気候に対して影響を受けるだけの受動的な存在ではなく，大陸スケールの森林や海洋生態系による炭素循環などを通して，能動的な役割も果たしている．

年々変動から1000年スケール以下の気候変動では，海陸分布や地形，大気組成などを所与の境界条件として，大気・海洋表層・陸面間の相互作用における変動が大きな役割を果たしていることも述べた．もちろん，この時間スケールでの太陽活動の変動も関与している可能性はあるが，相対的に小さな太陽エネルギー変動をどう気候システムが増幅しているかというプロセスの解明が更に必要であろう．人類活動による気候への影響は，まさにこの時間スケールの気候システムに作用している．約1万年間の完新世ではほぼ一定とされていたCO_2などの温室効果ガスを，18世紀の産業革命以降人類活動は増加を引き起こし，気候を変えつつあるのが現在の「地球温暖化」問題である．特に20世紀後半以降急速に拡大したグローバルな経済活動は，大気環境のみならず，物質循環，生態系などの地球表層を構成する要素を大きく変化させて「地球の限界」を招きつつある（Rockstrom *et al.*, 2009; Steffen *et al.*, 2015など）．このような状況では，気候システムの状態が急激に変化する閾値（tipping points）もありうる（第3章参照）が，残念ながら現在の最も進んだ気候モデルでも，このような「突然の変化」の予測はまだできていない．

「デイ・アフター・トゥモロー（原題：The Day After Tomorrow）」という映画を思い出していただきたい．「地球温暖化」が南極の棚氷を崩壊させたことをきっかけに地球は氷期に突入するという「SF映画」である．この映画を気候の専門家の多くは，気候・気象現象の時間スケールを取り違えた，ありえない物語として一笑に付している．しかし，過去の地球気候の変動変化には，急激な変化は幾度もあり（第4章参照），また非線形な気候システムでは気候ジャンプ（突然状態を変える変化）もありうることを示している（第3章参照）．地球気候の研究は，観測・調査にもとづくデータによる研究も，理論にもとづく気候モデルによる研究も，まだまだ未解決な問題を多く抱えている．

ただ，地球気候とその変動・変化および進化の更なる理解には，さまざまな地球科学諸分野に加え，生態学・進化学などの生物科学を含めた学際的な統合が不可欠である．さらに，地球気候の未来を考える場合は，単なる予測ではなく，人類にとって地球はどうあるべきかという哲学的命題に向き合うことも避けることはできない．第5章の最後では，生命圏が存続可能な未来はせいぜいあと5億年程度という研究を紹介したが，それは恒星としての太陽の進化過程と固体地球のダイナミクスのみを考慮した場合である．人類活動の如何によっては，生命圏の寿命は生命圏自らが引き起こす自家中毒的効果（メデア的効果）で一挙に短くなる可能性もある（第4章，第5章参照）．

人類はその起源からまだせいぜい250万年程度生きてきたに過ぎない．1

億年スケールで存続してきた生物種が多くある中で，もし自ら招いた結果により，あと100年や1000年で滅ぶとしたら，人類とは実に愚かな生物種であったといわざるをえない．一方で，人類は宇宙や地球そして生命をここまで理解してきた唯一の生物種である．このような「科学」の智は，人類を含む地球生命圏全体の未来可能な発展に用いるべきであり，実はそのような智と実践を合わせてできることこそが，人類の存在理由なのではないだろうか．

本書の完成には，実は執筆開始から十数年の年月を要している．気象学の教科書が多く出る中で，地球的視野での気候学の新しい教科書を書きたいと思いつつ，著者自身の諸々の事情と，そして何よりも，怠慢さでここまで時間がかかってしまった．この間，地球気候の研究は日進月歩で進み，その度に内容も書き換えねばならないという，楽しいがけっこうしんどい作業も加わった．しかし，とにかくこのようなかたちで何とかまとめることができたのは，本当に辛抱強く待ってくださり激励を続けてくださった東京大学出版会の岸純青氏のおかげである．改めて氏のご厚意とご尽力に心から感謝する次第である．図の一部を作成してくださった名古屋大学の金森大成博士と，原稿の整理を助けて下さった総合地球環境学研究所の有田恵さんにも厚くお礼を申し上げる．

参考文献

全体を通しての参考資料，ウェブサイトなど

浅井冨雄・新田　尚・松野太郎，2000：『基礎気象学』朝倉書店，202pp
阿部　豊（阿部彩子解説），2015：『生命の星の条件を探る』文藝春秋，238pp
植田宏昭，2012：『気候システム論――グローバルモンスーンから読み解く気候変動』筑波大学出版会，235pp
小倉義光，1999：『一般気象学　第2版』東京大学出版会，320pp
小倉義光，1978：『気象力学通論』東京大学出版会，260pp
岸保勘三郎・田中正之・時岡達志，1982：『大気の大循環』（大気科学講座4）東京大学出版会，256pp
新田　勍，1982：『熱帯の気象――熱帯気象学の黎明を迎えて』（プロムナード）東京堂出版，216pp
廣田　勇，1981：『大気大循環と気候』（UPアースサイエンス7）東京大学出版会，124pp
松田佳久，2000：『惑星気象学』東京大学出版会，240pp
松田佳久，2014：『気象学入門――基礎理論から惑星気象まで』東京大学出版会，248pp

Clift, P. D. and R. A Plumb, 2008: *Asian Monsoon -Causes, History and Effects*, Cambridge Univ. Press.
Hartmann D., 1994: *Globl Physical Climatology*, Academic Press.
Webster, P. J., 2004: The elementary Hadley Circulation. 9–60, In "*The Hadley Circulation: Present*, Past and Future" ed. by（Diaz, H. F. and Bradley, R. S.）Kluwer Academic Publishers.
Wunsch, C., 2002: What is the thermohaline circulation? *Science*, **298**, 1179–1180.

大気大循環：http://www.fnorio.com/0041circulation_of_atmosphere1/circulation_of_atmosphere1.htm

第1章

小倉義光，1999：『一般気象学　第2版』東京大学出版会，320pp
日本気象学会編，1980：『教養の気象学』朝倉書店，144pp
フォン・ベルタランフィ，L.（長野敬・太田邦昌訳），1973：『一般システム理論――その基礎・発展・応用』みすず書房，312pp
松田佳久，2000：『惑星気象学』東京大学出版会，248pp
ワインバーグ，ジェラルド・M（松田武彦監訳・増田伸爾訳），1979：『一般システム思考入門』紀伊国屋書店，342pp

U.S. Committee for the Global Atmospheric Research Program, 1975: *Understanding Climatic Change: A Program for Action*. Washington DC USA: National Academy of Sciences.

IPCC (2013): *Climate Change 2013*: *The Physical Science Basis*. Contribution of Working Group I to the Fifth Assessment Report of the Intergovernmental Panel on Climate Change [Stocker, T. F., D. Qin, G.-K. Plattner, M. Tignor, S. K. Allen, J. Boschung, A. Nauels, Y. Xia, V. Bex and P. M. Midgley (eds.)]. Cambridge University Press, Cambridge, United Kingdom and New York, NY, USA, 1535 pp.

第 2 章

浅井冨雄・新田尚・松野太郎，2000：『基礎気象学』朝倉書店，202pp

江尻　省，2005：「トレーサーで見る中層大気中の物質輸送」国立環境研究所ニュース，24 巻 1 号

小倉義光，1978：『気象力学通論』東京大学出版会，260pp

小倉義光，1999：『一般気象学　第 2 版』東京大学出版会，320pp

岸保勘三郎・田中正之・時岡達志，1982：『大気の大循環』(大気科学講座 4) 東京大学出版会，256pp

中西　哲・大場達之・武田義明・岡部　保，1983：『日本の植生図鑑 (1) 森林』保育社，216pp

新田　勍，1982：『熱帯の気象――熱帯気象学の黎明を迎えて』(プロムナード) 東京堂出版，216pp

廣田　勇，1981：『大気大循環と気候』(UP アースサイエンス 7) 東京大学出版会

松田佳久，2000『惑星気象学』東京大学出版会，240pp

松田佳久，2014：『気象学入門――基礎理論から惑星気象まで』東京大学出版会，248pp

和辻哲郎，1979：『風土――人間学的考察』岩波書店，300pp (原著：1935 年)

理科年表オフィシャルサイト (国立天文台・丸善出版)

Abe M., A. Kitoh and T. Yasunari, 2003: An evolution of the Asian summer monsoon associated with mountain uplift -Simulation with the MRI atmosphere-ocean coupled GCM-. *Journal of the Meteorological Society of Japan*, **78**, 81, 5, 909–933.

Abe M., T. Yasunari and A. Kitoh, 2004: Effects of large-scale orography on the coupled atmosphere-ocean system in the tropical Indian and pacific oceans in boreal summer. *J. Meteorological Society of Japan*, **82**, 2, 745–759.

Abe M., T. Yasunari and A. Kitoh, 2005: Sensitivity of the central Asia climate to uplift of the Tibetan plateau in the coupled climate model (MRI-CGCM1). *The Island Arc*, **14**, 4, 378–388.

Bonan, G. B. 2008: Forests and climate change: forcing, feedbacks, and the climate benefits of forests. *Science*, **320**, 1444–1449.

Boos, W. R. and Z. Kuang, 2010: Dominant control of the South Asian monsoon by orographic insulation versus plateau heating. *Nature*, **463**, 218–222.

Eagleman, J. R., 1980: *Meteorology: The Atmosphere in Action*, Van Nostrand Reinhold Co.

Fujinami, H., T. Yasunari and T. Watanabe, 2015: Trend and interannual variation in summer precipitation in eastern Siberia in recent decades. *International J. Climatology*, DOI: 10.1002/joc.4352.

Gezelman, S. D., 1980: *The Science and Wonders of the Atmosphere*, John Wiley and Sons.

Golytsyn, G. S., 1970: A similarity approach to the general circulation of planetary atmosphere. *Icarus*, **13**, 1–24.

Hahn, D. G. and S. Manabe, 1975: The role of mountains in the south Asian monsoon circulation. *Journal of Atmospheric Sciences*, **32**, 1515–1541.

Hartmann, D. L., 1994: *Global Physical Climatology*. Academic Press, 408pp.

IPCC, 1995: IPCC 第 2 次評価報告書（気象庁訳）.

Kitoh, A., 2002: Effects of large-scale mountains on surface climate -A coupled ocean-atmosphere general circulation model study. *J. Meteorological Society of Japan*, **80**, 1165–1181.

Koteswaram, P., 1958: The easterly jet stream in the tropics. *Tellus*, **10**, 43–57.

Kumagai, T., T. M. Saitoh, Y. Sato, H. Takahashi, O. J. Manfroi, T. Morooka, K. Kuraji, M. Suzuki, T. Yasunari, H. Komatsu, 2005: Annual water balance and seasonality of evapotranspiration in a Bornean tropical rainforest. *Agricultural and Forest Meteorology*, **128**, 81–92.

Kumagai, T., H. Kanamori, T. Yasunari, 2013: Deforestation-induced reduction in rainfall. *Hydrological Processes*, 3811–3814.

Lorenz, E. N., 1967: The nature and theory of the general circulation of the atmosphere. *World Meteorological Organization*, **218**, TP 115.

Manabe, S. and R. H. Stricker, 1964: Thermal equibrium of the atmosphere with a convective adjustment. *J. Atmospheric Sciences*, **21**, 361–385.

Manabe, S. and T. B. Terpstra, 1974: The effects of mountains on the general circulation of the atmosphere as identified by numerical experiments. Journal of Atmospheric *Sciences*, **31**, 3–42.

Meir P., P. M. Cox, J Grace, 2006: The influence of terrestrial ecosystems on climate. *Trends in Ecology and Evolution*, **21**, 254–260.

Newton, C. W. ed., 1972: *Meteorological Monograph*, 13. American Meteorological Society.

Nobre, C. A., P. J. Sellers, J. Shukla, 1991: Amazonian deforestation and regional climate change. *Journal of Climate*, **4**, 957–988.

Ogawa, Y., T. Motoba, S. C. Buchert, I. Häggström, and S. Nozawa, 2014: Upper atmosphere cooling over the past 33 years. *Geophysical Research Letters*, **41**, 5629–5635.

Phillips, O. L. et al., 2009: Drought sensitivity of the Amazon rainforest. *Science*, **323**, 1344–1347.

Plumb, R. A., 2002: Stratospheric transport. *J. Meteorological Society of Japan*, **80**,

793–809.

Rodwell, M. J. and B. J. Hoskins, 1996: Monsoon and the dynamics of deserts. *Quaterly J. Royal Meteorological Society*, **122**, 1385–1404.

Sato, H., H. Kobayashi, N. Delbart, 2010: Simulation study of the vegetation structure and function in eastern Siberian larch forests using the individual-based vegetation model SEIB-DGVM. *Forest Ecology and Management*, **259**, 301–311.

Sato, H., H. Kobayashi, G. Iwahana, T. Ohta, 2016: Endurance of larch forest ecosystems in eastern Siberia under warming trends. *Ecology and Evolution*, **6**, 16, 5690–5704.

Saito, K., T. Yasunari, and K. Takata, 2006: Relative roles of large-scale orography and land surface processes in the global hydroclimate. Part II: *Impacts on hydroclimate over Eurasia*, **7**, 642–659.

Stommel, H., 1948: The westward intensification of wind-driven ocean currents. *Transactions of the American Geophysical Union*, **29**, 202–206.

Vonder Haar, T. H. and V. E. Suomi, 1969: Satellite observations of the earth's radiation budget. *Science*, **163**, 667–668.

Vonder Haar, T. H. and A. H. Oort, 1973: New estimate of annual poleward energy transport by northern hemisphere oceans. *J. Physical Oceanography*, **2**, 169–172.

Walter, H., 1973: *Vegetation of the earth in relation to climate and the eco-physiological conditions*. New York: Springer-Verlag, 237 pp.

Webster, P. J., 1987: *The elementary monsoon, in monsoons*, edited by J. S. Fein and P. L. Stephens, 3–32, John Wiley, New York, N. Y.

Wu, G. W., Y. Liu, X. Zhu, W. Li, R. Ren, A. Duan, and X. Liang, 2009: Multi-scale forcing and the formation of subtropical desert and monsoon. *Annals of Geophysics*, **27**, 3631–3644.

Wunsch, C., 2002: What is the thermohaline circulation? Science, 298, 1179–1180.

Xie, S-P., H. Xu, N. H. Saji and Y. Wang, 2006: Role of narrow mountains in large-scale organization of asian monsoon convection. *Journal of Climate*, **19**, 3420–3429.

Yanai, M., 1961: A detailed analysis of typhoon formation. *J. Meteorological Society of Japan*, **39**, 188–214.

Yanai M. and T. Tomita, 1998: Seasonal and interannual variability of atmospheric heat sources and moisture sinks as determined from NCEP-NCAR reanalysis. *J. Climate*, **11**, 463–482.

Yang, S., P. J. Webster and M. Dong, 1992: Longitudinal heating gradient: Another possible factor influencing the intensity of the Asian summer monsoon circulation. *Advances in Atmospheric Sciences*, **9**, 397–410.

Yasunari, T., K. Saito, K. Takata, 2006: Relative roles of large-scale orography and land surface processes in the global hydroclimate. Part I: Impacts on monsoon systems and the tropics. *J. Hydrometeorology*, **7**, 626–641.

Zhang, N., T. Yasunari, and T. Ohta, 2011: Dynamics of the larch taiga-permafrost coupled system in Siberia under climate change. *Environmental Research Letters*,

6, 024003.

第3章

浅井冨雄・新田尚・松野太郎，2000：『基礎気象学』朝倉書店，202pp
植田宏昭，2012：『気候システム論——グローバルモンスーンから読み解く気候変動』筑波大学出版会，235pp
蔵本由紀，2007：『非線形科学』集英社新書，248pp
日本気象学会地球環境問題委員会編，2014：『地球温暖化——そのメカニズムと不確実性』朝倉書店，162pp
安成哲三・柏谷健二編，1992：『地球環境変動とミランコヴィッチ・サイクル』古今書院，174pp
山口昌哉，1986：『カオスとフラクタル』（ブルーバックス）講談社，197pp

Abe, M., A. Kitoh and T. Yasunari, 2003: An evolution of the Asian summer monsoon associated with mountain uplift-simulation with the MRI atmosphere-ocean coupled GCM. *J. Meteorological Society of Japan*, **81**, 909–933.
Abe-Ouchi, A., F. Saito, K. Kawamura, M. E. Raymo, J. Okuno, K. Takahashi and H. Blatter, 2013: Insolation-driven 100,000-year glacial cycle and hysteresis of ice-sheet volume. *Nature*, **500**, 7461, 190–193.
Alley, R. B., 2000: The Younger Dryas cold interval as viewed from central Greenland. *Quaternary Science Reviews*, **19**, 213–226.
Bard, E., G. Raisbeck, F. Yiou and J. Jouzel, 2000: Solar irradiance during the last 1200 years based on cosmogenic nuclides, *Tellus B*, **52**: 3, 985–992.
Barnett, T. P., L. Dumenil, U. Schlese, E. Roeckner and M. Latif, 1989: The effect of Eurasian snow cover on regional and global climate variations. J. Atmospheric *Sciences*, **46**, 661–685.
Budyko, M. I., 1969: The effect of solar radiation variations on the climate of the Earth. *Tellus*, **21**, 611–619.
Cane, M. A. and S. E. Zebiak, 1985: A theory for El Niño and the southern oscillation. *Science*, **228**, 4703, 1085–1087.
Cane, M. A. and P. Molnar, 2001: Closing of the Indonesian seaway as aprecursor to east African aridification around 3±4 million years ago. *Nature*, **411**, 157–162.
Christensen, F. E., and K. Lassen, 1991: Length of the solar cycle: An indicator of solar activity closely associated with climate. *Science*, **254**, 698–700.
Deser, C., M. A. Alexander and M. S. Timlin, 2003: Understanding the persistence of sea surface temperature anomalies in midlatitudes. *J. Climate*, **16**, 57–72.
Frankignoul, C. and K. Hasselmann, 1977: Stochastic climate models, Part II. Application to sea-surface temperature anomalies and thermocline variability. *Tellus*, 289–305.
Gibbard, P. L., M. J. Head, M. J. C. Walker and the subcommission on quaternary stratigraphy, 2010: Formal ratification of the Quaternary System / Period and

the Pleistocene Series / Epoch with a base at 2.58 Ma. J. Quaternary *Science*, **25**, 2, 96–102.

Gill, A. E., 1980: Some simple solutions for heat-induced tropical circulation. *Quarterly J. Royal Meteorological Society*, **106**, 447–462.

Hartmann, D. L., 1994: *Global Physical Climatology*, Academic Press, 408pp.

Hasselmann, K., 1976: Stochastic climate models Part I. Theory. *Tellus*, **28**, 473–485.

Held, I. S. and M. J. Suarez, 1974: Simple albedo feedback models of the icecaps. *Tellus*, **26**, 613–629.

Horel, J. D. and J.M. Wallace, 1981: Planetary-scale atmospheric phenomena associated with the Southern Oscillation. *Monthly Weather Review*, **109**, 813–829.

IPCC, 2007: Climate Change 2007: Synthesis Report. Contribution of Working Groups I, II and III to the Fourth Assessment Report of the Intergovernmental Panel on Climate Change.

IPCC, 2013: Climate Change 2013: The Physical Science Basis. Contribution of Working Group I to the Fifth Assessment Report of the Intergovernmental Panel on Climate Change [Stocker, T. F., D. Qin, G.-K. Plattner, M. Tignor, S. K. Allen, J. Boschung, A. Nauels, Y. Xia, V. Bex and P. M. Midgley (eds.)]. Cambridge University Press, Cambridge, United Kingdom and New York, NY, USA, 1535 pp.

Jin, F. F., 1997: A theory of interdecadal climate variability of the north pacific ocean-atmosphere system. *J. Climate*, **10**, 1821–1835.

Kodera, K., 2006: The role of dynamics in solar forcing. *Space Science Reviews*, DOI: 10.1007/s11214-006-9066-1

Kodera, K. and K. Shibata, 2006: Solar influence on the tropical stratosphere and troposphere in the northern summer. *Geophysical Research Letters*, **33**, L19704, doi: 10.1029/ 2006GL026659.

Kodera, K. and Y. Kuroda, 2002: Dynamical response to the solar cycle. *J. Geophysical Research*, **107**, D24, 4749, doi: 10.1029/2002JD002224.

Lisiecki, L. E. and M. Raymo, 2005: A Pliocene-Pleistocene stack of 57 globally distributed benthic D18O records. *Paleoceanography*, **20**, PA1003, DOI: 10.1029/2004PA001071.

Lorenz, E. N., 1963: Deterministic non-periodic flow. Journal of the Atmospheric *Sciences*, **20**, 130–141.

Lorenz, E. N., 1968: Climatic determinism. Meteorological Monograph, 8, 30, 1–3.

Maarch, K. A. and B. Saltzman, 1990: A low-order dynamical model of global climatic variability over the full pleistocene. *J. Geophysical Research*, **5**, D2, 1955–1963.

Madden, R. A. and P. R. Julian, 1971: Detection of a 40–50 day oscillation in the zonal wind in the tropical Pacific. *J. Atmospheric Sciences*, **28**, 702–708.

Madden, R. A. and P. R. Julian, 1972: Description of global-scale circulation cells in the tropics with a 40–50 day period. *J. Atmospheric Sciences*, **29**, 1109–1123.

Mantua, N. J., S. R. Hare, Y. Zhang, J. M. Wallace and R. C. Francis, 1997: A pacific interdecadal climate oscillation with impacts on salmon production. Bulletin of the *American Meteorological Society*, **78**, 1069–1079.

Marsh, N. and H. Svensmark, 2000: Cosmic rays, clouds, and climate. *Space Science Reviews*, **94**, 215–230.

Maslin, M. A. and B. Christensen, 2007: Tectonics, orbital forcing, global climate change, and human evolution in Africa: Introduction to the African paleoclimate special volume. *J. Human Evolution*, **53**, 443–464.

Matsuno, T., 1966: Quasi-geostrophic motions in the equatorial area. Journal of the Meteorological *Society of Japan*, **44**, 25–43.

Meehl, G. A., 1987: The annual cycle and interannual variability in the tropical pacific and Indian ocean regions. *Monthly Weather Review*, **115**, 27–50.

Milankovitch, M., 1941: *Kanon der Erdbestrahlung und seine Anwendung auf das Eiszeitproblem* (R. Serbian Acad., 1941).（日本語訳：粕谷健二，山本淳之，大村誠，福山　薫，安成哲三　訳，1992: ミランコヴィッチ　気候変動の天文学理論と氷河時代，古今書院，526pp.）

Miyazaki, C. and T. Yasunari, 2008: Dominant interannual and decadal variability of winter surface air temperature over Asia and the surrounding oceans. *J. Climate*, **21**, 1371–1386.

Muscheler, R., F. Joosb, J. Beer, S. A. Müller, M. Vonmoosc and I. Snowball, 2007: Solar activity during the last 1000 yr inferred from radionuclide records. *Quaternary Science Reviews*, **26**, 82–97.

Newman, M., G. P. COMPO, and M. A. Alexander, 2003: ENSO-forced variability of the pacific decadal oscillation. *J. Climate*, **16**, 3853–3857.

Nitta, T., 1987: Convective activities in the tropical western pacific and their impact on the northern hemisphere summer circulation. *J. Meteorological Society of Japan*, **65**, 373–390.

Oerlemans, J., 1980: Model experiments on the 100,000-yr glacial cycle. *Nature*, **287**, 430–432.

Philander, S. G., 1990: El Nino, La Nina, and the southern oscillation. Academic Press.

Pollard, D., 1982: A simple ice sheet model yields realistic 100 kyr glacial cycles. *Nature*, **296**, 334–338.

Rasmusson, E. M. and J. M. Wallace, 1983: Meteorological Aspects of the El Nino / Southern Oscillation. *Science*, **222**, 1195–1202.

Robock, A., C. M. Ammann, L. Oman, D. Shindell, S. Levis and G. Stenchikov, 2009: Did the Toba volcanic eruption of _74 ka B. P. produce widespread glaciation? *Journal of Geophysical Researcch*, **114**, D10107, doi: 10.1029/2008JD011652.

Rottman, G., 2006: Measurement of total and spectral solar irradiance. *Space Science Reviews*, **125**, 39–51.

Schopf, P. S. and M. J. Suarez, 1988: Vacillations in a coupled ocean - Atmosphere model. *J. Atmospheric Sciences*, **45**, 3, 549–566.

Sellers, W. D., 1969: A global climate model based on the energy balance of the earth-atmosphere system. *J. Applied Meteorology*, **8**, 392–400.

Svensmark, H. and E. Friis-Christensen, 1997: Variation of cosmic ray flux and global cloud coverage- a missing link in solar-climate relationships. *J. Atmospheric and Solar-Terrestrial Physics*, **59**, 1225–1232.

Verneker, A. D., J. Zhou and J. Shukla 1995: The effect of Eurasioan snow cover on the Indian monsoon. *J. Climate*, **8**, 248–266.

Walker, G. T., 1924: Correlations in seasonal variations of weather. I. A further study of world weather. *Memoirs of Indian Meteorological Department*, **24**, 275–332.

Walker, G. T., 1923: Correlation in seasonal variations of weather, VIII: A preliminary study of world weather. *Memoirs of the Indian Meteorological Department*, **24**, 75–131.

Walker, G. T. and E.W. Bliss, 1932: World weather V. *Memoirs of the Royal Meteorological Society*, **4**, 53–84.

Wallace, J. M. and D.S. Gutzler, 1981: Teleconnections in the geopotential height field during the northern hemisphere winter. *Monthly Weather Review*, **109**, 784–812.

Watanabe, M., H. Shiogama, H. Tatebe, M. Hayashi, M. Ishii and M. Kimoto, 2014: Contribution of natural decadal variability to global warming acceleration and hiatus. *Nature Climate Change*, **4**, 893–897.

Yasunari, T., 1979: Cloudiness fluctuations associated with the northern hemisphere summer monsoon. *J. Meteorological Society of Japan*, **57**, 3, 227–242.

Yasunari, T., 1980: A quasi-stationary appearance of 30 to 40 day period in the cloudiness fluctuations during the summer monsoon over India. *J. Meteorological Society of Japan*, **58**, 3, 225–229.

Yasunari, T., 1981: Structure of an Indian summer monsoon system with around 40-day period. *J. Meteorological Society of Japan*, **59**, 3, 336–354.

Yasunari, T., 1990: Impact of Indian monsoon on the coupled atmosphere / ocean system in the tropical pacific. *Meteorology and Atmospheric Physics*, **44**, 29–41.

Yasunari, T., 1991: The monsoon year - A new concept of the climatic year in the tropics. *Bulletin American Meteorological Society*, **72**, 9, 1331–1338.

Yasunari, T., A. Kitoh and T. Tokioka, 1991: Local and remote responses to excessive snow mass over Eurasia appearing in the northern spring and summer climate - a study with the MRI・GCM -. *J. Meteorological Society of Japan*, **69**, 4, 473–487.

Yasunari, T. and Y. Seki, 1992: Role of the Asian monsoon on the interannual variability of the global climate system. *J. Meteorological Society of Japan*, **70**, 1, 177–189.

第4章

阿部　豊，2004：「3. 地球惑星システムの誕生」，東京大学地球惑星システム科学講座編『進化する地球惑星システム』東京大学出版会，30–49.

阿部　豊（阿部彩子解説），2015：『生命の星の条件を探る』文藝春秋，238pp

アンデル，T. H.V.（卯田　強訳），1987：『さまよえる大陸と海の系譜――これからの地球観』築地書館，326pp.

ウォード，ピーター／ジョゼフ・カーシュヴィンク（梶山あゆみ訳），2016：『生物はなぜ誕生したのか：生命の起源と進化の最新科学』河出書房新社，448pp.

川上紳一，2000：『生命と地球の共進化』（NHK ブックス 888）日本放送出版協会，267pp.

平　朝彦，2001：『地球のダイナミックス』（地質学 1），岩波書店，296pp

田近英一，2009：『地球環境 46 億年の大変動史』化学同人，226pp

田近英一，2011：『大気の進化 46 億年──酸素と二酸化炭素の不思議な関係』技術評論社. 231pp

東京大学地球惑星システム科学講座編，2004：『進化する地球惑星システム』東京大学出版会，236pp.

ヘイゼン，ロバート（円城寺守監訳，渡会圭子訳），2014：『地球進化 46 億年の物語』（ブルーバックス）講談社

松本　良・浦部徹郎・田近英一，2007：『惑星地球の進化』（放送大学教材）放送大学教育振興会，254pp.

丸山茂徳・磯崎行雄，1998：『生命と地球の歴史』岩波新書，282pp

安成哲三，2013：「ヒマラヤの上昇と人類の進化──第三紀末から第四紀におけるテクトニクス・気候生態系・人類進化をめぐって」ヒマラヤ学誌，14, 19–38.

Alvarez *et al.*, 1980: Extraterrestrial cause for the cretaceous-tertiary extinction. Experimental results and theoretical interpretation. *Science*, **208**, 1095–1108.

Barron, E. J., P. J. Fawcett, W. H. Peterson, D. Pollard and S. L. Thompson, 1995: A "simulation" of mid-cretaceous climate. *Paleoceanography*, **10**, 5, 953–962.

Berner, R. A., 2006: GEOCARBSULF: A combined model for Phanerozoic atmospheric O_2 and CO_2. *Geochimica et Cosmochimica Acta*, **70**, 5653–5664.

Bartley, J. K and L. C. Kah: 2004, Marine carbon reservoir, Corg-Ccarb coupling, and the evolution of the Proterozoic carbon cycle. *Geology*, **32**, 129–132.

Chandler, M. A. and L. E. Sohl, 2000: Climate forcings and the initiation of low-latitude ice sheets during the Neoproterozoic Varanger glacial interval. *J. Geophysical Research*, **105**, 20737–20750.

Crowley, T. J., W. T. Hyde and W. R. Peltier, 2001: CO_2 levels required for deglaciation of a "Near-Snowball" Earth. *J. Geophysical Research*, **28**, 283–286.

Fischer, A. G., 1982: Chap.9. Long-term climatic oscillations recorded in stratigraphy. In Climate in Earth History, The National Academies Press Studies in Geophysics

Gehler et al., 2016: Temperature and atmospheric CO_2 concentration estimates through the PETM using triple oxygen isotope analysis of mammalian bioapatite. *PNAS*, **113**, 28, 7739–7744.

Gutjahr, et al., 2017: Very large release of mostly volcanic carbon during the Palaeocene-Eocene Thermal Maximum. Nature, 548, 573–577.

Hamano, K., Y. Abe and H. Genda, 2013: Emergence of two types of terrestrial planet on solidification of magma ocean. *Nature*, **497**, 607–610.

Hoffman, P. F., A. J. Kaufman, G. P. Halverson and D. P. Schrag, 1998: A neoproterozoic snowball Earth. *Science*, **281**, 1342–1346.

Hyde, W. T., T. J. Crowley, S. K. Baum and W. R. Peltier, 2000: Neoproterozoic snowball Earth'simulations with a coupled climate/ice-sheet model. *Nature*, **405**, 425–429.

Kaufman, A. J., 1997: An ice age in the tropics. *Nature*, **386**, 227–228.

Kirschvink, J. L., R.L. Ripperdan and D.A. Evans, 1997: Evidence for a large-scale reorganization of early cambrian continental masses by inertial interchange true polar wander. *Science*, **277**, 541–545.

Kirschvink, J. L., E. J. Gaidos, L. E. Bertani, N. J. Beukes, J. Gutzmer, L. N. Maepa and R. E. Steinberger, 2000: Paleoproterozoic snowball Earth: Extreme climatic and geochemical global change and its biological consequences. PNAS, 97, 1400–1405.

Lisiecki, L. E. and M. E. Raymo, 2005: A Pliocene-Pleistocene stack of 57 globally distributed benthic δ18O records. *Paleoceanography*, **20**, 1003.

Littler, K., S. A. Robinson, P. R. Bown, A. J. Nederbragt and R. D. Pancost, 2011: High sea-surface temperatures during the Early Cretaceous Epoch. *Nature Geoscience*, **4**, 169–172.

Maslin, M. and B. Christensen, 2007: Tectonics, orbital forcing, global climate change, and human evolution in Africa: introduction to the African paleoclimate special volume. *Journal of Human Evolution*, **53**, 443–464.

Molnar, P., P. England and J. Martinod 1993: Mantle dynamics, uplift of the Tibetan Plateau and the Indian Monsoon. *Review of Geophysics*, **31**, 357–396.

Pierrehumbert, R. T., 2004: High levels of atmospheric carbon dioxide necessary for the termination of global glaciation. *Nature*, **429**, 646–649.

Pierrehumbert, R. T., 2005: Climate dynamics of a hard snowball Earth. *J. Geophysical Research*, **110**, D01111, doi: 10.1029/2004JD005162.

Pollard, D. and J. F. Kasting, 2005: Snowball Earth: A thin-ice solution with flowing sea glaciers. *J. Geophysical Research*, **110**, C07010, doi: 10.1029/2004JC002525.

Raymo, M. E. and W.F. Ruddiman, 1992: Tectonic forcing of late Cenozoic climate. *Nature*, **359**, 117–122.

Schwartzman, D. W. and T. Volk, 1989: Biotic enhancement of weathering and the habitability of Earth. *Nature*, **340**, 457–460.

Tajika, E., 2003: Faint young Sun and the carbon cycle: implication for the Proterozoic global glaciations. *Earth and Planetary Science Letters*, **214**, 443–453.

Tajika, E., 2007: Long-term stability of climate and global glaciations throughout the evolution of the Earth. *Earth Planets Space*, **59**, 293–299.

Zachos, J. C., G. R. Dickens and R. E. Zeebe, 2008: An early Cenozoic perspective on greenhouse warming and carbon-cycle dynamics. *Nature*, **451**, 279–283.

第5章

横畠徳太，2014：水蒸気の温室効果．温暖化の科学．国立環境研究所地球環境研究センタ

— HP. http://www.cger.nies.go.jp/ja/library/qa/11/11-2/qa_11-2-j.html

Archer, D., and A. Ganopolski, 2005: A movable trigger: Fossil fuel CO_2 and the onset of the next glaciation. *Geochem. Geophys., Geosyst.*, **6**, Q05003.

Cochelin, A.-S. B., L. A. Mysak, and Z. Wang, 2006: Simulation of long-term future climate changes with the green McGill paleoclimate model: The next glacial inception. *Climatic Change*, **79**, 381–401.

Crutzen, P. J., 2002: The Anthropocene. Geology of mankind. Nature 415, 23.

Franck, S., C. Bounama and W. vonBloh, 2006: Causes and timing of future biosphere extinctions. *Biogeosciences*, **3**, 85–92.

Fujibe, F., N. Yamazaki, M. Katsuyama and K. Kobayashi, 2005: The increasing trend of intense precipitation in Japan based on four-hourly data for a hundred years. *SOLA*, **1**, 41–44.

Grootes, P. M., M. Stuives, J. W. C. White, S. Johnsen & and J. Jouzel, 1993: *Nature*, **366**, 552–554.

Gutjahr *et al.*, 2017: Very large release of mostly volcanic carbon during the Palaeocene-Eocene Thermal Maximum. *Nature*, **548**, 573–577 (31 August 2017) doi: 10.1038/nature23646.

Houghton, J. T., J. T., L.G. Meira Filho, B. A. Callander, N. Harris, A. Kattenberg and K. Maskell edi., *Climate Change 1995. The Science of Climate Change. Contribution of WGI to the Second Assessment Report of the Intergovernmental Panel on Climate Change.* Cambridge University Press, Cambridge, United Kingdom and New York, NY, USA, 572pp.

IPCC, 2001: Climate Change 2001: The Scientific Basis. Contribution of Working Group I to the Third Assessment Report of the Intergovernmental Panel on Climate Change [Houghton, J. T., Y. Ding, D. J. Griggs, M. Noguer, P. J. van der Linden, X. Dai, K. Maskell, and C. A. Johnson (eds.)]. Cambridge University Press, Cambridge, United Kingdom and New York, NY, USA, 881pp.

IPCC, 2007: Climate Change 2007: The Physical Science Basis. Contribution of Working Group I to the Fourth Assessment Report of the Intergovernmental Panel on Climate Change [Solomon, S., D. Qin, M. Manning, Z. Chen, M. Marquis, K.B. Averyt, Tignor, M. and H.L. Miller (eds.)]. Cambridge University Press, Cambridge, United Kingdom and New York, NY, USA, 996 pp.

IPCC, 2013: Climate Change 2013: The Physical Science Basis. Contribution of Working Group I to the Fifth Assessment Report of the Intergovernmental Panel on Climate Change [Stocker, T. F., D. Qin, G.-K. Plattner, M. Tignor, S. K. Allen, J. Boschung, A. Nauels, Y. Xia, V. Bex and P. M. Midgley (eds.)]. Cambridge University Press, Cambridge, United Kingdom and New York, NY, USA, 1535 pp.

Lau, K. M., M. K. Kim and K. M. Kim, 2006: Asian summer monsoon anomalies induced by aerosol direct forcing: the role of the Tibetan Plateau. *Climate Dynamics*, **26**: 855–864. DOI 10.1007/s00382-006-0114-z.

Le Quere. C. *et al.*, 2016: Global Carbon Budget 2016. *Earth Syst. Sci. Data*, **8**, 605–649, 2016:

Loutre, M. F., and A. Berger, 2000: Future climatic changes: are we entering an exceptionally long interglacial? *Climatic Change*, **46**, 61–90.

Lovelock, J. E. and A.J. Watson, 1982: The regulation of carbon dioxide and climate: GAIA or geochemistry. *Planet. Space Sci.*, **30**, 795–802.

Meissner and Bralower, 2017: Volcanism caused ancient global warming. *Nature*, **548**, 531–532.

Oppenheimer, S. 2004: *Out of Eden: the peopling of the world, 2nd edn. London*, UK: Constable.

Ramankutty, N. and J. Foley, 1999: Estimating historical changes in global land cover: Croplands from 1700 to 1992. *Global Biogeochemical cycles*, **13**, 997–1027.

Ramanathan, V., C. Chung, D. Kim, T. Bettge, L. Buja, J. T. Kiehl, W. M. Washington, Q. Fu, D. R. Sikka, and M. Wild, 2005: Atmospheric brown clouds: Impacts on South Asian climate and hydrological cycle. *Proc. Nat. Acad. Sci. of USA*, **102**, 5326–5333.

Ribas, I. 2010: "The Sun and stars as the primary energy input in planetary atmospheres", Solar and Stellar Variability: Impact on Earth and Planets, Proceedings of the International Astronomical Union, *IAU Symposium*, **264**, pp. 3–18.

Rockstrom, J., et al. (2009), A safe operating space for humanity, *Nature*, **461**, 472–475, doi: 10.1038/461472a.

Ruddiman, W. F., 2005: How did humans first alter global climate? *Scientific American*, March 2005, 46–53.

Santer, B. D., B. D., C. Mears, F. J. Wentz, K. E. Taylor, P. J. Gleckler, T. M. L. Wigley, T. P. Barnett, J. S. Boyle, W. Bruggemann, N. P. Gillett, S. A. Klein, G. A. Meehl, T. Nozawa, D. W. Pierce, P. A. Stott, W. M. Washington, and M. F. Wehner 2007: Identification of human-induced changes in atmospheric moisture content. *Proceedings of the National Academy of Sciences* (*PNAS*), **104**, 15248–15253.

Steffen, W, Jacques Grinevald, Paul Crutzen and John McNeill, 2011: The Anthropocene: conceptual and historial perspective. *Phil. Trans. R. Soc.* **A 2011369**, 842–867.

Takata, K. and K. Saitoh and T. Yasunari, 2009: Changes in the Asian monsoon climate during 1700–1850 induced by preindustrial cultivation. *Prcoc. Nat. Acad. Sci.*, USA. www. pnas.org_cgi_doi_10.1073_pnas.0807346106.

van Vuuren, D.P. *et al.* 2011: The representative concentration pathways: an overview. *Climatic Change*, **109**, 5–31.

Ward, P, 2009: The Medea Hypothesis: Is Life on Earth Ultimately Self-Destructive? (ピーター・D・ウォード，2010：地球生命は自滅するのか？　青土社　273pp)

Zhang, N.N., T. Yasunari and T. Ohta, 2010: Dynamics of the Taiga-Permafrost Coupled system in Siberia under climate change. Submitted to *Environ. Res. Lett.*

索 引

［さ行］

［た行］

［な行］

［は行］

［ま行］

［や・ら行］

［欧文］

著者略歴
総合地球環境学研究所所長，筑波大学・名古屋大学名誉教授，理学博士
1947 年生まれ
1971 年　京都大学理学部卒
1992 年　筑波大学地球科学系教授
1977–2005 年　海洋研究開発機構地球フロンティア研究システム・領域長（兼任）
2002 年　名古屋大学地球水循環研究センター教授
2003 年　東京大学教授（併任）
2013 年より現職

主要著書：『ヒマラヤの気候と氷河』（東京堂出版，1983，共著），『キーワード気象の事典』（朝倉書店，2002，共編），『気候変動論』（岩波書店，2011，共著）など多数
受賞：日本気象学会山本賞（1981 年），日本気象学会賞（1986 年），日経地球環境技術賞（1991 年），日本気象学会藤原賞（2002 年），水文・水資源学会功績賞（2014 年），日本地球惑星科学連合フェロー（2015 年）

地球気候学
システムとしての気候の変動・変化・進化

2018 年 5 月 24 日　初　版

［検印廃止］

著　者　安成哲三（やすなりてつぞう）

発行所　一般財団法人　東京大学出版会
代表者　吉見俊哉
153-0041 東京都目黒区駒場 4-5-29
http://www.utp.or.jp/
電話　03-6407-1069　Fax 03-6407-1991
振替　00160-6-59964

印刷所　株式会社理想社
製本所　牧製本印刷株式会社

ISBN 978-4-13-062728-3　Printed in Japan